보통 과학자

보통 과학자

1판 1쇄 인쇄 2025. 11. 20.
1판 1쇄 발행 2025. 11. 27.

지은이 김우재

발행인 박강휘
편집 김해슬   디자인 윤석진   마케팅 고은미   홍보 강원모
발행처 김영사
등록 1979년 5월 17일 (제406-2003-036호)
주소 경기도 파주시 문발로 197(문발동) 우편번호 10881
전화 마케팅부 031)955-3100, 편집부 031)955-3200 | 팩스 031)955-3111

저작권자 ⓒ 김우재, 2025
이 책은 저작권법에 의해 보호를 받는 저작물이므로
저자와 출판사의 허락 없이 내용의 일부를 인용하거나 발췌하는 것을 금합니다.

값은 뒤표지에 있습니다.
ISBN 979-11-7332-424-6 03400

홈페이지 www.gimmyoung.com   블로그 blog.naver.com/gybook
인스타그램 instagram.com/gimmyoung   이메일 bestbook@gimmyoung.com

좋은 독자가 좋은 책을 만듭니다.
김영사는 독자 여러분의 의견에 항상 귀 기울이고 있습니다.

보통 과학자

과학을 지탱하는
평범한 사람들을 위한
새로운 과학 탐구

김우재 지음

김영사

들어가며

천재가 아닌
사람들의 과학

'미친 천재 과학자'라는 이미지

한 직업에 대한 이미지는 많은 경우 언론과 대중매체를 통해 형성되는데, 한번 고정되면 쉽게 변하지 않는다. 예컨대 사업가는 욕심 많은, 변호사는 이기적이거나 정의로운, 의사는 피로에 찌든, 형사는 박봉이지만 악착같이 범인을 잡는, 정치인은 권모술수에 능한 이미지로 기억된다. 예로 든 직업들은 그나마 대중매체에 자주 등장하는 직업이라 이제는 그 이미지에 다양한 변종이 생겨 진화했지만, 과학자는 예나 지금이나 별반 다르지 않다. 과학자는 흰 가운을 입고 고독하게 혼자 실험실에서 일하는 괴짜 천재이며, 반사회적이고 괴팍한 모습으로 그려지는 경우가 많다. 실제로 과학자를 이 고정관념 바깥에서 인식하는 사람은 많지 않을 것이다.

'천재'란 여러 분야에서 거론되는 단어지만, 과학에서만큼 그 단어가 무게감 있게 다가오는 경우는 드물다. 스포츠나 예술 분야의 천재가 세상을 멸망시킬 만한 발견을 하지도 않을뿐더러, 그런 천재들이 실제로 세상에 해롭다고 생각하는 사람은 없다. 하지만 천재 과학자는 해롭게 그려지는 경우가 허다하다. 대중매체에 등장하는 '천재이지만 미친 과학자'는 자신이 발견한 물질이나 법칙으로 세상을 지배하려다 주인공의 활약으로 죽거나, 복수를 꿈꾸며 잠적하는 패턴을 보인다. 할리우드 영화에서 법칙이 된 이런 과학자의 이미지는 한국의 영화나 드라마에서도 자주 재현되면서 대중에게 과학자의 이미지를 각인한다.[1]

대중매체에 직접 등장하는 과학자들도 있다. 우리가 잘 아는 칼

세이건, 리처드 도킨스 등은 대중매체를 통해 자신이 연구하는 분야를 홍보하고 과학을 좀 더 쉽고 친근하게 전달하는 커뮤니케이터 역할을 한다. 과학 대중화라 부르는 과학문화운동은 미국을 거쳐 한국에도 자리 잡았다. 이제 꽤 많은 과학자를 대중매체에서 쉽게 볼 수 있고, 그런 과학자 중에서 연예인처럼 유명해진 사람도 있다. 이렇게 대중에게 직접 다가선 과학자들의 노고 덕에 괴짜 천재이자 미친 과학자의 이미지는 조금 희석되었는지 모른다. 여전히 과학자는 낯선 이방인이고 주변에서 흔히 볼 수 없는 신기한 직업을 가진 사람이지만, 과학 대중화는 적어도 과학을 대중이 쉽고 친근하게 느끼도록 하는 교두보 역할을 했다.

소수의 과학자를
영웅으로 만드는 관행 속에서

대중이 흔히 과학을 접하는 매체는 책이었다(이젠 유튜브가 그 역할을 대신하고 있다). 한국에서도 칼 세이건의 《코스모스》와 리처드 도킨스의 《이기적 유전자》 등의 인기에 힘입어, 이제 교양과학 도서 시장이 전체 출판 시장에서 상당히 영향력 있는 분야로 자리 잡았다. 이런 교양과학 서적을 통해 대중은 과학적 발견이 이루어진 '서사시'를 접하게 되며, 거기에 등장하는 다양한 영웅적 과학자를 만나게 된다. 대중에게 인기 있는 과학 서사시 중 하나는 상대성이론에서 양자역학으로 이어지는 19~20세기의 현대 물리학

사다. 바로 그 시기에 아인슈타인을 비롯한 천재 물리학자들이 대거 등장했고, 그들의 기이한 행적과 토론을 통해 현대 물리학이 빠르게 발전했기 때문이다. 마블의 영웅물이 영화관을 장악한 것은 우연이 아니다. 사람들은 정말로 영웅을 좋아하며 없다면 만들어서까지 숭배하곤 한다.

이런 매체들을 통해서만 과학을 접한 사람은 과학이란 어린 시절에는 영재였고 커서는 천재인 사람들 몇 명이 진보시키는 학문이라 생각하게 된다. 한국어로나 영어로나 과학을 검색하면 영재나 천재라는 단어가 반드시 따라온다. 과학 천재에게 주어지는 가장 유명한 상은 노벨상이다. 매년 10월이면 전 세계는 아주 잠깐 누가 노벨상을 받는지 관심을 가진다(물론 요즘엔 노벨상에 얽힌 뒷이야기도 며칠 가지 않는다. 심지어 그 분야를 연구하는 과학자도 해가 바뀌면 그해 과학 분야 노벨상을 누가 받았는지 잊어버리기 일쑤다). 그런데 1901년부터 2025년까지 노벨상을 받은 과학자는 662명으로, 채 1000명이 되지 않는다. 현재 지구상에서 과학자로 일하는 사람의 숫자는 대략 700만 명,[2] 생존해 있는 노벨상 수상자를 얼추 140명으로 가늠해보면 노벨상 수상자는 전체 과학자 5만 명 중 한 명이다.

천재 한 명이 수십만 명을 먹여 살린다는 말은 이건희 전 삼성 회장의 발언으로 유명해졌다. 과학적으로 검증된 적 없는 이런 왜곡된 신화가 대중에게 퍼지는 것은 순식간이다. 과학자들도 그런 영웅신화에 가장 쉽게 넘어가는 직업군이다. 과학이라는 학문이 헤게모니를 틀어쥔 단 하나의 이론에 의해 모든 분야가 지배되는 구조처럼 보이기 때문이다. 과학 교과서는 영웅신화 그 자체다.

거기엔 이미 옳은 것으로 증명된 이론과 결과만이 실리고, 잠시 과학자들이 옳다고 여겼거나 완전히 틀린 것으로 결론이 난 이야기들은 실리지 않는다. 과학은 실제로 그런 효율적인 시스템을 따라 진보한다. 과학적 발견은 5년만 지나도 오래된 것으로 치부되기 일쑤다. 대부분의 과학자는 10년이 지난 논문은 들여다보지 않는다. 과학이라는 시스템에서 진짜로 과학을 연구하는 과학자들은 역사에 눈을 감은 채 앞만 보고 달리는 경주마처럼 일한다. 과학은 인문학이 아니다. 그런 과학의 시스템이 마음에 들지 않을 수도 있지만, 그게 과학이라는 사실 또한 변하지 않는다. 과학은 그 학문이 발전하는 체계 내부에 영웅주의로 포장하기 좋은 틀을 지니고 있다.

그래서 과학사의 초기 저술들은 고독한 천재 과학자 한 명의 일대기인 경우가 많았다. 갈릴레이, 뉴턴, 다윈, 라부아지에 등의 전기가 곧 과학사로 대접받기도 했는데, 그것은 과학사가들과 과학자들이 공모한 결과였다. 영웅주의 과학사는 쉽게 대중을 사로잡았고, 과학사는 그렇게 대학 안에서 독립된 학문 분과로 자리 잡을 수 있었다. 이런 과학사의 서술 방식 속에서 우리는 단 한 명의 주인공 과학자를 보조하는 수많은 조연과 엑스트라 과학자를 만난다.

과학은 협동조합 방식으로만 작동한다

딘 키스 사이먼턴이라는 심리학자는 2013년 〈네이처〉에 "천재적 과학자는 더 이상 나타나지 않는다"[3]라는 대담한 주장을 싣고, 이에 대한 근거로 대부분의 과학 연구가 거대한 팀을 통한 협업으로 변해버렸기 때문이라고 했다. 그는 혼자 일하는 천재가 과학을 발전시킨다는 고전적인 이미지를 여전히 포기하지 않고 아인슈타인 같은 천재 과학자가 혼자 고독하게 일하는 장면이 아름답다고 생각하고 있었다. 사이먼턴의 이런 생각은 과학적으로도 역사적으로도 정당화되기 어렵지만, 과학 연구가 점점 더 협업을 강조하는 방향으로 진화해간다는 발견 자체는 중요하다.

지금처럼 긴밀한 네트워크가 형성되어 있지는 않았으나 근대 과학이 형성되는 17세기 유럽에서도, 이후 화학과 생물학이 근대 과학의 지위를 얻게 되는 18세기와 19세기에도, 과학자들은 언제나 협업을 중시했고 네트워크 속에서만 일했다. 17세기 로버트 보일은 '보이지 않는 대학Invisible college'이라는 과학자들의 네트워크를 조직했고, 이 모임은 훗날 영국왕립학회의 근간이 되었다. 과학은 인문학이나 철학보다 후발주자였으므로 17세기 과학자들은 학회를 통해 교류하고 단결을 도모했다. 이에 유럽을 중심으로 다양한 학회가 생겨나기 시작했다. 보편성을 핵심으로 하는 과학의 특성상, 시대와 국경 및 인종을 초월한 보편적 결과인지를 검증하기 위해서는 과학자 간의 교류가 과학 활동의 핵심적인 특징이 될 수밖에 없었다. 과학은 태생부터 지금까지 협업을 통해서만 존재할 수 있는 학문이다. 천재들만이 과학을 발전시킨다는 것은 허구에 불과하다. 과학은 처음부터 협동조합과 같은 시스템을 통해서만 작동할 수 있게 만들어졌다. 아무리 뛰어난 천재라 하더라도 혼자서는 과학에 기여할 수도, 발견을 인정받을 수도 없다. 과학적 발견은 협동조합의 지원이 있어야만 성립한다.

코노프카와 오케스트라의 의미

2018년 출판한 《플라이룸》 원고를 탈고하고 책에 넣을 사진을 찾던 중 '코노프카의 시계'의 주인공 로널드 코노프카의 가족으로부터 대중에 공개되지 않은 사진을 받았다. 코노프카는 2017년 생체시계를 조절하는 유전자를 발견한 공로로 노벨상을 받은 세 과학자의 선배 격인 인물로, 초파리에서 최초로 생체시계를 조절하는 '피리어드 period' 유전자를 발견한 인물이다. 하지만 대부분의 과학자와 대중은 그의 이름을 기억하지 못한다. 그는 살아생전 과학자로 이름을 알리지 못하고 고등학교 교사로 일하다가, 생체시계 연구가 노벨상을 받기 2년 전 조용히 눈을 감았기 때문이다.

내가 아는 대부분의 과학자는 천재가 아니다. 그들은 연구실에서 조용히 자신의 좁은 분야를 연구하며 나머지 시간은 보통 사람들과 비슷한 삶을 살아간다. 하지만 지금까지 그들을 만나면서, 또한 과학자로 살아오면서 과학자 공동체가 천재 과학자라는 이미지에 대해 지닌 콤플렉스를 알게 되었다. 과학은 1등과 1등이 아닌 주자가 지나치게 분명히 구분되는 분야다. 따라서 대부분의 과학자가 코노프카 같거나 혹은 코노프카보다 못한 삶을 살면서도, 모이면 영웅을 이야기하고 전설을 흠모하는 이중적인 모습을 보인다. 하지만 결국 노벨상을 받는 과학자는 5만 명 중 한 명뿐이다(그리고 그들은 천재가 아니라 대부분 운이 좋은 사람들이다). 내가 아는 대부분의 과학자는, 평범하게 과학을 직업으로 갖게 된 보통 과학자들이다. 99.9퍼센트의 과학자는 보통 과학자로 살다 죽는다.

'보통 과학자'라는 개념은 코노프카에 관한 자료를 정리하던 중 머리에 떠올랐다. 과학자로 살아온 내 삶은 다윈이나 아인슈타인에 비하면 보잘것없다. 내가 연구로 노벨상을 받을 확률은 번개에 맞을 확률과 비슷하고, 내 연구가 인류의 기억에 남을 가능성도 그다지 높지 않은 상황에서 이런 과학자의 삶은 어떤 의미가 있을지 갑자기 궁금해졌다. 분명 우리는 기록된 영웅 과학자의 이야기만을 듣게 되어 있다. 하지만 어쩌면 그런 영웅의 주변과 뒤에 우리가 반드시 기억해야 할 과학자가 살고 있었는지 모른다. 모든 영광을 단 한 명의 과학자가 가져가는, 1등만 기억하는 과학계에서 누군가는 그런 과학자들을 추모하고 수면 위로 끌어올려도 될 것이다. 과학계의 구조적 모순을 드러내고, 과학계를 지탱하는 그들의 역할을 분명히 하고, 그 속에서 보통 과학자의 의미를 보듬어도 좋을 것이다.

천재들이 과학을 발전시킨다는 생각은 위인들만이 역사를 진보시킨다는 역사관과 비슷하다. 물론 그것은 사실이 아니다. 과학은 다양한 과학자들이 합주하는 오케스트라에 가깝다. 오케스트라의 지휘자만 기억하는 사람은 그 음악을 즐길 자격이 없다. 과학자 공동체의 숨겨진 공로자를 찾아내는 일, 그런 이들의 노력을 기억하는 일, 그것이 진정한 과학의 민중사이며, 보통 과학자가 대부분인 이 시대에 과학자가 삶의 의미를 찾는 길인지 모른다.

 이 책은 어느 날 자신의 신세를 한탄하던 한 보통 과학자의 푸념일 수도, 과학의 작동 방식에 대해 그 누구도 생각하지 못했던 독창적인 통찰일 수도 있다. 이 책을 어떻게 받아들이냐는 독자의 몫이지만, 아나키스트의 관점에서 과학자의 삶을 철저히 고민한 한 인간의 신념이자 철학이라고 보아주었으면 하는 작은 바람 정도는 남겨둔다.

차례

들어가며 | 천재가 아닌 사람들의 과학 ∘004

1부 기울어진 운동장의 과학

1. 핵산 영웅들과 왜곡된 집단기억 ∘018
2. 엘리트 과학자는 과학에 도움이 되는가 ∘026
3. 마태효과와 과학자 사회의 불평등 ∘034
4. 마틸다의 유리천장 ∘043
5. 주변 국가의 과학자가 마주하는 어려움 ∘049
6. 과학계의 인종차별 ∘059
7. 연구비 공황을 넘어서는 법 ∘067
8. 능력에 의한 평가는 과연 공정한가 ∘080
9. 과학의 도덕경제와 보이지 않는 과학자 ∘091

2부 과학을 지탱하는 보통 사람들

10. 루구이전, 니덤의 조수 혹은 스승 ∘098
11. 조 힌 치오, 염색체와 매카시즘 ∘106
12. 페니실린의 뒤에서 ∘115
13. 과학에 미친 부자, 매슈 볼턴 ∘121
14. 보이지 않는 기술자 ∘129
15. 프라운호퍼와 한국 기술자의 몰락 ∘146
16. 요거트와 노벨상 ∘156
17. 학계를 떠나는 과학자들 ∘164
18. 과학의 재현성 위기 ∘172
19. 초파리 행동유전학자 애덤의 통계학 ∘183

한국 과학 마주 보기

20 비정규직 보통 과학자의 삶 ∘198
21 맬서스의 비극, 그리고 과학기술인협회 ∘205
22 보통 과학자를 위한 기초과학 ∘213
23 지속 가능한 연구실 ∘232
24 금수저의 나쁜 논문 ∘241
25 한국 과학자 사회의 불평등에 대하여 ∘249
26 한국 과학자 사회의 비과학적 메커니즘 ∘256
27 우리에게 필요한 과학 리더 ∘263

가득 찬 과학 만들기

28 과학을 위한 과학, SOS ∘274
29 공동 연구는 과학을 혁신시킬까 ∘281
30 작은 과학이 아름답다 ∘288
31 이제 과학 논문도 변해야 한다 ∘294
32 과학의 공유와 학문의 발전 ∘303
33 알렉산드라 엘바키얀,
   논문 해적 혹은 지식 공유의 화신 ∘311
34 때 이른 혁명: 프리프린트의 탄생과 좌절 ∘319
35 과학 출판의 풍경을 바꾼 사람들 ∘327
36 과학 출판의 새로운 미래 ∘338
37 커먼즈로서의 과학 지식 ∘354
38 보통 과학자가 과학을 지탱한다 ∘364

나가며 | 그래도 과학자를 꿈꾸는 이들에게 ∘373
주 | ∘377

1부

기울어진 운동장의   과학

핵산 영웅들과
왜곡된 집단기억

17세기 영국에서 시작된 근대 과학을 제국주의의 선전물로 사용하기 위해 18세기 제국주의자들은 뉴턴을 영웅화했다. 19세기에 들어서야 근대 과학의 지위를 얻게 된 생물학은 '연약한 과학'이라는 오명을 벗기 위해 과학 영웅 만들기에 돌입했다. 역시 영국 출신의, 부유한 목사 집안에서 태어나 의사가 되려 했으나 실패한 청년이 생물학계를 대표하는 영웅으로 탄생한다. 바로 찰스 다윈이다. 박사학위조차 없던 아마추어 과학자 찰스 다윈이 책 한 권으로 영웅이 된 과정은 좋게 보면 영웅 서사이고, 삐딱하게 보면 거의 사기에 가까운 일이다.[1]

_ 마이클 셔머, 〈다윈, 프로이트 그리고 과학의 영웅신화〉 중에서

왓슨과 크릭이라는 영웅신화의 탄생

교과서의 기술은 실제 일어난 역사적 사실을 보기 좋게 편집한 경우가 많다. 완벽한 지식을 추구하는 과학 교과서의 경우 이런 경향은 더욱 강해진다. 생명과학을 공부하는 이들에게 DNA라는 유전물질의 발견을 둘러싼 신화는 너무나 강력해서, 그 어떤 과학사 연구자도 과학자들을 설득할 수 없을 정도다. 하지만 발견의 역사는 교과서에 기술되어 있는 깔끔한 기술과는 큰 괴리가 있다. 지식의 습득을 위해 교과서를 읽는다고 항변한다면 어쩔 수 없지만 그 지식의 역사적 부분은 왜곡·편집·조작된 것일 수 있음을 인지해야 한다. 특히 향후 실제 현장에서 연구를 수행할 과학자라면 과학적 발견이 일어나는 지저분한 과정들을 인지하고 뛰어드는 것이 좋다. 우리가 알고 있는 이중나선의 발견사는 집단기억이 만들어낸 환상이다.[2]

 1953년 제임스 왓슨과 프랜시스 크릭은 DNA가 이중나선 구조라는 발견과, 이 구조가 자기 복제를 통해 유전물질로 기능할 가능성을 〈네이처〉에 발표한다. 1962년 그들에게 노벨상이 수여되었고, 현재 대부분의 분자생물학자는 1953년을 생물학에 혁명이 있었던 해로 기억한다. 하지만 사실 1953년의 〈네이처〉 발표는 당시 학계에 우리가 생각하는 것과 같은 파장을 일으키지 못했다. 왓슨과 크릭의 발표는 경쟁하던 여러 이론 중 하나였을 뿐이다. 1953년 〈네이처〉에 실린 DNA 구조에 관한 논문만 7편에 달했고, 1960년까지 왓슨과 크릭의 연구를 인용하는 논문도 증가하지 않았다. 노벨상을 받은 1962년을 기점으로 이 논문을 인용하는 논문의 수가 갑자기 늘어나지만, 그다음 해부터는 다시 줄어들기 시작한다. 왓슨과 크릭의 1953년 논문이 실제로 기하급수적으로 언급되는 것은 1990년대 초반 이후부터다.

여러 이유가 있겠지만, 우선 당시 생물학계에는 DNA가 유전물질이라는 사실조차 불확실했다는 이유를 들 수 있다. 에르빈 슈뢰딩거의 《생명이란 무엇인가》부터 라이너스 폴링에 이르기까지, 생화학의 전통에서 연구하던 학자들은 유전물질이 존재한다면 그것은 단백질일 것이라고 확신하고 있었다.

둘째, 이후 여러 실험을 통해 DNA가 유전물질일 가능성이 떠올랐지만, DNA가 어떻게 단백질을 만드는지는 분명하지 않았다. DNA는 핵 속에, 단백질은 세포질에 존재한다는 것이 분명했고, DNA 없이 RNA만으로도 단백질이 만들어진다는 자명한 사실을 모두 알고 있었기 때문이다. 1958년 크릭이 제안한 '중심 원리 central dogma'(DNA의 유전정보가 RNA에 전사되고, RNA의 정보에 따라 단백질이 생성된다는 분자생물학의 원리)는 정보가 어떻게 DNA에서 RNA로 넘어가는지 설명할 수 없었고, 당시의 과학자들이 왓슨과 크릭의 이론을 하나의 경쟁하는 가설 중 하나로 받아들인 것도 당연한 일이다. 생물학에서의 과학혁명은 토머스 쿤의 이론처럼 이루어지지 않는다. 왓슨과 크릭의 주장이 모두에게 받아들여지기까지는 그 약점이 보완되고 많은 이들이 검증하는 과정이 필요했다.

이제 마지막 세 번째 이유다. 앞에서 왓슨과 크릭의 논문은 1990년대 이후 기하급수적으로 인용되기 시작했다고 했는데,

1990년은 인간유전체계획Human Genome Project이 발표되어 세상이 들썩이던 시절이다. 생물학이 물리학을 압도하기 시작하던 시점이었고, 인간유전체계획의 초대 단장으로 왓슨이 선정되면서 이런 분위기는 사회 전체를 뒤흔들었다. 유전체를 해독하면 모든 질병이 치료될 것이라는 언론의 보도가 비일비재했고, 이 사업에 참여하기 위해 수많은 국가에서 다양한 방식으로 로비를 벌이기 시작했다. 1990년대에서 2000년대에 이르는 10여 년은 DNA의 다발인 유전체가 거대과학의 중심으로 부상하던 중요한 시기였다.

하나의 거대한 과학이 탄생하기 위해서는 사회가 그 타당성을 받아들이는 과정이 필요하다. 인간유전체계획은 그 타당성을 1953년 왓슨과 크릭의 발견으로부터 찾으려고 했다. 그들의 발견은 어떤 응용도 염두에 두지 않은 순수과학의 호기심에서 출발해 생물학을 크게 바꾸었고, 이미 둘은 생물학자들 사이에서 크게 이름을 떨치고 있었다. 이들이 발견을 이룬 1953년을 일종의 혁명 전야로 묘사하는 분위기가 생물학자 사이에 퍼져나간 것도 이 시기다. 그 전략은 성공적이었고, 인간유전체계획은 사회적 합의 속에 전 세계적 사업으로 확장되었다. 많은 분자생물학자는 자신도 모르게 왓슨과 크릭의 발견을 과학적 창의성의 대표적 사례로 기억하기 시작했다. 그렇게 집단기억이 탄생한 것이다.

과학은 미래를 건설하는 작업임이 분명하다. 집단기억은 과거와 미래를 연결하는 다리다. 하지만 가끔 집단기억은 정확한 역사적 사실이 아니라 현재의 정당화를 위해 왜곡되기도 한다. 이중나선을 둘러싼 1953년의 미화가 그런 사례다. 과학자들은 미래를 건설하는 위대한 작업을 해나가고 있다. 그렇다고 해서 그들이 역사가의 전문 영역까지 넘볼 수 있는 것은 아니다. 과학의 역사를 대할 때에는 과학사가들의 고증을 거친 작업을 통해 접근하는 것이 현명하다. 과학사를 제대로 직시하는 일은 교육은 물론 정책의 측면에서도 무엇보다 중요한 일이기 때문이다.

과학적 발견에서 문화적 아이콘으로

왓슨과 크릭의 발견은 분명히 중요하다. 하지만 시대적 맥락 속에서 살펴볼 때, 그들의 발견은 생물학계의 관심이 점차 핵산과 유전물질 쪽으로 이동하던 과정에서 나타난 중요한 연구 중 하나일 뿐이었다. 왓슨과 크릭이라는 과학계의 영웅이자 아이콘은 의도적으로 만들어진 신화에 가깝다. DNA의 이중나선 구조는 단순한 과학적 발견을 넘어 20세기 최고의 문화적 아이콘으로 자리 잡았다. 이 전환의 핵심에는 왓슨과 크릭의 의도적 이미지 만들기와 역사적 맥락의 교차가 작용했다.

  1953년 케임브리지 캐번디시연구소에서 시작된 이들의 여정은 고전적 영웅 서사를 닮았다. 물리학자 크릭과 생물학자 왓슨은 기성 과학계에서 변방의 인물이었으나, 엑스선 결정학 데이터와 분자 모형 조립이라는 독특한 접근법으로 기존 권위에 도전했다. 900단어의 간결한 논문은 '우아한 간결함'으로 복잡한 생명현상을 직관화했고, 이는 대중의 상상력을 사로잡는 첫걸음이 되었다. 두 사람은 실험실 바닥에 흩어진 뼈 모형 조각들을 맞추며 동시대 과학자들이 상상하지 못한 서사적 스토리텔링을 창조했다.

과학자를 아이콘화하기 위해서는 몇 가지 장치가 필요하다. 이를 단순성, 시각성, 드라마로 구분할 수 있다. 먼저 단순성의 마법이다. 이중나선의 사다리 구조는 복잡한 유전 메커니즘을 초등학생도 이해할 수 있는 형태로 단순화했고, 이를 통해 대중에게 쉽게 다가갈 수 있었다. 다음으로는 시각적 폭발력의 효과다. 로절린드 프랭클린의 엑스선 회절 사진은 추상적 개념을 가시화했으며, 왓슨의 저서 《이중나선》(1968)에서 극적으로 재현된 '사진 51'은 발견의 순간을 영화적 절정으로 승화시켰다. 마지막으로 그들의 발견은 드라마의 연출 방식을 따라 소개되었다. 데이터를 빼앗긴 데다 노벨상 수상 과정에서 배제된 여성 과학자 프랭클린의 비극은 과학적 성취에 인간적 서사를 결합시켰다. '천재 대 소외자'라는 갈등 구도는 발견 자체보다 대중의 기억에 더 강하게 각인되었다.

게다가 왓슨과 크릭에게는 과학적 영웅으로 등극하기에 좋은 시대적 배경이 있었다. 그들의 발견은 냉전의 정치학 속에서 과학 아이콘을 전략적으로 활용하는 데 사용되었기 때문이다. DNA 구조 발견 직후 이 모형은 미국-소련 패권 경쟁의 상징으로 전용되었다. 그들의 발견은 생명의 비밀을 푼 서구 과학의 승리로 자리 잡았으며, 이중나선은 자유주의 진영의 우월성을 보여주는 증거로 기능했다. 1950년대 미국 정부는 이 발견을 '미국발 과학혁명'으로 선전하며 연구 자금을 대규모로 투입했고, 분자생물학을 국가 선전 도구로 재탄생시켰다. 왓슨과 크릭은 자신들이 만든 모형이 정치적 무기가 될 것이라 예상하지 못했다. 그러나 그들의 발견은 냉전 체제에서 새로운 문화적 생명체로 진화했다.

결정적인 사건은 훗날 인종차별주의자로 드러난 왓슨의 자서전 《이중나선》의 출판이었다. 이 책은 영웅신화의 자기 생산이 가능하다는 사실을 알려주었고, 역사를 왜곡해서라도 자신의 연구를 세일즈하는 가장 나쁜 예로 등극했다. '천재의 직관'과 '라이벌 과학자들의 대립'을 강조한 이 책의 서술은 과학적 과정을 할리우드 영화식 서사로 재구성했다. 특히 '프랭클린과의 갈등'을 과장한 것은 논란을 부추기면서도 오히려 대중적 관심을 증폭시켰다. 이 책은 과학사 연구서가 아닌 문화적 현상이 되었으며, 이중나선을 개인적 천재성의 아이콘으로 고정시켰다.[3]

하지만 과학적 아이콘에겐 우연성과 비계획성이라는 역설이 존재한다. 흥미롭게도 이 영웅 서사는 사후에 구축된 것이었다. 분명한 역사적 사실은, 당시 〈네이처〉 논문은 2쪽 분량이었고 초기 언론 보도도 지극히 제한적이었다는 것이다. 분자생물학 역사가인 소라야 더 체이더레비언이 지적했듯, "아이콘은 발명되지 않고 산출된다".[4] DNA 구조가 문화적 상징이 된 것은 첫째, 시각적 아름다움이 예술가들의 상상력을 자극했고, 둘째, '생명의 비밀'이라는 보편적 주제가 종교철학적 논쟁과 결합했으며, 마지막으로 유전공학 기술이 일상에 침투했기 때문이다.

과학계에 지나치게 널리 퍼져버린 영웅신화는 반드시 해체와 재구성을 거쳐야 한다. 특히 왓슨-크릭 신화는 과학의 문화적 수

용이 객관적 진리보다 서사적 힘에 좌우됨을 증명한다. 그러나 21세기 과학계는 이 교훈을 주목해야 할 것이다. 진정한 아이콘은 실험 데이터 너머, 인간 정신이 공감과 상상력과 만나는 지점에서 발견 그 자체의 가치를 통해 재탄생해야 한다. 이중나선이 남긴 유산은 분자 구조 그 자체가 아니라, 과학이 어떻게 인류 집단 무의식의 상징으로 재창조될 수 있는지 보여주었다는 것이다. 신화는 해체되어야 하지만 그 생명력은 계속 진화할 것이다. 우리는 우리도 모르게 과학에 녹아들어버린 이 영웅주의의 끈질긴 생명력 속에서, 어떻게든 보통 과학자의 가치를 찾아 그들이야말로 과학의 진정한 주연이라는 사실을 알려야 한다.

2

엘리트 과학자는
과학에 도움이 되는가

당신이 엘리트라면 두 가지를 생각해보세요. 첫째, 엘리트가 되기까지 열심히 노력했지만 그것이 곧 당신이 이점을 누릴 자격이 있다는 의미가 아니라는 겁니다. 또 실제로 당신이 원하는 바로 그 삶인지 확인해야 합니다. 당신이 엘리트가 아니라면, 그것은 당신 잘못이 아닙니다. 당신이 일을 못해서가 아니에요.[1]

_ 대니얼 마코비츠 (예일대학교 법학 교수)

과학기술 생태계의 모순을
외면하는 과학자들

세계는 과학기술로 인해 풍요로워지고 있지만 동시에 불평등 역시 심각해지고 있다. 흔히 경제적 양극화라 불리는 현상은 전 세계 대부분의 국가에서 벌어지고 있으며, 부의 불평등 수준은 100년 전과 비교해서 전혀 나아질 기미를 보이지 않고 있다. 2022년에 발간된 〈세계불평등보고서〉에 의하면, 세계 상위 10퍼센트 부자가 세계 전체 부의 76퍼센트를 차지하고 있다. 한국은 눈 떠보니 선진국에 진입한 국가다. 하지만 한국 사회의 불평등은 다른 선진국에 비해 더욱 심각하게 사회적 문제가 되고 있다. 한국의 노인 빈곤율은 경제협력개발기구OECD 국가 중 1위이며, 인구 10만 명당 자살자 수 또한 1위다. 저술가 박재용은 고도성장기를 거치며 발생한 여러 불평등의 문제들이 산적해 있는 한국을 '불평등한 선진국'이라고 부른다.[2]

한 사회의 과학은 그 사회의 모습을 닮는다. 과학기술 생태계를 구성하는 제도적 장치들은 해당 사회의 정치·경제·문화적 체제에 구속되기 때문이다. 세계가 풍요를 누리면서도 불평등이 가속화되듯이, 과학 또한 엄청난 속도로 발전하고 있지만 과학기술 생태계의 내부에선 심각한 불평등과 불공정이 횡행하고 있다. 이런 과학계의 불평등은 희소한 자원을 쟁취하려는 과학자 간의 무한 경쟁을 유발하며, 결과적으로 과학 연구의 재현성 위기 및 연구 환경의 질적 저하를 초래한다.

불평등이 해소되지 않는 사회에서 경제적 불안정뿐 아니라 사회적 분열과 민주주의의 위기가 나타나듯이, 불평등이 해소되지 않는 과학기술 생태계 또한 시스템 자체의 붕괴에 이를 수 있다. OECD의 조사에 따르면, 불평등의 증가는 장기적으로 경제 성장의 둔화를 가져오는 주요 요인이며, 다양한 성장 잠재력을 지닌 개인들의 교육 기회를 박탈함으로써 사회적 유동성을 줄인다. 물론 과학기술로 인해 세상은 더욱 풍요로워지고 있지만, 불평등은 점점 더 심각해지고 있다. 지난 200년간 불평등은 전혀 개선되지 않았다는 연구도 있다.

과학자는 몇 가지 측면에서 이상하게 둔한 사람들이다. 첫째, 과학자는 누구보다 엄밀한 방법론을 사용해 아무나 쉽게 풀 수 없는 자연의 비밀을 밝혀내고, 새로운 이론을 만들어 인류의 번영에 기여한다. 하지만 그러면서도 자신들이 속한 사회가 비과학적인 근거에 기반을 둔 정책들 탓에 망가져가는 모습에 모순을 느끼지 않으며, 이에 저항하거나 그 모순을 수정하려 들지도 않는다. 즉 대부분의 과학자는 자신이 속한 상아탑 속에 안주할 뿐 사회의 공익에는 무관심하다.

둘째, 과학자는 대부분 한 사회의 시민으로서 경제적 불평등에 민감하게 반응하면서도, 자신이 속한 과학기술 생태계에서 벌어지는 불평등에 대해서는 애써 침묵하거나 동조하는 모습을 보인다. 예컨대 뉴스에서 정치인 부모가 자녀 '스펙 쌓기'를 돕는 모습에는 분노하면서도, 거대 학술지 편집자를 겸하는 엘리트 과학자들이 질 낮은 논문을 남들보다 쉽게 상위 학술지에 게재하는 것에는 관대하다. 또한 노벨상 수상자로부터 시작해 1퍼센트 피인용 지수를 지닌 과학자를 지나 그 외의 보통 과학자로 이어지는 과학계의 위계질서를 아무런 저항 없이 받아들인다. 엘리트 과학자들이 연구비 대부분을 독식하는 것에도 큰 위화감을 느끼지 않는다.

셋째, 과학자 대부분은 자신이 노벨상을 탈 가능성이 복권에 당첨될 확률보다 낮다는 것을 잘 알면서도 노벨상 수상만이 과학 연구에서 최선의 가치라고 강조하는 정치인과 관료의 논리에 동조하고, 후학과 제자에게 이런 위계질서로 가득한 문화를 전수하는 데 아무런 죄책감을 느끼지 못한다. 대부분의 과학자는 자신의 연구 분야에서는 누구보다 엄밀하고 합리적인 척하지만, 거기서 단 한 걸음만 벗어나면 온실 속의 화초이거나 쳇바퀴 돌리는 다람쥐 신세일 뿐이다. 과학자들은 훈련 과정에서 이런 고질적인 엘리트주의에 세뇌당한 사람들이다.

19세기와 20세기를 거치며 전 세계 노동자는 노동조합을 만들며 자본가와 기업의 지나친 이윤 추구를 막고 노동자의 권익을 수호하는 제도를 건설했다. 하지만 많은 과학자는 자신 또한 노동자에 불과하다는 상식을 거부한 채 스스로 보호할 최소한의 단체와 제도를 구축하는 데 실패했다. 실제로 20세기 초 존 데스먼드 버널은 과학노동자연맹을 통해 이런 현실을 타개하려 했지만, 당시 서구 과학자 대부분은 버널의 충고를 듣지 않았다. 우리나라는 어떨까? 뒤에서 이야기하겠지만, 우리나라에는 아예 과학기술인협회조차 없다.

그렇게 여러 국가에서 과학자는 국가에 의해 관리되는 '인력'이 되었고, 자기 생태계의 모순을 해결하는 면에서는 사회의 다른 어느 계급보다 무능한 집단으로 추락해버렸다. 과학자에게 과학기술 생태계의 모순은 마치 맹점과 같다. 과학자는 자신의 연구와 사회에서 벌어지는 모순은 잘 지각하면서도 과학자 사회 내부에서 벌어지는 모순은 보지 못하거나 외면한다.

엘리트 과학자의 연구비 독식

과학사회학자 야든 카츠와 울리히 매터는 2019년 〈불평등의 척도: 미국 바이오메디컬 엘리트의 자원 집중〉이라는 논문을 발표한다.[3] 이 논문에서 두 사회학자는 과학자 사회가 학술지 랭킹이나 특허 수 등의 정량적 지표를 동원해 과학자 개인의 능력을 평가하는 전통을 만들었고, 이러한 지표들이 공정한 잣대처럼 사용되고 있음을 지적했다. 하지만 이런 척도들이 보편화되면서 과학자 사회의 연구비 분배에 심각한 불평등이 발생하기 시작했고, 상위 10퍼센트의 엘리트 과학자가 연구비의 대부분을 가져가는 사태가 벌어졌다. 이런 불평등의 지속은 하위에서 시작하는 과학자들이 상위로 올라갈 가능성이 거의 없는 이동성 감소로 이어져, 기존의 불평등을 재생산하고 잠재적으로 증폭하는 것으로 나타났다. 우리 사회에서 더는 개천에서 용이 나지 않는 것처럼, 과학자 사회 또한 '개천 용'을 기대할 수 없는 구조로 변모하고 있다는 뜻이다. 실제로 미국 의생명과학계의 연구비 분배는 미국 사회의 모습을 똑 닮았다. 상위 10퍼센트의 연구자가 연구비의 절반 이상을 독식하고, 하위 40퍼센트의 연구자가 수주하는 연구비의 비율은 날이 갈수록 하락하고 있다.[4]

중국은 이미 과학 논문의 양과 질에서 모두 미국을 앞질렀다. 생명과학과 임상의학 등 일부 분야를 제외한다면, 중국은 이제 명실상부한 세계 최고의 과학 강국이다. 2016년 중국의 사회학자인 즈창과 멍톈광은 중국의 생명과학 연구비 분배에서 미국과 같은 불평등을 조사해 이를 논문으로 발표했다.[5] 이 논문에 따르면, 2006년에서 2010년까지 중국 국립자연과학재단의 생명과학 분야 연구비 분배에서 연구기관별, 도시별 연구비 배분 집중도의 격차가 급격히 커졌다. 불평등 정도를 표현하는 지니계수는 기관별로는 0.61에서 0.74로, 도시별로는 0.67에서 0.79로 증가한 것으로 나타났다.

이런 연구비의 집중이 높은 연구 성과로 이어졌다면, 분배의 불평등에 대한 논의는 불필요할지도 모른다. 하지만 놀랍게도 연구비의 규모와 연구 성과 사이에는 아무런 상관관계가 없는 것으로 나타났다. 즉 연구기관별로 받은 연구비의 규모가 해당 연구기관이 출판하는 논문의 편 수에 아무런 긍정적 영향을 끼치지 못했다는 뜻이다. 비슷한 연구 결과는 이미 미국 국립보건원NIH의 연구 보조금[6]과 캐나다보건연구소CIHR의 연구 보조금[7]에서 모두 검증된 바 있다. 상위 몇몇 기관과 엘리트 과학자가 연구비를 독식했을 때 연구의 성과가 그다지 효율적이지 않다는 것은 생명과학에서는 일종의 법칙이라는 뜻이기도 하다. 미국, 캐나다, 중국의 사례는 모두 엘리트 과학자의 존재가 과학계의 발전에 크게 도움이 되지 않는다고 말한다. 마찬가지로 불평등한 연구비 분배 체계를 구축한 한국의 과학 정책 입안자들이 과학 정책을 실행하기 전에, 누구보다 더 많이 공부해야 하는 이유다.

2022년, 미국 암생물학계의 스타 과학자였던 데이비드 사바티니 매사추세츠공과대학MIT 교수가 성추행으로 연구소에서 해임되었다. 그는 상위 0.01퍼센트에 속하는 엘리트 과학자였다. 해임된 그를 미국의 뉴욕주립대학교가 고용하려 한다는 소문이 돌자 트위터(현 X)를 통해 수많은 과학자가 이런 학교의 행동에 제동을 걸었고, 결국 학교는 고용을 취소한다고 선언했다. 한국의 몇몇 연구소에서도 엘리트에 해당하는 과학자들이 대학원생의 인권을 침해하고 연구비를 부당하게 사용해 징계를 받는 일이 비일비재하다. 하지만 한국에서 그런 과학자들은 조용히 다른 대학으로 옮겨 연구를 계속한다. 연구비 분배의 불평등이 낳은 괴물, 엘리트 과학자의 존재가 과연 장기적으로 과학기술 생태계의 건강한 발전에 도움이 되는지, 한국의 과학기술계 리더들은 좀 더 신중하게 고민해야 한다.

미국 엘리트 의생명과학자의 문제를 집요하게 파고든 사회학자 야든 카츠와 울리히 매터는 논문 말미에서 이렇게 말한다.

> 우리는 신자유주의 과학 체제의 부상으로 1980년대 이후 훨씬 더 적은 소수의 엘리트 연구소와 연구자가 지나치게 큰 몫의 연구비를 받게 되었고, 이는 결국 의생명과학 연구비 불평등 증가로 이어졌다고

주장해왔습니다. 부익부 빈익빈을 비롯한 다양한 효과를 통해 그러한 엘리트들은 불균형적으로 큰 비율의 논문 인용 및 특허 소유의 특혜를 누리게 되었습니다. 이 모든 사건이 신자유주의적 자유시장 논리에 따라 추앙되었고, 정책은 이를 강화해왔습니다. 우리는 또한 연구비 지원의 상위 계층에 도달한 과학자들이 그 지위에 머무르는 경향이 있음을 관찰했습니다. 이는 불평등의 또 다른 시작입니다. 이러한 방식으로 공적 자금을 지원받는 의생명과학 분야에서, 부자는 더 부자가 되고 경제적 이동성은 감소하는 광범위한 신자유주의 현상이 발생하게 됩니다. 우리는 기존 척도의 지나친 사용이 과학자와 그들이 속한 연구조직 간의 불평등을 악화한다고 주장합니다. 하지만 희망은 있습니다. 우리의 분석에 따르면, 다양성을 증가시키기 위해 국립보건원이 채택한 특정 정책으로 인해 최근 불평등이 감소했기 때문입니다.[8]

보통 과학자들이 자신이 속한 과학자 사회의 모순에 눈을 감지 않기를 바란다.

마태효과와
과학자 사회의 불평등

과학은 점차 특권층의 전유물이 되고 있다. 과학적 사실을 기반으로 한 자체 수정 능력과 능력 본위의 내부 질서가 과학계 안팎의 불평등 심화로 흔들리고 있다.[1]

_ 이토 유코 (일본 과학기술정책연구소 연구원)

과학계의 불평등은 필연인가

기독교 성경 〈마태복음〉 25장 29절에는 "무릇 있는 자는 받아 풍족하게 되고 없는 자는 그 있는 것까지 빼앗기리라"라고 기록되어 있다. 이 문장을 이용해 과학사회학자 로버트 머튼은 마태효과 Matthew effect라는 개념을 제시했다.[2] 머튼이 말한 마태효과는 과학자 사회의 부익부 빈익빈을 표현하는 단어로, 이미 상당히 명망을 획득한 과학자는 계속해서 유명해지지만 그러지 못한 과학자는 계속해서 인정을 받지 못하는 현상을 말한다.

과학자 사회의 보상 체계는 과학적 생산물인 논문 혹은 특허 등에 대한 동료들의 인정을 토대로 구축되어 있다. 과학자 사회에서 인정을 받는 과학자는 대부분 훌륭한 연구 업적(훌륭한 논문이라는 결과로 나타난다)을 인정받고, 이러한 동료들의 인정이 축적되면 과학자 개인의 명성도 쌓인다. 과학자 사회가 유지해온 보상 체계의 핵심에 과학적 생산물에 대한 동료의 인정이 존재한다는 점에는 이견을 달 여지가 없다. 하지만 이렇게 생겨나는 과학적 명성은 태생적으로 불평등을 내재하고 있다. 그것이 마태효과가 보여주는 딜레마다.

과학자의 삶을 경험해본 이들이라면 대부분 알고 있듯이, 과학의 진보에 기여하는 과학적 발견은 극소수의 과학자에 의해 이루어진다. 즉 과학적 발견에 대한 과학자의 공헌을 그래프로 나타내면, 대부분의 과학자가 대부분의 발견에 공헌하는 정규분포라기보다는 극소수의 과학자가 과학적 발견의 대부분을 담당하고, 대부분의 과학자는 거의 공헌하지 않는 역제곱 형태에 가깝다. 과학적 생산물을 만들어내는 과학자 수 전체의 제곱근에 해당하는 극소수의 과학자가 과학적 생산물의 절반을 생산한다. 예를 들어, 전 세계에 400명의 과학자가 존재한다면 20명의 과학자가 전체 논문의 50퍼센트를 출판하고 나머지 380명이 그 절반을 출판한다는 뜻이다. 로버트 머튼은 이런 내재적인 불공평함이 오히려 어떤 의미에서는 과학의 진보를 가능하게 한다고 생각했다. 천재에 대한 과학자 사회의 열광은 마태효과에 근거한 것인지 모른다.[3]

머튼의 마태효과가 과학자 개인의 시간에 따른 누적 이익을 다루었다면, 콜 형제(조너선 콜과 스티븐 콜), 해리엇 주커먼 등 많은 과학사회학자는 주로 계층화와 성차 등 사회적이고 제도적인 문제에 기반하여 생산성에서 나타나는 불평등에 접근했다. 특히 사회학자 다이애나 크레인은 후광효과Halo effect라는 개념으로 과학자 사회의 생산성에서 나타나는 불평등을 분석했다.[4] 여기서 발견한 사실은, 이미 학계에서 명성을 지닌 연구소나 대학교 혹은 학과에 소속되는 것만으로도 자신을 드러낼 기회와 더 많은 인정으로 이어지는 기회를 얻을 수 있다는 것이다. 흔히 간판을 따기 위해 대학교에 간다는 속설에도 근거가 있는 셈이다. 크레인의 연구가 수행된 장소는 미국인데, 미국은 교수를 선발할 때 단순히 연구 생산성만이 아니라 출신 학교와 스승 교수를 보는 것으로 유명하다. 과학계에도 학벌이 존재하고, 이에 따른 불평등은 누적된다.

마태효과, 후광효과 외에도 슈퍼스타모델, 승자독식이론 등 과학자 사회의 불평등을 설명하는 이론들은 많다. 과학자 사회는 바로 이런 지독한 불평등을 진보를 위한 필요악으로 인정해왔다. 수많은 보통 과학자의 존재는, 이런 체계에서 필연적인 결과물이다.

구조화된 불평등 그리고 보통 과학자

마태효과는 '누적이익이론'이라고 불리기도 한다. '경력의 초기에 성공한 과학자일수록 인정과 자원 획득에 더 유리하다'는 법칙이 마태효과의 핵심 중 하나다. 즉 과학자 사회의 보상 체계를 동료들의 인정으로만 한정해도, 시간에 따른 불평등은 필연적으로 더욱 심각해진다. 하지만 프랑스의 사회학자 피에르 부르디외는, 과학 자본이 경제 자본과 달리 동료의 인정에 의해서만 작동한다는 점에 의문을 품었다. 그는 순수한 과학 자본의 이면에는 연구실, 학과, 위원회, 협회, 행정 부서 등에서 중요한 위치를 차지하는 학자들의 제도적 권력이 존재하며, 이를 '제도화된 과학 자본'이라고 불렀다. 바로 이런 제도화된 과학 자본의 존재로 인해, 실력으로만 진검승부를 할 수 있는 환경은 점점 더 축소되고 있다. 흔히 '과학자 정치인'이라고 불리는 존재들이 연구비 체계를 무너뜨리고 있음을 현장의 과학기술인은 대부분 눈치채고 있다. 과학 자본은 원래부터 불평등을 내재하고 있지만, 제도적으로도 점점 더 불평등한 방향으로 발전하는 중이다.

20세기 초반에 과학자 사회를 연구한 머튼은 우선권 경쟁을 통한 과학자 사회의 이러한 불평등이 당연한 것이라고 생각했다. 그는 노벨상 같은 상이 소수에게 주어지는 것도 불가피한 현상이라고 생각했다. 기능주의자였던 그는 심지어 과학이 원활히 작동하는 데 스타 과학자의 역할이 필수적이라고 생각했으며, 젊은 과학자가 마태효과나 후광효과를 잘 이용해야 한다고 조언하기까지 했다. 머튼의 이론을 이어받은 일부 기능주의 사회학자들은, 실제 과학에 기여하는 것은 소수의 엘리트 과학자에 불과한데 과연 이렇게 많은 과학자가 필요하느냐는 의문을 제기하기도 했다. 한편 과학자 사회는 과학계를 움직이는 불평등의 원리에 그동안 크게 귀를 기울이지 않았다.

2019년 캐나다의 젊은 의생명과학자들은 국회와 쥐스탱 트뤼도 총리를 향해 젊은 연구자들에게 공평한 연구의 기회를 보장하라는 성명서를 냈다. 나 역시 참여한 이 성명은 점점 더 심각해지는 연구비 경쟁에서 경력 초기의 과학자가 겪는 제도적 불평등이 한계에 봉착했음을 지적했다. 특히 학위 공장으로 인해 박사학위자가 폭발적으로 증가한 의생명과학 분야에서는 제도적 공정성만 믿고 경력을 이어나가는 것이 거의 불가능해졌다. 점점 더 가파르게 쌓여가는 경력 피라미드에서 공정한 경쟁은 허울 좋은 이야기다. 이런 과정에서 가장 큰 피해를 보는 것은 당연히 경력 초기의 연구자일 수밖에 없다. 바로 그런 이유로 미국 국립보건원도, 캐나다 연구재단도, 그리고 한국연구재단도 경력 초기의 연구자들끼리만 경쟁하는 연구비 트랙을 만들어 운영하고 있다. 과학계의 마태효과는 실재하며, 이를 제도적으로 보완하지 않는다면 과학계는 시스템을 유지할 수 없다는 것이 증명된 셈이다.

20세기 동안 과학자 사회는 이런 왜곡된 보상 시스템이 과학의 진보에 필수적이라며 방관해왔다. 사회학 지식에 무지한 과학계의 원로들은 이처럼 승자독식의 보상 시스템이 결과적으로 뛰어난 과학적 발견을 가져다주므로 인류 전체에 도움이 된다며 정당화했다. 하지만 이런 정당화는 과학적 평가가 나이, 성별, 국적, 종교, 계층, 소속 등과 무관하게 보편성, 공정성을 담보한다는 전제에서만 가능하다.

2014년 〈사이언스〉에 실린 〈비민주성: 과학계의 불균등〉이라는 논문은 과학자 사회의 불평등이 그 전 10년간 변해온 과정을 분석했다. 이 논문에서 그 기간 동안 국가 간 불평등은 완화되었고, 여기에는 세계화와 인터넷 등의 영향이 지대했다고 분석한다. 하지만 대학 또는 연구기관 사이의 불평등은 심화되었고, 특히 연구자 개인 사이의 불평등은 아주 심각해졌다고 주장했다.[5] 과학자 사회에도 영화 〈기생충〉에서 묘사한 부자와 빈자의 극명한 대비가 나타나기 시작한 것이다.

과학자 사회의 양극화

2016년 〈네이처〉는 〈실험실의 불평등: 현미경 아래의 계급〉이라는 제목으로 과학계 내부에서 나타나는 양극화 현상을 생생하게 다뤘다. 표지에는 금으로 된 현미경과 철로 된 현미경을 대비시켰다.[6] 과학자로 살아온 이들은 모두 이 그림이 뜻하는 바를 안다.

과학자 사회의 소득 불평등은 우선 경력 단계에 따라 극명하게 나타난다. 대학원생은 연구지원금이라는 명목으로 아주 기초적인 생활비 정도를 받으며 연구한다. 박사후연구원은 박사학위가 있는데도 비정규직으로 고용되며, 평균적인 박사학위자의 연봉에 한참 못 미치는 소득으로 연구해야 한다. 2010년대 후반, 미국 정부는 노동부의 권고에 따라 박사후연구원의 연봉 하한선을 대폭 끌어올리는 조치를 단행했다. 박사후연구원에 대한 이러한 잔인한 처우 때문에 대학원에 입학하는 인재들이 줄어든다고 판단했기 때문이다. 교수가 되어도 자연과학자의 연봉은 그다지 크게 뛰어오르지 않는다. 같은 수준의 엔지니어 그룹에 비하면 절반도 채 안 되는 연봉이 연구자로 일하는 과학자가 받을 수 있는 한계 수준이라고 보면 정확하다. 그 와중에 한국 과학자의 연봉은 세계적으로도 매우 낮다. 물가 수준을 고려한다 해도, 한국에서 대학원을 마치고 외국으로 유학을 떠나본 사람들이라면 이 낮은 연봉의 기저에 과학자에 대한 한국 사회의 좋지 않은 대우가 깔려 있다는 것을 몸으로 깨닫게 된다.

최저임금조차 받지 못하는 이들 앞에서 불평할 정도는 아니지만, 같은 직군 내에서의 압도적인 소득 격차는 과학자들의 상대적 박탈감에 부채질을 한다. 미국 캘리포니아대학교는 스타급 교수에게 연봉 100만 달러를 지급하며 이들을 독려하는 것으로 유명하다. 100명도 안 되는 극소수 과학자가 40만 달러(약 5억 6000만 원)의 연봉을 받아가는 동안, 수천 명의 박사후연구원은 5만 달러 정도의 연봉을 받는다. 평균적인 교수는 스타 과학자 연봉의 4분의 1을 받는다. 지독히 미국적 자본주의라고 볼 수 있는 이런 시스템은 스타 과학자 영입 경쟁이 치열해지면서 더욱 심화되고 있다. 어떤 과학자가 성공할지 모르는 상황에서, 돈이 얼마가 들든 이미 성공한 승자를 영입해오려는 미국 대학들의 욕망이 과학자 사회의 양극화를 심화시키고 있는 셈이다.

물론 기업과 공공 부문 그리고 스포츠 분야에서도 최상위권 몇 명이 성과를 독식하는 경우가 있다. 하지만 소득의 불평등을 측정하는 지니계수는 기업과 공공 부문에서는 감소 중이지만 과학계에서는 증가 중이다. 극소수 엘리트가 보상을 독식하는 체계에서 보통 과학자는 신음할 수밖에 없다. 〈네이처〉가 미국의 연구자 3600명을 대상으로 실시한 설문조사에서, 과학 연구자의 50퍼센트 이상이 과학자로 진로를 정하면서 생활 수준이 낮아졌다고 대답했고 20퍼센트는 학생들에게 과학 연구자의 길을 추천하지 않는다고 답했다. 과학계 내부의 양극화는 이제 흔한 일상이라 그동안 이를 무시해오던 명문대의 교수들조차 대학원에 진학하는 학생의 급감을 걱정해야 하는 처지가 됐다.

과학계 내부의 양극화는 소득에 그치지 않는다. 이미 한국과 미국의 명문대에는 상류층 가정의 자제들이 재학생의 높은 비율을 차지하고 있다. 과학계도 마찬가지다. 영국과 미국, 그리고 일본을 대상으로 한 조사에서 과학자가 되는 데서 계급 장벽이 다른 분야에 비해 극단적으로 높다는 사실이 밝혀졌다.[7] 점점 더 상류층의 전유물이 되어가는 의사와 변호사처럼 과학자도 일부 계급의 전유물이 될 가능성이 높아지고 있는 셈이다. 하지만 여기서

'웃픈' 사실은, 과학자라는 직업은 의사나 변호사처럼 자격증을 취득하고 높은 소득을 보장하는 직업조차 아니라는 것이다. 오랜 기간 낮은 임금을 받으며 생활해야 하는 과학자가 경제적 여유를 가진 일부 계급에만 매력적인 직종이 되는 것은 당연한 일일지 모른다. 그렇게 다양성을 잃은 과학계가 어떻게 변해갈지는 아무도 모른다. 하지만 불평등과 계층화가 과학자 사회에 폐쇄성의 문제를 초래해 제도 과학의 유연성이 저하한다면, 과학 지식의 진보에도 문제가 따르게 되리라는 점은 의심의 여지가 없다.

4

마틸다의 유리천장

엄마, 가정, 천국보다 더 달콤한 단어가 있다. 자유.

_ 마틸다 조슬린 게이지의 묘비명

'가장 살기 좋은 나라'조차 피하지 못한
과학기술계의 성 편향

캐나다는 '세계에서 가장 살기 좋은 나라' 조사에서 늘 상위권을 차지하는 복지국가다. 반면에 우리나라는 20위권을 오르내린다. 세계경제포럼WEF은 2006년부터 매년 〈세계 성性 격차 보고서〉를 발표하는데, 우리나라는 2006년 92위로 시작해 2025년 101위로, 거의 항상 100위권 안팎에 머물렀다. 성평등 하위권 국가인 셈이다.

2015년 캐나다의 트뤼도 총리는 내각의 절반을 여성으로 채웠다. 그 이유를 묻는 기자에게 트뤼도 총리는 "지금은 2015년이니까요"라고 대답해 화제가 됐다. 21세기에도 여성의 권리에 대해 의문을 품는 사람은 민주 사회의 구성원이 될 자격이 없다는 뜻을 담은 답변이다. 그런 인권 국가 캐나다에서도 여전히 과학기술계에는 여성 차별이 존재한다. 2019년 캐나다 라발대학교의 홀리 위트먼 교수 연구팀은 캐나다보건연구소의 연구비 지원 프로그램에 신청한 연구팀의 정보를 분석했고, 연구책임자를 지원하는 프로그램의 경우 연구비 수주 성공률이 남성은 13.9퍼센트, 여성은 9.2퍼센트 라는 결론을 얻었다.[1]

연구비 수주는 과학기술계 성차별의 대표적인 사례에 불과하다. 2018년 〈네이처 바이오테크놀로지〉는 생명공학 특허 심사 과정에 무의식적인 성차별, 즉 '성 편향'이 존재한다고 발표했다.[2] 미국 예일대학교 연구팀이 수행한 이 연구는 미국 특허청 데이터베이스에 등록된 270만 건의 자료를 분석한 결과로, 모든 착시효과를 제거해도 여성의 심사 통과 확률이 7퍼센트 낮음을 보였다. 차별이 일어나는 가장 근본적인 원인은 이름이었다. 성별을 확연히 알 수 있는 여성 이름에 비해, 성별이 모호해 보이는 여성 이름의 심사 통과 비율은 남성과 거의 동일했기 때문이다. 연구비와 특허 외에 과학기술 논문에서도 여전히 성차별이 존재한다.

2025년 과학기술정보통신부가 발표한 '2023년도 여성 과학기술 인력 활용 실태조사 결과'에 따르면 우리나라의 여성 연구 인력은 전체 연구 인력의 23.1퍼센트밖에 되지 않는다. 연구과제 규모에 따른 성 편향은 특히 심각하다. 2022년 기준으로 연구비 10억 원 이상의 대형 연구과제를 맡은 여성 책임자는 전체의 약 8.3퍼센트에 그치고 말았다. 그나마 2017년의 3.2퍼센트에 비하면 많이 상승한 것이다. 연구비 3000만 원에서 5000만 원 사이 소형 과제의 경우 여성 연구책임자의 비율은 서서히 증가하고 있지만, 대형 과제는 오히려 감소하고 있다. 한국 연구자들이라면 잘 알고 있을 과제 수주 시의 과도한 네트워크, 특히 근무 시간 외의 사적인 자리까지 요구하는 풍토와 이런 결과가 무관하다고 보기는 힘들다.

마틸다효과, 마태효과의 어두운 측면

1967년 천문학자 조슬린 벨 버넬은 케임브리지대학교에서 박사학위 과정 학생으로 있으면서 펄서 pulsar (맥동변광성)를 발견했지만, 이 공로는 그의 지도교수인 앤터니 휴이시에게 돌아갔고 노벨상 역시 그가 받았다. 동화 작가 엘리 어빙은 《마틸다 효과》라는 동화에서 조스 할머니의 이야기를 통해 같은 업적을 쌓더라도 여성 과학기술인이 남성에 비해 과소평가됨으로써 역사에 기록되지 못하는 현상을 이야기했다. 원래 이 말은 1993년 여성 과학기술인에 대해 연구했던 과학사가 마거릿 로시터가 만든 신조어다. 로시터는 사회학자 로버트 머튼이 주장한 마태효과, 즉 과학자 사회에서 나타나는 부익부 빈익빈 현상이 여성 과학기술인에 대한 차별이 이루어지는 근거라고 주장했다. 그리고 여성 과학기술인에 대한 차별에서 나타나는 마태효과를 지칭하기 위해, 미국 사회학의 선구자이자 여성의 권리를 위해 투쟁했던 활동가 마틸다 조슬린 게이지의 이름을 따서 '마틸다효과'라 명명했다.

로시터가 과학기술계의 성 편향을 지칭하기 위해 마틸다의 이름을 사용한 이유는, 19세기 여성 인권을 위해 투쟁했던 마틸다 게이지의 이름이 역사에서 사라졌기 때문이다. 실제로 로시터가 그의 이름을 다시 수면 위로 올리기 전까지 여성운동가, 미국 원주민 인권운동가, 노예제 폐지론자, 자유사상가였던 마틸다 게이지의 이름은 거의 알려지지 않았다. 로시터가 마틸다 게이지의 이름으로 이 현상을 명명한 이유가 하나 더 있다. 1826년 미국 뉴욕에서 태어나 1898년 사망할 때까지 마틸다 게이지는 사회적 소수자를 위해 헌신했지만, 그와 별도로 1883년 발표한 〈발명가로서의 여성〉이라는 논문을 통해 과학기술계에서 나타나는 성 편향을 지적했기 때문이다. 이 논문은 다음과 같이 시작한다.

여성이 발명이나 기계공학에 재능이 없다는 것은 여성에 관한 흔한 주장 중 하나다. 심지어 미국 정부는 여성 발명가들의 숫자를 제대로 집계조차 하지 못하고 있다. (…) 비록 여성의 과학교육이 부정적으로 생각되어왔지만, 인류사에서 가장 중요한 몇몇 발견은 여성의 작품이다.[3]

머튼은 마태효과를 통해 과학자 사회의 특징을 드러냈지만, 마태효과 자체가 과학의 진보에 도움이 된다고 생각했다. 단 하나의 이론이 승리하고, 연구 능력이 뛰어난 연구자에게 모든 자원이 주어지는 현상이 과학의 진보를 촉진한다고 생각했기 때문이다. 머튼의 생각은 단 한 번도 실험적으로 증명된 적이 없지만, 바로 그 마태효과가 극대화된 21세기, '보통 과학자'들이 고통받고 있다는 것만은 사실이다. 그리고 마틸다효과는 과학의 진보만을 고려하는 마태효과가 불러올 수 있는 부정적 측면의 한 극단을 보여준다. 과학의 진보를 위해, 대다수 과학자의 인권과 소수자 여성의 기여를 무시해도 되는가? 마틸다효과는 우리에게 바로 그 점을 묻고 있다.

유리천장과 재능에 대한 편견

여성은 왜 과학, 기술, 공학, 수학STEM 분야에 적극적으로 진출하지 않을까? 아니, 여성이 STEM 분야에 적극적으로 진입하지 않는다는 명제는 증명된 것인가? 아주 오래전 좌파 우생학자들이 주장했듯이, 이 질문이야말로 사회적 편견이 제거된 평등한 상황에서 이루어지는 실험 없이는 결코 단정할 수 없는 질문이 아닐까? 어느 연구 결과에 따르면, STEM 분야 중 여성의 비율이 남성과 비슷하거나 남성을 넘어서는 분야에서는 그 분야를 전공하기 위해 필요한 재능이 '노력을 통해 극복할 수 있는 것'이라 보는 경향이 크다고 한다. 한편 타고난 재능을 중시하는 분야에서는 여성의 비율이 비교적 낮았다.

2011년 미국의 분자생물학 박사학위 수여자의 54퍼센트는 여성이었고, 물리학은 18퍼센트에 불과했으며, 심리학은 72퍼센트가 여성이었다. 이 사실은 과학기술계의 성 편향이 향후 어떻게 전개될 것인지 보여주는 좋은 자료가 된다. 물리학은 생물학처럼 성평등을 이룬 과학이 될 것인가? 생물학은 심리학처럼 여성이 더 많은 분야로 진화할 것인가? 그것도 아니라면, 남성과 여성의 비율은 이대로 고착화될까? 이 문제에 정답은 없지만, 과학계의 일은 과학적으로 풀어갈 수 있다는 희망을 가져보자. 과학자 사회와 현대 문명이 함께 구축해온 편견을 모두 제거하고 나서도 남는 그만큼만, 남녀의 차이가 존재하는 세상을 만드는 일은 가능하다. 과학은 바로 그런 일에 합당한 답을 제공하는 학문이다.

5

주변 국가의 과학자가
마주하는 어려움

과학자 사회에서의 불평등 구조는 기관의 명망 차원이 아니라 국가 차원의 수준에서도 작동한다.[1]

_ 전승봉 (사회학자)

과학의 금수저는 어디서 오는가

정권이 바뀌거나 정부 각료가 교체될 때마다 논란이 되는 것이 있다. 바로 자녀의 학벌과 관련한 시비이다. 우리나라는 학벌을 중심으로 한 계급구조가 부정할 수 없을 만큼 강하게 고착화되어 있다. 주지하다시피 명문대 입학생 대다수는 부모가 부유층이다. 학벌에 묶인 한국 사회의 계급구조에서, 부모의 재산과 소득은 운이 아닌 실력이 된다.

과학계도 별반 다르지 않다. 과학자가 과학자를 평가하는 가장 중요한 방법은 그 과학자의 연구를 대상으로 하는 것이어야 하지만, 대부분의 과학자는 다른 과학자의 연구를 정확하게 판단할 수 없다. 전공 분야가 조금만 달라도 논문을 이해하기가 어려운 데다 과학자도 인간인지라 상대방이 금수저인지 흙수저인지를 판단하는 휴리스틱heuristic에 의존하기 때문이다. 휴리스틱 혹은 발견법이란 정보나 시간의 부족으로 인해 합리적인 판단이 불가능할 때 인간이 빠르게 사용할 수 있는 어림짐작을 말한다.

과학자의 휴리스틱 중 가장 널리 또 자주 사용되는 종류는 어떤 학술지에 논문을 게재했는가를 보는 것이다. 국내 신문에서도 '최상위 학술지에 논문을 게재했다'는 말을 자주 볼 수 있는데, 여기서 '최상위 학술지'란 학술지에 실린 논문들의 인용지수를 학술지에 실린 논문의 숫자로 나눈 임팩트 팩터impact factor가 매우 높다는 의미다. 즉 같은 논문이라도 〈네이처〉나 〈사이언스〉처럼 임팩트 팩터가 높은 학술지에 실린 논문이라면 논문의 내용과 상관 없이 해당 과학자의 평판을 좋게 만들 수 있다.

또 다른 방법은 과학자의 박사학위 수여 기관 및 훈련받은 연구소 및 대학의 이름을 묻는 것이다. 한국 사회를 지배하는 학벌의 위계구조처럼, 과학계에도 학교 및 연구기관에 암묵적인 위계가 있다. '좋은' 기관에 소속된 과학자는 기관의 후광을 받고, 그렇지 못한다면 차별을 감수해야 한다. 이를 통해 명망 있는 학과, 학교, 기관 등에 소속된 것만으로도 이미 엄청난 이익을 얻게 되는 후광 효과가 발생한다. 실제로 교수 선발 과정에서 연구 생산성이라는 지표보다 출신 학교와 추천 교수가 더 중요하다는 점을 보인 연구도 있다.[2] 과학자 사회는 이미 오래전부터, 어쩌면 태생부터 실력보다 과학자의 출신과 소속을 더 중요한 검증 기준으로 여기며 성장해온 것인지 모른다.

과학계에 존재하는 국가적 차별

어느 분야든 국내 학계를 주도하는 이들이 유학파 중심이라는 것은 부정하기 어렵다. 그러나 과학계에는 그런 경향이 더 심각해 보인다. 과학자가 된다는 것은 한국 과학자만 읽는 논문을 출판하는 학자가 된다는 의미가 아니다. 한국어로만 논문을 써도 아무런 문제가 없는 인문학과는 다르게, 과학은 자연을 설명하는 보편적 이론을 다루므로 동아시아 끝에서 출판한 논문의 진릿값이 미국 대학에 위치한 실험실에도 영향을 미친다. 과학은 보편적이며, 따라서 과학의 내용은 국가, 인종, 나이, 성별 등에 의해 차별받을 수 없다. 그게 머튼이 말한 과학자 사회 규범의 가장 중요한 측면이다. 그러나 현실은 그렇지 않다.

현실의 과학자라면 누구나 과학계에 중심부와 주변부가 존재한다는 것을 안다. 당장 노벨상이 수여된 국가의 분포만 봐도 대부분 미국과 유럽 혹은 일본이다. 이는 유럽에서 시작된 과학이 미국으로 건너간 사실과 무관하지 않고, 일본이 메이지유신 이후 과학에 꾸준히 투자한 사실과도 무관하지 않다. 하지만 이 문제를 단지 과학계 내부의 사실만으로 설명하려는 것은 게으르다. 유럽과 미국 그리고 일본은 모두 과학이 발전하던 당시 제국주의 국가들이었으며, 식민지를 착취하며 풍요를 누린 역사에서 자유롭지 않다. 과학을 둘러싼 헤게모니는 바로 그런 정치적·사회적 맥락에 얽혀 있다.

글로벌 지식 생산 체계에서 중심부와 주변부가 구분된다는 사실은 과학 지식은 물론 인문학 및 사회과학을 비롯한 지식 생산 체계 대부분에서 사실인 것으로 드러났다.[3] 경제 체제에서 핵심적인 위치를 차지하고 있는 국가일수록 지식 생산 체계에서도 핵심적인 위치를 차지할 확률이 높다. 이들 중심부 국가에서 생산된 과학 지식은 주변부에 거대한 영향을 미치고 있다. 이는 엄연한 현실이다.

과학 지식을 둘러싼 중심부 효과는 중심부에서 생산된 지식이 더욱 보편적이라는 인식을 강화한다. 이러한 인식이 지속적으로 강화되면 과학 지식을 둘러싼 국가 간 위계가 생겨나고, 인간의 휴리스틱에 따라 이 위계가 차별로 이어지는 것은 당연한 결말이다. 주변부 국가에서 태어난 과학자가 중심부에서 인정받는 것은 흙수저로 태어난 청년이 금수저가 되는 것만큼 어려운 일이다. 주변의 과학자에게 한국에서 〈네이처〉에 논문을 내는 것과 미국에서 〈네이처〉에 논문을 내는 것 중 어떤 작업이 더 어려운지 물어보라. 과학자라면 누구나 〈네이처〉가 과학자가 소속된 국가에 따라 일정한 정도로 차별적 심사를 진행한다는 사실을 짐작하고 있다. 실력만으로 좋은 학술지에 논문을 내는 세상은 없다. 실력에는 논문을 출판하는 과학자의 출신 배경, 소속, 성별, 인종 등의 모든 요소가 포함되어 있기 때문이다.

영어라는 헤게모니, 그리고 과학의 주변 국가

과학자가 영어가 아닌 모국어로 논문을 쓰는 경우는 매우 드물고, 그런 논문은 과학계에서 큰 영향력을 발휘하지 못하곤 한다. 과학자가 된다는 것의 의미 중 하나는 과학자 사회가 인정하는 논문을 출판했다는 뜻이기도 하다. 그리고 그 논문은 모두가 읽고 이해할 수 있는 실용적 언어, 즉 영어로 기술되어야 한다. 과학자로 성장한 대부분의 사람은 영어로 된 논문을 읽고 쓸 줄 안다. 또한 과학자가 논문을 제출하는 대부분의 권위 있는 학술지는 영어로만 논문을 출판한다. 과학 지식은 영어라는 언어에 속박되어 있다.[4]

내 주변에도 영어 때문에 유학을 포기한 과학자가 여럿 있다.

모국어 외에 또 다른 언어를 자유자재로 사용할 줄 안다는 것은 엄청난 특권이자 능력이다. 대부분의 한국인이 한국어만 사용하며 살아가도 아무런 문제가 없지만, 과학자가 되기로 결심한 이들에게 영어는 단지 과학을 위한 보조적인 도구가 아니라 필수도구에 가깝다. 우리나라에만 국한되는 이야기도 아니다. 과학자라면 누구나 세계의 다른 과학자들이 읽고 이해할 수 있는 영어로 논문을 쓸 줄 알아야 한다.

과학계를 둘러싼 이와 같은 영어 헤게모니가 과연 한 국가의 과학 발전에 아무런 영향을 미치지 않을 것인지는 미지수다. 나는 대만에서 건너온 지도교수의 실험실에서 박사후과정 연수를 했는데, 처음 제출한 논문 심사 과정에서 심사위원에게 영어에 대한 지적을 들었다. 미국에 건너온 지 40년이 넘은 지도교수는 그 심사위원의 지적에 너털웃음을 지었다. 그도 그럴 것이 내 지도교수의 영어 문장은 원어민보다 탁월하다고 널리 알려져 있을 정도였기 때문이다. 과학 지식 생산을 지배하는 영어의 헤게모니는, 주변부 국가에서 태어난 뛰어난 과학자가 능력에 따라 공정하게 평가받을 기회를 축소할 수 있다. 특히 영어 능력이 출신 계급에 따라 결정되는 한국 사회에 이 문제를 대입해보면, 과학자로 성장하는 길은 결코 공정하지 않은, 특권층에 유리한 길이 되어가는 듯하다.

글로벌 지식 생산 체계에서 영어의 헤게모니와 미국 유학파들의 독점 현상, 그리고 여기에서 이어지는 학문의 종속성 문제는 사회학계에서 공론화된 지 오래다.[5] 특히 국내에서는 대학의 글로벌 위계와 한국 사회의 폐쇄적인 학벌 체제가 맞물리면서 미국 유학파가 한국 학계를 독점하고 실력주의를 거부하는 현상으로 퇴행하는 결과를 낳았다. 과학계에도 이런 일이 일어나지 않는다고 장담할 수 없다. 선도적 연구 그룹이 드문 한국 과학계의 현실은, 학벌 체제와 글로벌 헤게모니에 대한 대책 없이 과학을 발전시킨다는 것의 구조적 모순을 드러내는 상징일지도 모른다.

이런 상황에서 과학자 개개인의 노력만을 강조하는 정부 정책과 언론의 태도에는 문제가 있다. 한국 과학계가 세계적인 연구 성과를 내기 위해서는 이미 세계를 지배하고 있는 게임 규칙에 대한 이해가 절실하다. 그리고 할 수 있다면 그 게임 규칙을 바꿔야 한다. 고급 학술지의 편집자의 공정성을 신뢰할 수 없는 현실에서, 그들이 정한 게임의 규칙에 종속되는 것은 그다지 권장할 만한 일이 아니다. 주변부 국가에서 나름대로 훌륭하게 성장한 과학자 사회를 지닌 한국은 과학계의 여러 구조적 모순을 해결할 수 있는 좋은 조건을 지닌 나라다. 한국 과학계와 정부가 단지 과학자들을 경쟁으로 내모는 것을 넘어, 이런 구조적 문제들을 해결하는 방식에 대해 전방위적으로 고민했으면 좋겠다. 이 고민이 무르익는다면 한국 과학이 그럴듯한 대안으로 발전할 수도 있다.

생성형 인공지능과 기득권의 저항

별다른 이유 없이 영어는 과학계의 일반적인 언어로 자리 잡았고,

영어를 모국어로 하는 서구의 과학자와 영어로 과학 논문을 읽고 쓰는 법을 배워야 하는 비서구 과학자 사이에는 큰 차별이 존재해 왔다. 하지만 대규모 언어모델LLM이라 불리는 생성형 인공지능이 발전함에 따라 원어민과 비원어민의 구분이 희미해지고 있다. 이제 과학자 대부분이 인공지능AI을 이용해 글쓰기를 하지 않을 도리가 없어졌을 정도로, 영어가 형성했던 제약의 벽은 상당히 낮아졌다. 인공지능의 발전은 과학계에 도사리고 있던 영어 독점을 해체하는 셈이다.[6]

이제 챗GPT뿐 아니라 수많은 생성형 인공지능이 공개되어 있다. IT 업계의 지형도 역시 크게 변화하고 있다. 단순히 몇몇 직업이 사라지고 말고의 문제가 아니다. 그동안 인간이 유일하게 우월하다고 믿었던 지성의 영역, 특히 텍스트를 읽고 이해하고 쓰는 능력에 기반을 둔 모든 인간 활동에 거대한 규모의 변화가 불가피해 보인다. 세상은 더는 예전과 같지 않을 것이다.

거대 학술지 출판사는 챗GPT의 등장에 심각한 우려를 표시했다. 2024년 〈네이처〉와 〈사이언스〉는 사설을 통해 챗GPT와 같은 인공지능 도구는 과학의 투명성을 위협하고 연구에 대한 책임을 질 수 없다며, 향후 대규모 언어모델은 연구 논문의 저자로 인정할 수 없고 대규모 언어모델을 사용할 경우 논문에 명시해야 한다는 내용의 가이드라인을 제시했다. 흥미로운 반응이다. 최근 연구 결과 과학자들조차 챗GPT가 쓴 연구 초록의 3분의 1을 구별하지 못한다는 점이 드러났다.[7] 이는 논문의 표절 등을 심사해야 하는 학술지 관계자들에겐 이해관계가 개입된 사건일 수밖에 없다.

하지만 이미 수많은 과학자가 연구 논문 작성과 연구계획서를 작성하는 데 챗GPT를 활용하고 있다. 〈사이언스〉는 사설에서 궁극적으로 결과물은 우리 머릿속에 있는 멋진 컴퓨터에서 나와야 하고, 또 그것에 의해 표현되어야 한다고 말했다. 〈네이처〉는 1869년, 〈사이언스〉는 1880년 종이 잡지로 시작한 학술지로 수백 개가 넘는 학술지를 거느리고 있다. 2023년 〈네이처〉에는 '혁신적이고 파괴적인 과학적 발견'이 사라지고 있다는 연구 결과가 출판되었다. 저자들은 그 이유가 경쟁적인 과학 생태계에서 과학자들이 파괴적인 연구보다 일자리 보존을 위한 안정적인 연구에만 집중하기 때문이라고 분석했다. 그런데 과학계의 기득권인 〈네이처〉와 〈사이언스〉는 그런 환경을 만든 주범 중 하나다. 그들이 반대하는 챗GPT는 아마도 그들의 존재 자체를 위협하는 파괴적 도구일지도 모른다.

글쓰기의 미래와 영어 독점의 해체

챗GPT가 불러온 변화는 거대하다. 컴퓨터 언어를 사용하는 프로그래밍 분야는 이미 격변에 가까운 변화에 직면한 것으로 보인다. 미국 부동산 업자들은 챗GPT를 이용해 매물을 소개하는 글을 자동으로 작성한다. 미국의 몇몇 신문사는 아예 챗GPT가 쓰는 기사를 제공하고 있다. 언어를 기반으로 하는 대부분의 직업은 변화가 불가피하다.

내 연구 방식에도 일찌감치 변화가 생겼다. 구글을 사용하는 검색은 여전히 필요하지만, 영어로 된 논문을 작성하는 데는 챗GPT가 훨씬 효과적이다(물론 지나치게 평면적인 문장만을 생성한다는 단점은 있다). 또한 직접 수많은 논문을 읽을 필요 없이 짧은 시간 내에 대강의 사실관계를 파악할 수 있다. 정확한 참고문헌까지 제공하는 인공지능도 속속 등장하고 있어서, 이제 영어로 과학 논문을 작성할 때 인공지능을 이용하지 않는 학자는 도태될 것이다. 챗GPT는 영어로 된 완벽한 문장을 만들어준다. 논문을 제출할 때마다 영어 교정이라는 굴욕을 겪던 비영어권 학자들은 챗GPT라는 훌륭한 동반자를 만난 셈이다. 쓰고 싶은 글이 있어도 쓰지 못하고, 영어가 곧 권력이던 기존 학술계의 헤게모니에는 곧 균열이 일어날 것이다.

한국어로 된 텍스트 데이터는 영어에 비해 절대적으로 빈곤하다. 그런 이유로 각국의 대규모 언어모델 인공지능 구축 경쟁에서 한국은 뒤처져 있다. 뒤처졌다는 것이 꼭 나쁜 것은 아니다. 늦은 김에 좀 더 새로운 생각을 해볼 수도 있기 때문이다. 가령 한문으로 쓰인 수많은 조선시대의 문헌들과 가두리 양식장에 갇힌 한국어 논문들을 인공지능과 연결한다면, 한국 인문학에도 새로운 가능성이 조금은 생기지 않을까? 나아가 영향력 지수가 높은 리뷰 논문을 모조리 서구 과학자가 지배하던 현실도 뒤집히지 않을까? 서구 과학자들이 개발한 인공지능의 발전이 역설적으로 서구 과학자들이 영어를 통해 지배하던 과학계의 독점 구조를 역전시키고 있다.

6

과학계의 인종차별

학술 출판에 종사하는 논문 심사위원, 편집자, 그리고 편집위원회는 어떤 순간에도 연구자가 아니라 논문의 내용을 심사하는 데 집중해야 한다.

_ 와일리 출판사 논평

무의식적 편향과 백인 남성의 과학

과학사의 위인들은 백인 남성으로 도배되어 있다. 노벨상 수상자 목록만 봐도 그렇다. 생물학적 성으로 과학자를 차별하면 안 된다는 것은 상식이지만, 지난 수백 년간 이어져온 과학계의 전통과 관행은 백인 남성들이 공유하는 문화로 여전히 과학계를 지배하고 있다. 그 문화를 바꾸는 유일한 방법은 끊임없이 경각심을 일으키고 학회, 연구소, 대학원 등을 통해 새로운 문화를 심어가는 것뿐이다.

이중나선 구조를 발견한 제임스 왓슨은 노년에 수차례 인종차별 발언을 하며 연구소장 자리에서도 물러나야 했다. 그는 흑인의 지적 능력이 백인보다 떨어진다고 철석같이 믿어온 것으로 보인다. 과학 연구뿐 아니라 과학 행정에서도 많은 업적을 이룬 왓슨조차 무의식에 자리 잡은 인종차별주의자의 면모를 숨기지 못한 것이다. 백인이 주류인 서구 사회에서 인종차별은 법으로 금지되어 있지만 여전히 문화 속에 강하게 드러나는 관행이다. 최근 서구 사회에선 백인에 대한 역차별이 존재한다는 의견이 있지만, 그것은 백인이 저질러온 인종차별이 여전히 얼마나 광범위한지 모르는 이들의 헛소리에 불과하다.

우리는 모두 무의식적 편향을 지니고 있다. 일상생활에서 의식하지 않아도 나타나는 무의식적 편향은 어쩌면 진화 과정에서 자리 잡은 생존의 기술이었을지도 모른다. 예를 들어 우리는 무의식적으로 누가 이방인지 아주 **빠른** 속도로 구분하는 능력이 있다.

누군가의 얼굴만 보고 그 사람이 자신의 집단에 속하는지 아닌지를 4분의 1초 안에 판단하는 것이다. 무의식적 편향은 편도체와 연관되어 있는데, 편도체는 공포 연합학습과 무의식적 정서 처리를 담당하는 뇌 기관이다. 진화심리학자들의 표현을 빌린다면, 우리는 누구나 인종차별주의자로 태어난다. 중요한 점은 그것을 인정하고 극복할 방안을 찾는 것이다.

익명의 심사위원과 인종차별

과학자들은 종종 농담처럼 "출판하지 않으면 사라진다Publish or perish"라는 말을 하곤 한다. 논문은 과학자들의 화폐다. 과학자는 논문으로 말하고, 논문을 통해 인정받는다. 따라서 논문이 출판되는 과정은 공정해야 하며, 투명하게 공개되어야 한다. 지난 수백 년 동안 과학자들은 논문의 출판 과정을 익명의 동료심사에 맡겨왔다. 대부분의 학술지가 채택하고 있는 이 방법은 심사자가 누구인지 알 수 없는 상태에서 이루어진다. 익명 심사는 오랫동안 공정한 것처럼 인식되어왔으나 과학계를 둘러싼 헤게모니가 연구비를 위한 무한 경쟁으로 치달으면서, 익명의 공정한 심사자는 사라지고 익명 속에 숨은 악마만 남게 되었다.

유색인종으로 주변 국가에서 과학자가 된 이들 사이에는 학술지 편집위원과 심사위원에 대한 누적된 불만이 있다. 비슷한 수준의 논문이라 하더라도 중심 국가에서 연구하는 백인 연구자가 제출한 것은 상위 학술지에 쉽게 게재되는 반면, 주변국 유색인종 연구자의 논문은 그렇지 못하다는 것이다. 당장 외국에서 열리는 국제 학회에 참가한 이들은 연사의 대부분이 백인 남성이라는 것을 깨닫게 된다. 백인 남성이 과학계를 지배하고 있다는 사실 자체가 논문 심사 과정에 인종차별이 존재함을 증명하지는 않는다. 또한 지금처럼 논문 심사 과정이 비밀에 싸여 있는 현실에서 논문 심사 과정에 인종차별이 존재하리라는 것은 추측의 영역일 뿐이다. 하지만 이중맹검, 즉 논문 저자와 심사위원의 이름을 모두 익명으로 하는 학술지를 대상으로 한 2017년의 연구 결과는 놀라운 사실을 보여준다. 주변국 유색인종 과학자들일수록 이중맹검을 더욱 선호하는 경향을 보인다는 것이다.[1] 이 결과는 주변국 유색인종 과학자일수록 논문 심사 과정이 그들의 국적과 인종 때문에 공정하지 않을 것이라 생각함을 알려준다.

논문 심사 과정은 아니지만, 연구자의 인종이 경력에 큰 영향을 미치는 요소라는 것은 몇몇 연구를 통해 알려져 있다. 2012년 캐서린 밀크먼을 비롯한 미국 펜실베이니아대학교 연구진은 미국 259개의 연구소에 재직 중인 6548명의 교수에게 이메일을 보내 해당 교수와 연구에 대한 토론을 하고 싶은 학생인 척했다. 그들이 시험하려던 가설은 교수의 응답이 학생의 인종에 따라 달라지는지 여부였다. 이메일의 내용은 똑같았고 이름은 달랐다. 그리고 이름을 통해 누군가의 인종을 추측하는 것은 그다지 어려운 일이 아니다.

이 연구에 따르면, 절대다수의 교수는 여성, 흑인, 히스패닉, 인도 또는 중국 학생보다 백인 남성을 선호하는 것으로 나타났다. 더욱 놀라운 사실은 사립대학일수록, 또한 높은 연봉을 받는 학자일수록 이 선호도가 심해진다는 것이다. 학과별로 차이는 있었지만 경제학 분야에서 백인 남성이 답장을 받을 확률이 87퍼센트로 가장 높았고, 과학기술 분야에서는 모든 기관이 소수 인종과 여성에 대한 편견을 드러냈다.[2] 학계의 이야기는 아니지만, 미국에서 직원을 채용할 때 인종차별이 존재한다는 연구 결과는 이미 잘 알려져 있다.[3] 밀크먼의 연구 결과는 과학계도 이런 현상에서 결코 예외가 될 수 없다는 사실을 보여준다.

미국 국립보건원의 연구비는 미국 의생명과학자 대다수의 연구를 보조하는 중요한 재원이다. 국립보건원은 그들의 연구비가 최대한 공정하게 심사될 수 있도록 노력하고 있으며, 성별이나 인종 등에 의한 차별이 발생하지 않도록 최선을 다한다고 말한다. 하지만 인종에 따른 과학자의 연구비 수주율을 조사한 많은 논문을 보면, 여러 요소를 고려하더라도 여전히 연구비 심사 과정에서 흑인 과학자가 절대적으로 불리함을 알 수 있다.[4] 이는 백인 남성 위주였던 과학계에 진입한 지 얼마 되지 않은 유색인종 과학자들의 상황을 의미하는 것일 수도 있지만, 백인 남성이 지배하는 과학계의 무의식적 편향과 이로 인한 문화적 독점이 얼마나 오랜 시간이 걸려야 치유될 수 있는지 질문을 던지기도 한다.

미국에서 흑인 과학자를 찾는 것은 정말 어려운 일이다. 이 사실만으로도 우리가 과학계에서 인종 문제를 끊임없이 경각심을 가지고 지켜봐야 한다는 증거가 된다. 연구비 심사와는 결이 다르지만, 미국 의생명과학 연구의 피험자가 백인 집단 위주로 이루어져왔다는 사실도 잘 알려져 있다. 피험자 집단을 백인으로 한정하는 것 또한 과학계가 심각하게 재고해야 하는 인종차별적 요소다.[5]

부모가 물려준 이름의 효과

재미교포 사이에서는 영어식 이름을 짓는 것이 유행이다. 특히 재미교포 중 상당수는 이민 후 얼마 되지 않아 영어 이름으로 개명한 경우도 많다. 이름이 주는 정서가 자신의 경력에 어떤 영향을 미치는지 감각적으로 알기 때문이다. 재미있는 것은 아무리 이름을 바꿔도 성은 여전히 인종적 정체성을 나타낸다는 것이다. 미국에 사는 대다수 교포의 성은 한국과 마찬가지로 '김' '이' '박'이다. 아무리 바꾸고 싶다 해도 성은 원하는 대로 바꿀 수 없다.

 2016년, 베트남계 학생 티파니 트리우는 한 스튜디오의 그래픽 디자이너 모집에 지원했다가 "우리는 이미 너무 많은 외국인을 고용해서 이제 미국인을 고용해야 할 것 같습니다"라는 메시지를 받았다. 티파니는 미국에서 태어난 미국인이었다. 인도 영화 〈내 이름은 칸〉은 9.11 테러 이후 자신의 성인 '칸' 때문에 주변의 따가워진 시선으로 피해를 입게 된 인도인 칸이 미국 대통령에게 "나는 테러리스트가 아닙니다"라는 말을 전하기 위해 여행을 떠나는 이야기다. 영화는 테러로 인해 공포가 퍼진 미국 사회에서 인도와

중동계 사람들이 이름 때문에 겪어야만 했던 차별을 적나라하게 드러낸다. 서구권으로 이민을 간 아시아 사람들이 사회에서 높은 자리로 올라가기 위해 성을 바꾸는 일은 그다지 놀라운 사실이 아니다. 아시아계 성에 대한 인종적 편견은 분명히 경력에 영향을 미친다. 그것은 과학계에서도 예외는 아닐 것이다.

성차별과 마찬가지로 인종차별 또한 과학자의 연구가 공정하게 평가받지 못하게 하는 장애물이다. 인종차별은 우리 뇌에 각인된 본능의 일종이기도 하며, 따라서 의식적인 노력과 교육이 아니면 결코 떨쳐낼 수 없다. 과학계는 아직 이 문제에 대해 숙의하지 못하고 있다. 아시아계 과학자들이 점점 늘어나고 미국과 중국이 경제적으로 갈등 관계를 형성하는 격변기인 지금, 전 세계 과학계는 이 문제에 대해 합의를 이뤄내야 한다. 사회심리학에는 내재적 연관성검사 IAT라는 기법이 있다. 설문조사에서는 피험자가 결코 드러내지 않는 신념이나 편견 등의 내재적(암묵적) 태도를 측정하는 방식인데, 스트루프효과 Stroop effect라는 우리의 인지 과정을 응용하는 것이다. 이 검사는 우리의 인지 과정이 부자연스러운 연관을 처리하는 데 자연스러운 연관을 처리하는 것보다 더 오랜 시간이 걸리는 현상을 응용한다. 이를 잘 이용하면 성차별이나 인종차별의 내재적 연관성을 추론할 수 있게 된다. 안타깝게도 우리의 뇌는 빠른 의사결정, 즉 휴리스틱을 이용해 내집단과 외집단을 구분한다. 이 능력은 현대 사회에서 인종차별로 나타날 수 있다. 우리는 언제든 인종차별주의자가 될 수 있다. 그걸 막는 유일한 방법은 끊임없는 자각과 교육 그리고 제도적 정비뿐이다.

논문 심사에서 결정적인 역할을 하는 편집자나 연구비 심사에서 절대적인 권력을 지닌 위원장에게 내재적 연관성검사를 반드시 시행하도록 하는 데 과학계가 합의할 수 있을까? 공정한 사회로 가는 길은 언제나 비탈이다. 과학계 역시 사회의 변화를 수용하고 끊임없이 차별을 없애야 할 의무가 있다. 이제 오랫동안 감춰져 왔던 익명성 뒤의 추태를 과학계 스스로 드러낼 때가 되었다.

7

연구비 공황을
넘어서는 법

적절한 과학 정책은 과학자의 자유와 연구의 질, 그리고 만족에 긍정적인 영향을 미칠 수 있다. 사회적인 관점에서 바라볼 때, 더 많은 과학자가 자유로운 동기를 가지고 자유롭게 연구할 수 있다면 더 많은 지식과 데이터와 혁신을 사회에 제공하게 될 것이고, 이러한 혁신은 사회를 이롭게 할 것이다.[1]

_ 안드레아 발라베니 · 데이비데 다노비,
〈과학 연구비의 급진적 변화가 필요하다〉 중에서

기초과학 연구자의 딜레마

이제 막 대학원에 진입한 젊은 의생명과학자에겐 결코 무시할 수 없는 장벽들이 기다리고 있다. 이미 중년의 교수가 된 사람들은 실험실에서 열심히 연구하는 것 외에 별다르게 현실을 직시할 필요가 없지만, 젊은 연구자가 헤쳐 나가야 할 길은 멀고 험하다. 과학자가 된다는 것은 좋아하는 것을 하기 위해 경제적 여유와 안정을 포기하는 일이다. 과학이 좋아서 과학자가 되어도, 좋아하는 과학을 하려면 경제적인 안정과 저녁이 있는 삶을 포기해야 한다. 젊은 기초과학 연구자들은 대부분 이런 딜레마를 마주하게 된다.

전 세계 과학계는 '연구비 공황'에 빠져 있다. 징후는 2000년대 초반부터 감지되었지만, 과학자들은 이 문제를 심각하게 여기지 않았다. 과학 연구비의 대부분을 지원하는 국가가 연구비를 꾸준히 늘릴 것이라고 순진하게 낙관했기 때문이다. 2008년 금융위기는 사람들의 생활만이 아니라 과학 연구에도 큰 영향을 미쳤다. 생활에 필요한 예산을 집행하기 위해 과학 연구비 증액이 불가능했기 때문이다. 언제나 증가하던 연구비 덕분에 안심했던 과학자들은 혼란에 휩싸였다.

1980년대만 해도 연구비 수주율, 즉 연구비를 신청한 연구자 중에서 실제 연구비를 성공적으로 받아간 이들의 비율은 50퍼센트에 가까웠다. 즉 연구비 신청서를 두 번 내면 평균적으로 한 번은 연구비를 받을 수 있었다는 뜻이다. 하지만 그 연구비 수주율은 2000년을 기점으로 계속 하강 곡선을 그리고 있다. 이제 연구비는 못 받는 것이 기본이고, 받는 일이 드문 경우가 되었다. 연구비가 없어 연구실을 닫는 과학자가 엄청나게 증가했다. 안타까운 것은 그들 대부분 젊은 연구자라는 사실이다.

과학계는 이런 문제에 제대로 대처하지 못했다. '학위 공장'에서 쏟아져 나오는 수많은 박사학위 소지자들이 연구비 공황의 원인 중 하나지만, 이미 학계에 안착한 과학자들은 자신들의 욕심을 위해 국가에 더 많은 대학원생이 필요하다고 요구해왔다. 그렇게 학계에 배출된 대학원생 중 겨우 8퍼센트도 안 되는 이들만이 교수가 될 수 있는데도 대부분의 교수는 대학원생들에게 교수가 되는 방법만을 가르쳐왔다. 과학자의 꿈을 안고 대학원에 들어온 예비 연구자는 학계와 정부 그리고 사회가 함께 망쳐놓은 과학계의 현실을 곧 마주하게 된다. 그중 가장 심각하게 과학자의 삶에 영향을 미치는 요소는 바로 연구비다. 현대의 과학 연구는 연구비가 없으면 작동조차 하지 않는다.

과학 연구비를 둘러싼 냉혹한 현실

의생명과학 같은 과학 연구에는 큰돈이 든다. 현대 과학계에서 가장 큰 파이를 차지하는 의생명과학은 비싼 장비와 재료가 필요하며, 노동집약적인 연구 관행 때문에 인건비에도 큰돈이 들어간다. 연구비가 동이 난 연구실은 작동을 멈추고 곧 해체된다. 따라서 과학 연구를 유지하는 데 가장 중요한 일은 얼마나 창의적인 연구를 할 것인가가 아니라, 어떻게 연구비를 조달할 것인가이다. 이제 연구비를 충분히 지원하는 나라는 거의 없다. 중국을 제외한 대부분의 국가에서 연구비는 항상 부족하다. 특히 국가가 연구비를 집행하는 가장 큰 조직인 현대 사회에서 연구비는 국가가 원하는 방향의 연구에만 집중되는 경향이 있다.

이와 같은 상황에서 가장 피해를 보는 분야가 바로 기초과학이다. 기초과학은 학문 특성상 장기간에 걸친 연구가 필요하거나 성공을 확신할 수 없는 경우가 대부분이다. 이런 기초과학의 연구 주제는 국가가 추진하는 정책과 방향이 다를 수 있다. 정부의 연구비는 국민의 세금으로 운용된다. 그리고 대부분의 인간은 의식적이든 무의식적이든 미래보다 현재에 더 큰 가치를 두거나, 위험보다는 눈에 보이는 수익을 선호한다.

연구비는 직접적이든 간접적이든 정치인의 영향력 아래 있다. 정치인은 국민의 눈치를 본다. 선거에 의해 선출되기 때문이다. 따라서 정치인은 빠르고 가시적인 변화를 원한다. 선거에 영향을 미치는 가시적인 변화란 단기간에 빠른 성과를 내는 연구다. 이런 요인들이 전 세계적으로 과학 연구에 큰 영향을 미쳐왔고 여전히 영향을 미치고 있다. 기초과학에 지원이 부족한 것은 인류가 지니고 있는 본능과 정치제도의 구조적 결함에서 나타나는 필연적인 현상이다.

현대의 과학자들은 연구비를 정부 혹은 민간 재단으로부터 받는다. 연구비를 받으려면 연구제안서를 제출해야 하고, 그 연구제안서는 익명의 동료심사를 통해 평가된다. 학술지에 논문을 싣는 과정과 연구비 심사 과정은 모두 동료심사라는 과정을 거친다는 점에서 유사하다. 연구제안서를 쓰는 데에는 엄청난 시간이 소요된다. 연구제안서는 논문과 다르다. 논문은 이미 연구한 결과에 대한 보고서이지만, 연구제안서는 앞으로 해나갈 연구에 대한 일종의 투자 제안과 비슷한 성격이기 때문이다. 연구비 심사에는 몇 달이 소요된다. 이렇게 제출된 제안서가 승인되면 연구비를 받고, 거절되면 연구비를 받지 못한다.

앞에서 언급했듯 최근에는 대부분의 연구제안서가 거절되는 상황이다. 중국 정도를 제외한 전 세계 어디서나 마찬가지다. 미국이나 영국은 20~23퍼센트 정도의 연구비 수주율을 보였는데, 최근에는 10퍼센트 근처에 머물고 있다. 한 해에 몇 개의 연구비를 신청하는 것은 흔한 일이고, 대부분 두 번의 시도 중 한 번 떨어지면 위험한 상황을 맞게 된다. 이런 상황에서 젊은 과학자들은 연구비 경쟁에서 심각할 정도로 불리해졌고, 이제 학계를 떠나고 있다.

현실 개혁의 꿈을 꾸지 않는
무능한 과학자 사회

놀라운 점은 대부분의 과학자 사회 구성원이 이 냉혹한 현실을 그저 당연한 듯이 받아들이고 있다는 점이다. 과학자 사회에는 노동조합이 드물고, 혹여 과학자협회가 있더라도 정치인과 국민을 상대로 연구비를 위한 투쟁을 벌이는 일은 거의 없다. 과학자 사회는 연구비 공황이 문제가 있다는 점을 알면서도 이 문제를 공론화하기를 두려워한다. 그건 과학계가 지난 100년간 과도한 경쟁을 부추기며 학계를 유지해왔기 때문이다.

과학자들이 연구비 문제를 공론화하지 않는 것은 연구비 수주 실패에 대한 공론화가 자신의 능력에 대한 조롱으로 이어지는 것을 두려워하기 때문이다. 연구비를 타지 못하는 과학자가 대다수인데도 연구비 지원의 구조적 문제를 공론화하면 스스로 무능함을 인정하게 된다고 생각하는 것이다. 지난 세기 상아탑에 갇혀 정부가 주는 연구비에 의존하던 과학자 사회는 과학계를 둘러싼 현실 인식 능력을 상실했고, 국가와 타협하고 투쟁하는 것은 상상조차 하지 못했다. 우리가 겪고 있는 현실은 바로 그 무능력한 100년의 결과일 뿐이다.

연구비 공황이 심각해질수록 피해를 보는 것은 젊은 연구자들이다. 무한 경쟁 체제의 과학계에서 이미 지위를 점유한 과학자들은 마태효과 덕에 신참보다 훨씬 유리한 위치에 서게 된다. 그건 선배 과학자들이 더 뛰어난 과학적 업적을 지녔기 때문이 아니라, 그저 먼저 과학계에 자리를 잡았기 때문이다. 마태효과는 다양한 방식으로 젊은 과학자들을 힘들게 한다. 이미 안정된 실험실을 갖춘 선배 연구자들은 연구제안서를 써주는 조수가 있을 수도 있고, 연구제안서 작성에 필수적인 미출판 데이터도 신참 연구자보다 훨씬 많다. 게다가 신참 연구자들이 도전적으로 내놓는 창의적인 아이디어들은 기존 연구자들에게는 친숙하지 않기 마련이고, 바로 그런 이유로 연구비 심사에서 탈락하기 쉽다.

연구비 경쟁이 심각해지면서 여러 담합과 부정도 속출한다. 연구비 집행기관의 관료에게 뇌물을 주거나 친밀하게 지내면서 연구비를 타내는 과학자들이 증가하고 있다. 게다가 과도한 경쟁은 과학계에 파벌을 만들어 내부자들만을 밀어주는 행태를 만들고 있다. 이런 불공정한 경쟁은 과학계에 부익부 빈익빈의 양극화를 초래하고, 공정한 평가 자체를 불가능하게 만드는 마치 마피아 같은 시스템을 구축하고 있다.[2]

이런 상황에서 그나마 공정하게 연구비를 심사하는 기준으로 제시되는 것이 논문 실적인데, 이 역시 마태효과에 의해 신참들에게 불리하게 작용한다. 이런 체계적인 불평등으로 인해 과학 연구의 자유는 심각하게 훼손되고 있다. 연구 주제가 연구비 집행기관에 종속되다 보니 과학을 진보시킬 새로운 아이디어는 연구비 지원을 받지 못하게 된다. 과학 연구비 지원 정책은 시스템의 불평등을 고착화하고, 과학 연구비를 지나치게 많이 받는 '재벌 과학자'들을 시스템의 영웅으로 추대하기도 한다. 과학계 스스로 불러들인 이 불공정한 경쟁에서 젊은 과학자들은 시스템 밖으로 쫓겨나며, 단지 먼저 시스템에 들어왔을 뿐인 선배 과학자들로 인해 도태된다. 가장 심각한 문제는, 바로 이런 경쟁 시스템이 과학계 전체를 진보시킬 혁명적인 아이디어를 사장시킨다는 것이다. 이런 결과는 사회 전반에 거의 알려지지 않았다.[3]

이 문제를 풀기 위해 과학 정책 연구자들과 뜻있는 과학자들은 여러 대안을 제시해왔다. 그런 대안들이 정치인과 국민에게 닿아 정책을 바꾸는 데까지 이르지는 못하고 있지만, 중요한 것은 과학자 사회가 이 구조적 불평등을 깨닫는 일이다. 과학자는 대부분 보통 과학자로 살아가야 한다. 하지만 과학계는 그런 보통 과학자가 살아갈 공간을 지우는 중이다. 연구비 공황 문제는 보통 과학자에게는 생존의 문제이기도 하다. 그리고 그 생존의 문제가 과학의 진보를 좌우할 시스템의 문제가 된다. 보통 과학자의 생존 문제는 과학의 생존을 결정하며, 궁극적으로는 사회의 합리성을 지탱하는 과학을 우리가 어떻게 살려낼 것이냐의 문제로 이어진다. 그렇다면 과학을 연구비 공황에서 구출할 방법으로는 무엇이 있을까?

더 많은 연구자에게 더 균등하게, 연구 주제가 아니라 연구자에게!

이미 수십 년 동안 지속되어온 연구비 공황을 해결하기 위해 다양한 대안이 제시되어왔다. 그중 한 가지는 지나치게 정부에 종속된 과학 연구비를 민간으로 분산하자는 방안이다. 실제로 미국과 유럽 등에서는 하워드휴즈의학연구소HHMI, 웰컴트러스트재단WTF처럼 민간 재단이 과학 연구를 지원하는 경우가 많다. 빌 게이츠의 후원으로 만들어진 엑스페리먼트닷컴(experiment.com)은 크라우드펀딩 플랫폼을 이용해 연구비를 후원받고 후원할 수 있는 새로운 형태의 연구비 시스템이다. 그러나 이런 새로운 영역에서 연구비를 지원받는 것에는 한계가 존재한다. 현실적으로 연구개발비의 가장 큰 부분은 정부에서 지출될 수밖에 없기 때문이다. 따라서 과학의 효율성을 높이고 또 연구자와 국가 모두에게 도움이 되는 연구비 분배 방식을 고민해야 한다.

과학자를 대상으로 한 설문조사에서, 다수의 과학자들은 자신의 연구비가 조금 깎이더라도 더 많은 연구자에게 연구비가 분배되는 시스템을 선호했다.[4] 많은 국가에서 일자리 나누기가 이슈가 된 이유는 일자리를 늘리는 데 한계가 있기 때문이다. 이미 대부분의 국가에서 일자리는 포화상태에 접어들었고, 일자리를 늘리는 노력과 일자리를 나누는 노력을 병행하는 것만이 실업률을 줄이고 경제를 안정시킬 수 있는 방안이 되었다. 과학계도 이제 국가에 의한 연구비 증가가 포화상태에 이르렀음을 인정해야 한다. 연구비가 더 이상 크게 증액될 수 없는 환경에서, 양극화된 연구비를 좀 더 균등하게 나누는 한 가지 대안이 바로 개인당 연구비 규모를 조금 축소하고 더 많은 과학자에게 기회가 돌아갈 수 있도록 만드는 것이다. 이런 변화를 지지하는 수많은 연구 결과가 있다. 연구비 규모가 증가한다고 해서 연구의 효율성이 증가하지도 않으며, 중간 규모의 실험실이 가장 효율적이고 혁신적인 연구를 수행한다는 연구 결과들이 바로 그것이다.[5]

연구비를 좀 더 공정하게 그리고 과학의 혁신에 도움이 될 수 있도록 분배하는 또 다른 대안은, 연구가 아니라 연구자를 직접 평가하는 것이다. 민간 재단인 HHMI가 내세우는 구호가 바로 '프로젝트가 아닌 사람을 지원한다'는 것이다. 바로 이런 정책을 통해

HHMI는 세계에서 가장 혁신적인 의생명과학 연구를 만들고 또 지원 중이다. 연구자의 업적을 직접 평가하게 되면 연구제안서를 쓰는 데 드는 상당한 시간을 절약해서 연구에 투입할 수 있게 되고, 좀 더 혁신적이고 급진적인 연구, 즉 장기간에 걸친 연구비 지원이 필요한 기초 연구가 지원을 받을 수 있게 된다. 2016년 세계 각지의 의생명과학자를 대상으로 진행된 설문조사는 대부분의 의생명과학자가 이런 방식의 연구비 정책을 지지한다는 점을 말해주고 있다.[6]

연구 주제가 아니라 연구자에 대한 일반적인 평판으로 연구비를 배분할 수만 있다면, 과학계 연구비 분배의 많은 문제가 해결될 수 있다. 이 방식은 더 많은 과학자에게 균등한 기회를 제공할 수 있다. 또한 유행하는 연구 주제를 따라다니며 연구비를 사냥하는 욕심 많은 연구자로부터 연구 주제의 다양성을 보호할 수 있다. 연구비 지원을 결정할 때 연구 주제가 중요해지지 않게 되면, 더 많은 젊은 과학자가 더 위험하고 혁신적인 연구 주제에 도전할 수 있게 된다. 이런 변화는 젊은 연구자들이 학계에 남아 있게 만들고, 장기적으로 과학계 전체에 도움을 준다. 연구 주제가 아니라 연구자를 직접 평가하는 방식만으로도 과학계의 많은 문제가 해결될 수 있는 것이다.

하지만 이 방식에도 한 가지 문제점은 존재한다. 바로 동료평가라는 과학계의 오랜 관행이다. 바로 이 동료평가의 문제점 때문에, 차라리 복권처럼 연구비를 주는 것이 공평할 것이라는 주장도 등장한다.[7]

동료평가의 문제점과
기본 연구비 혁명

동료평가는 과학계가 수백 년 동안 이어온 신뢰 기반의 평가 체계다. 과학자를 평가할 때 가장 중요한 기준이 되는 논문은 바로 이 동료평가를 통해 출판된다. 연구비 심사도 마찬가지다. 동료평가에서 심사위원은 대부분 익명에 가려져 있다. 과학자들은 익명의 심사위원이 내리는 평가에 논문과 연구비의 결과를 맡겨야 하며, 심사위원은 과학자의 성공을 좌우하는 절대권력이 된다.

  과학계의 경쟁이 지금처럼 심하지 않던 시절에는 동료평가가 꽤 공정하게 작동했다. 하지만 연구비 경쟁이 심한 현대 과학계에서 동료평가는 시스템을 더욱 불공정하게 만드는 해악이 되었다. 동료평가가 공정하게 작동할 수 없는 이유는 단순하다. 인간에겐 누구나 무의식적으로 작동하는 편견이 존재하기 때문이다. 특히 한국처럼 위계 관계가 절대적인 유교 문화권에서, 익명의 동료평가는 결코 공정하게 작동하기 힘들다. 연구비 동료평가는 과학계의 큰 골칫거리다.[8] 과학자들이 파벌이나 이너서클을 만들고, 자신의 제자 혹은 학연 안에 있는 이들만 골라 지원하는 행태는 이미 오래되었고 잘 알려진 과학계의 비리다. 동료평가로는 연구비는 물론 논문 또한 공정하게 심사할 수 없다. 익명 동료평가의 경우, 논문 심사 후에 심사위원의 이름을 공개하는 식의 대안들이 여러 학술지에서 시행되고 있다. 하지만 여전히 익명 심사위원들의 횡포는 도를 넘어서고 있다.

그렇다면 좀 더 급진적인 방식으로 연구비를 심사할 수는 없을까? 연구비 심사를 선별된 익명의 동료들이 평가하지 않고, 집단지성을 활용해서 분배하는 방법은 존재할 수 없을까? 그런 시도에서 등장한 아이디어가 바로 '기본 연구비'라는 대안이다.[9] 이 대안에서는 부당한 동료평가에 의존해 연구비를 타거나 타지 못하는 '도박'이 사라진다. 기본 연구비는 동료평가와 같은 중앙화된 평가 방식이 아니라 철저하게 탈중앙화된 평가 방식을 사용하며, 이 방식에서 모든 연구자는 연구자로서의 최소한의 자격 검증, 예를 들어 소속 기관이나 연구 능력 검증 등만 거치고 나면 오로지 연구자라는 이유로 다른 연구자들과 아무런 차별 없이 연구비를 지원받게 된다.

기본 연구비는 여러 국가에서 진지하게 논의되고 있는 기본소득과 개념적으로 비슷하다. 기본소득은 샤를 푸리에 등의 몽상적 사회주의자들에 의해 처음 제안되었고, 지금은 캐나다, 핀란드 등의 국가에서 시험적으로 실시되고 있는 정책이다. 기본소득은 사회구성원 모두에게 개별적으로, 어떠한 조건도 없이, 단지 사회구성원이라는 자격에만 근거하여, 인간다운 생활에 충분하며 사회구성원으로서의 참여가 가능할 정도의 액수로 국가나 정치공동체로부터 개별적으로 지급되는 소득을 말한다.[10] 기본 연구비도 과학자 모두에게 개별적으로 과학자라는 자격에만 근거하여 과학 연구에 필요한 최소한의 연구비를 국가가 지급하는 개념이다.

기본 연구비는 대략 다음과 같은 방식으로 운용될 수 있다. 우선 연구자로 검증을 받은 모든 연구자에게 국가 연구비의 일정 부분을 균등하게 나누어준다. 즉 최소한의 연구자 자격이 검증된 사람이라면 누구나 국가로부터 최소한의 연구비를 지원받게 되는 셈이다. 그리고 여기에 규칙이 하나 추가된다. 모든 연구자는 자신이 지난해에 지원받은 연구비의 일정 비율을 자신이 생각하는 다른 우수한 연구자에게 지원한다. 결과적으로 매년 모든 연구자는 기본 연구비를 지원받고, 거기에 더해 다른 연구자들의 지명에 따른 연구비를 추가로 지원받게 되는 것이다. 여전히 인간이 평가에 개입하지만, 탈중앙화된 이 시스템에서 일어나는 평가 실수는 중앙화된 시스템에서 일어나는 평가 실수에 비해 시스템에 거의 해를 끼칠 수 없다.

이런 시스템에서는 진정한 동료평가의 이상이 구현될 수 있다. 즉 가장 우수하고 혁신적인 연구를 진행하는 과학자는 동료들로부터 더 많은 연구비를 받을 수 있게 될 것이고, 더 혁신적인 연구를 진행할 수 있게 될 것이다. 게다가 더 많은 연구비를 지원받은 연구자는 자동으로 더 많은 연구비를 다른 연구자에게 지원해야만 하기 때문에 연구 혁신에 선순환이 일어나게 되고, 과학자 누구나 바라는 '연구 능력에 따른 평가'가 일어나게 된다.

과학자라면 누구나 최소한의 기본 연구비를 제공받는 기본 연구비 시스템은 공정한 과정을 거치며 평등한 기회를 보장한다. 모두가 모두를 평가하는 시스템이기 때문이다.

능력에 의한 평가는
과연 공정한가

사회가 정의롭다고 하는 것에 대한 질문은 우리가 소중히 여기는 것들, 예를 들면 소득과 부, 의무와 권리, 권력과 기회, 공직과 영광 등을 어떻게 분배하는지를 묻는 것이다. 정의로운 사회는 이러한 재화들을 올바른 방식으로 분배하며 개인에게 합당한 몫을 나누어준다. 하지만 누가, 왜 받을 자격이 있는가를 묻기 시작할 때 어려움이 시작된다.

_ 마이클 샌델, 《정의란 무엇인가》 중에서

능력주의, 공정의 함정

한국 사회에서 지난 몇 년간 정치적 성향이나 나이, 성별, 종교에 상관 없이 시민들의 여론을 들끓게 한 몇 가지 사건들이 있다. 바로 정치인이나 경제인을 비롯한 특권층 자녀에 대한 특혜 시비이다. 명백한 불법적 특혜뿐 아니라 관행처럼 이어져온 전형적인 '코스 밟기' 역시 커다란 논란이 되었다. '공정'과 '평등'은 특히 한국 사회에서는 자녀 교육과 관련해 가장 첨예한 주제가 되었다.

특권층의 자녀 특혜와 같은 일들이 한국 사회에서만 도드라진 것은 아니다. 미국과 같은 선진국에서도 명문대학에 자녀를 진학시키려는 부자들은 천문학적인 자금을 쏟아붓는다. 자녀에 대한 부모의 무조건적이고 헌신적인 사랑은 본능이다. 진화심리학은 대부분의 동물과 인간에게 특별히 강하게 나타나는 이와 같은 형질을 혈연선택이라고 부른다. 이와 비슷한 현상이 국가와 인종, 계급과 종교를 가로질러 나타나는 이유가 여기에 있다. 하지만 부모의 무차별적인 사랑이 사회 정의와 충돌한다면 사회는 이를 어떻게 조율해야 할까? 공정과 정의의 기준은 도대체 어디까지 적용해야 하는가? 나아가, 비슷한 일이 과학계에서 벌어지고 있다면 과학자 사회는 이 문제에 대해 어떤 조치를 해야 하는가? 과연 우리는 불평등의 구조적 원인과 그 결과에 대해 얼마나 선명한 이미지를 갖고 있는가?

특권층 자녀가 특혜를 받는 것에 별다른 거부감을 느끼지 않는 사람들도 있다. 자신이 지지하는 정치 세력과 관계된 인물이거나 특혜마저 능력이라고 보는 경우일 것이다. 즉 특권층 자녀가 좋은 학교와 직업을 갖게 된 것 역시 능력의 결과라는 것이다. 여기서 현재 전 세계적으로 문제가 되고 있는 '능력주의의 함정'이 드러난다. 즉 우리는 한 사람을 공정하게 평가하기 위해 반드시 그의 부모나 출신 같은 배경이 아니라 그의 능력이라는 공정한 잣대를 사용해야 한다는 신념을 공유하고 있다. 계급 사회에서 민주 사회로 넘어오면서 대부분의 사회는 그런 기본적인 상식을 공유하게 되었다. 사람은 배경이 아니라 능력으로 평가해야 한다. 아마 누구도 이 상식에 의문을 던지지 않을 것이다.

능력주의의 함정은 한 사람의 능력이 과연 얼마나 공평한 토대 위에서 발현되었는가에 있다. 즉 금수저 집안에서 태어난 아이와 흙수저 집안에서 태어난 아이를 똑같은 잣대로 평가할 수 있느냐의 문제다. 출발선이 달랐던 사람을 똑같은 잣대로 평가한다면, 당연히 앞에서 출발한 사람이 더 좋은 평가를 받을 수밖에 없다. 그것이 능력주의의 함정에서 핵심이다. 능력주의의 함정은 19세기에서 20세기 중반까지 생물학에 어두운 그림자를 드리웠던 우생학 논쟁과 똑같은 쟁점을 갖고 있다. 우생학이 생물학의 주류였던 당시, 우생학을 주장하는 이들은 대부분 두 부류로 나눌 수 있었다. 한 부류는 적극적 우생학 혹은 음성 우생학negative eugenics을 주장하던 이들로, 그들은 나쁜 유전형질을 지닌 이들을 생식에서 배제함으로써 인류의 유전자를 개량하자고 주장했다. 그 반대편에서 소극적 우생학 혹은 양성 우생학positive eugenics를 주장하던 이들은 천재나 영재처럼 인류에서 나타나는 좋은 유전형질을 잘 선별해서 인류를 개량하자고 주장했다. 대다수의 생물학자는 양성 우생학자였는데, 그들 중에서도 좀 더 과학적인 인물들은 좌파 우생학이라는 진영을 형성했다.

우파 우생학은 정치적으로 좀 더 보수적인 이들을 부르는 표현인데, 이들은 열등한 인종이나 집단을 도태시켜 인류를 진보시켜야 한다고 주장했다. 이들의 사상은 나치 독일과 미국 이민법에 과학적인 근거를 제공했다. 좌파 우생학자들은 나치나 미국 이민법에 적극적으로 반대하던 생물학자들로 구성되어 있었다. 그들은 현재 인류의 사회적 조건 아래서는 완벽하게 유전형질의 우열을 가릴 수 없다고 주장했다. 당시에도 또 지금도 인간사에는 사회적 불평등이 널리 퍼져 있기 때문이다. 좌파 우생학자들은 현재 우리가 관찰할 수 있는 한 개인의 표현형질이 유전의 결과인지 환경의 결과인지 알 수 없다고 주장했다. 따라서 완벽하게 평등한 사회를 건설할 수 없다면 사회에 대한 우생학적 정책은 불가능하다는 것이 좌파 우생학자들의 결론이었다. 그들은 우생학적 적용을 통해 인류를 전진시키기 위해선 먼저 평등한 사회를 만들어야 한다고 주장했다. 출발선이 다른 사람을 균일한 잣대로 평가할 수 없다는 측면에서 능력주의의 함정은 20세기 좌파 우생학자들이 처했던 상황과 정확히 똑같은 논리 위에 서 있다.

메리토크라시와 과학

능력주의 혹은 실력주의라는 말은 마이클 영이라는 영국의 사회학자가 1958년 《능력주의》라는 책을 통해 처음 세상에 내놓은 개념이다. 영은 메리트merit라는 영어 단어를 '지능+노력'이라고 정의하고, 여기에 체제를 뜻하는 크라시cracy를 덧붙혀 메리토크라시meritocracy라는 신조어를 만들었다. 영에 따르면, 메리토크라시는 능력의 차이에 따라 사회적 지위를 분배하는 보상과 인정 시스템이다.[1] 어떤 국가 혹은 사회체제든 능력이 뛰어난 사람이 더 높은 지위를 차지해야 하며, 사회적으로도 더 중요한 역할을 맡아야 한다고 믿는 체제는 메리토크라시 사회다. 사회학자였던 마이클 영은 메리토크라시를 민주주의와 같은 수준의 정치체제라고 정의했다. 그만큼 현대 사회가 능력주의를 어떤 절대적인 이념으로 체택하고 있다는 의미다.

마이클 영은 책《능력주의》를 논픽션이 아닌 소설로 완성했다. 이 소설의 1부는 '엘리트의 부상'이라는 제목을 달고 있는데 귀족주의가 무너지고 메리토크라시가 사회에 정착하는 과정을 다룬다. 영이 그리는 2033년은 지능에 따라 선발되고 교육받은 엘리트 집단이 지배하는 사회다. 철학, 행정, 과학, 사회학 교육으로 무장한 엘리트 집단은 최소 지능지수IQ 125점 이상을 요구받으며, 최고 직위인 관료들은 165점 이상이어야 한다. 공교육 시스템은 붕괴했고 엘리트를 위한 교육 시스템으로 재편되었다.[2] 소설의 2부는 '하층 계급의 쇠퇴'라는 제목으로, 메리토크라시 사회에서 심화되는 양극화와 이로 인한 노동계급의 몰락을 다룬다. 2033년의 사회에선 지능이 높은 사람끼리 결혼해서 자식의 지능을 높이고, 상층 계급은 유전자 조작으로 자녀의 지능을 높이려는 노력을 한다. 능력이 모든 것을 결정하는 이 사회는 이럴 바에는 아예 세습주의를 공식화하자는 우익 세력과 이에 대항하는 포퓰리스트 집단이 갈등하고, 여전히 여성이 육아를 담당하는 부조리 속에서 2034년 여성들의 주도로 혁명이 일어나는 것으로 소설은 마무리된다.

마이클 영은 철저하게 인간이 능력으로만 평가되는 사회가 초래할 수 있는 비극을 예측했다. 그중에서도 가장 처참한 비극은 능력주의 사회에서 능력을 가진 사람이 점점 상층부로 몰리면서 하층민이 무시되고 이로 인한 격차가 심화되어 사회적 양극화가 심해진다는 것이다. 특히 엘리트 계층은 자신들이 능력으로 현재의 자리를 차지했다는 정당성을 가지고 있기 때문에, 점점 더 자신의 이익에 부합하도록 능력을 정의함으로써 결국은 교육 시스템을 교묘하게 조절해 능력의 세습을 이루어낸다. 마이클 영은 완벽한 의미에서의 능력주의는 사람들을 한 줄로 세울 수 있는 합의된 가치가 있을 때에만 존재할 수 있다고 말한다. 이에 덧붙여 그는 (능력주의와) 상반되는 사회는 '계급이 없는 사회'라고 밝혔다. 즉 그는 능력주의, 즉 메리토크라시의 궁극적 목표가 결국 모든 사회 구성원을 위계에 따라 줄 세우는 체제를 이루려는 것임을 간파한 것이다.[3]

마이클 영은 엘리트 교육이 성행하던 20세기 중반 영국 사회의 미래를 풍자적으로 비꼬면서, 그런 사회가 초래할 비극을 막기 위해 책을 썼다. 하지만 그의 의도와는 달리, 메리토크라시는 민주주의 체제에서 공정을 담보할 수 있는 단어로 오용되기 시작했고, 2001년 85세의 나이로 타계하기 직전, 그는 〈능력주의를 타파하라〉라는 짧은 칼럼을 통해 자신이 내놓은 입장을 반대로 악용하는 이들을 비판했다.

실력자들 가운데 자신의 발전이 자신의 실력에서 비롯된 것이라고 믿는 사람이 점차 늘어나고 있다. 실제로 그런 믿음을 갖고 있는 사람이 있다면 그들은 자신이 무엇이든 원하는 것을 가질 만한 사람이라고 생각할 것이다. (…) 상류층 사람들은 너무도 확신에 차 있기 때문에 이들이 스스로에게 보상을 제공하는 데 방해가 되는 것은 거의 없다. 오래전부터 비즈니스 세상을 억눌러왔던 제약이 사라지고 있으며, 내 책에서 예측했듯이 착복을 가능케 하는 온갖 새로운 방법이 발명되어 사용되고 있다. 임금과 보수는 급등했다. 엄청난 금액의 옵션을 나눠주는 일도 많아졌다. 최고 수준의 보너스와 고액의 퇴직금도 몇 배로 늘어났다.[4]

마이클 영이 우려하던 사회는 분명히 도래했고, 우리는 능력주의를 내세워 기득권을 지키려는 수많은 특권층을 매일 뉴스를 통해 목도하고 있다. 능력에 의한 평가라는 당연한 상식이 이념이 될 때 사회는 비참해질 수 있다. 특히 심각한 서열화를 통해 오직 능력주의를 평가의 척도로 떠받드는 과학계야말로 마이클 영의 경고를 주의 깊게 경청할 필요가 있다. 과학자 사회가 공정하다고 여기는 능력주의는 과연 과학 생태계의 정의를 보장하는가. 나는 그렇지 않다고 주장할 생각이다.

과학계의 능력주의와 불평등에 대하여

능력주의 사회는 불평등을 정당화한다. 능력주의가 작동한다고 가정하면, 그로 인해 얻어진 불평등은 정당하기 때문이다. 하지만 능력주의는 현실적으로 작동하지 않을뿐더러 기본적인 가정조차 틀린 이념이다. 그리고 가장 처참한 비극은 전제조차 틀린 그 능력주의 사회의 체제 속에서 아무렇지도 않게 벌어지는 차별과 불평등의 일상화다. 그리고 과학계 또한 능력주의에 대한 오해와 그로 인한 불평등과 차별로부터 전혀 자유롭지 않다. 어쩌면 능력에 따른 차별이 다른 분야보다 더욱 공고하게 자리 잡은 과학계에선, 그런 불평등과 차별이 더욱 공공연하게 이루어지고 있는지도 모른다.

과학계에서 능력주의는 강력한 이념이다. 노벨상처럼 피라미드 꼭대기의 0.1퍼센트 과학자들을 우러러보는 현재의 과학계에서 불평등은 아주 당연한 노력의 귀결로 정당화되고 있다. 과학계의 불평등은 다양한 수준에서 벌어진다. 먼저 과학계에서 벌어지는 가장 광범위한 종류의 불평등은 마태효과 때문에 생긴다. 마태효과는 능력주의 사회에서는 부모의 영향력으로 인해 가속화되고, 과학계에서는 영향력 있는 스승과 동료로 인해 가속화된다.

마태효과로 인해 나타나는 불평등은 논문 출판와 연구비 심사 과정은 물론 과학자가 평가받는 모든 과정에 강력한 영향력을 행사한다. 물론 마태효과로 인해 나타나는 불평등이 진정한 능력에 따른 차별이라는 증거는 전혀 없다. 다만 과학계는 상위 랭크의 학술지에 논문을 출판하고 연구비를 많이 획득하는 것이 진정한 능력이라고 생각하는 경향이 강한 사람들로 구성되어 있다.

여성 차별은 인류가 오랫동안 묵인해온 불평등의 하나다. 그리고 과학계만큼 여성 차별의 역사에서 잔인했던 분야도 많지 않다. 마틸다의 유리천장은 여전히 공고하며, 특히 코로나19가 한창 기승을 부릴 때 재택근무를 해야 했던 여성 과학자들이 받은 피해는 남성 과학자들보다 심하다. 소수자 차별과 인종차별 또한 과학계의 불평등을 보여주는 현상 중 하나다. 다른 대부분의 분야들처럼 과학계 또한 백인 남성 위주로 상위 계급이 형성되어왔으며, 이들이 구축한 기득권이 세습되지 않는다는 증거는 전혀 없다. 노벨상 수상자의 대부분은 여전히 백인 남성이고, 과학계의 피라미드를 공고히 만드는 학술지의 영향력 지수를 결정하는 이들 또한 백인 남성이다. 과학계는 소수 인종과 여성에 대한 차별을 드러내놓고 저지르지 않지만, 논문 출판과 연구비 수주에 공공연한 불평등과 차별이 존재한다는 것은 이미 여러 사회과학자들에 의해 드러난 바 있다. 한국 사회의 과학계 역시 이런 불평등과 차별을 더욱 교묘하고 치밀하게 조장하고 있다. 서울대학교 출신 과학자들이 대부분의 교수직을 차지하고 있고, 유학파와 국내파로 계급이 나뉘어 연구비에서 차별을 당해야 하는 현실을 한국의 과학계에서 지내본 사람이라면 누구나 알고 있다. 불평등은 이념이 되어 과학계에 스며들었다.

능력주의 사회에서 나타나는 사회정치적 변화는 과학계에서도 고스란히 감지된다. 첫째, 조건이 우월한 사람들이 상위 계층을 차지하고 하위 계층의 대표가 사라진다. 과학계의 리더들은 대부분 서울대학교 출신이거나 미국 유학파 출신으로, 학벌의 수혜를 받은 사람들이다. 그중 능력이 있다고 판단되는 리더들이 없는 것은 아니지만, 그들이 그 자리에 오르기까지의 과정이 순수하게 공정한 능력에 의해 이루어졌다고 보기는 힘들다. 만약 그렇다면 한국 과학계는 서울대학교 출신과 유학파가 다른 사람들에 비해 능력이 월등하다는 점을 인정해야 한다. 한국 사회에서 서울대학교 출신이 얻는 사회적 자본의 정도가 얼마나 큰지를 인정하지 않는다면, 과학계는 사회에 대한 기본적인 상식도 갖추지 못했다고 자인하는 꼴이 된다. 게다가 서울대학교 출신들이 구축한 한국 과학계가 그 많은 투자에도 불구하고 세계적으로 선도적인 연구를 거의 만들어내지 못하고 있다는 사실이야말로 한국 과학계가 그동안 왜곡된 능력주의의 함정에 빠져 있었음을 반증한다.

능력주의가 정치이념이 된 사회에서 나타나는 두 번째 특징은, 상위 계층이 더 높은 보상을 받는 것을 당연하게 생각한다는 것이다. 한국 과학계 또한 각종 연구소장과 정부 출연 연구기관의 원장 등의 연봉을 테크니션(기술직)과 비정규직 박사후과정 연구원의 그것과 비교해보면 이런 격차가 상당히 심각하다는 점을 알 수 있다.

능력주의 사회의 세 번째 특징은 부와 빈곤의 세습이다. 특히 부유한 부모를 가진 자녀가 높은 지위를 차지하는 승자독식사회가 세대를 거쳐 이어지면서 능력주의는 완결된다. 이러한 엘리트주의는 다른 어느 분야보다 과학계에서 강력하게 작동한다. 의사나 변호사보다는 지위가 낮은 덕분에 부모에 의한 세습은 찾을 수 없지만, 과학계는 또 다른 형식의 세습된 엘리트주의를 개발했는데, 바로 학벌과 저명한 과학자의 권위를 이용한 세습이다. 특히 족벌주의가 심각한 한국 과학계에서 연구비를 독식한 특정 명문 대학 교수의 제자들이 학계를 장악하는 모습은 아주 흔하게 볼 수 있다.

과학계의 불평등은 능력주의라는 이념을 토대로 극한의 경쟁을 정당화한다. 과학자들은 학술지 인용 횟수와 학술지의 영향력 지수를 따라 논문을 출판해야 살아남는다. 그 결과 연구비를 수주하기 위해서는 대학원생과 연구원의 인권을 짓밟는 등 수단과 방법을 가리지 않는 (예전에는 일부 이기적이고 욕심 많은 과학자에게서나 볼 수 있던) 악한 행태가 이젠 대부분의 평범한 과학자들에게서 발견된다. 모두가 하나의 트로피를 두고 싸우는 경기에서 경쟁은 피할 수 없다. 과학자 사회는 자신들도 모르는 사이에 그런 무한 경쟁의 생태계를 만들어냈고, 이젠 빠져나올 방법조차 찾지 못하고 있다. 지금은 승자라는 착각에 빠진 이들이 이해하지 못하는 사실 중 하나는 이런 무한 경쟁이 가속화되면 결국 승자도 패자도 존재하지 않는 상태가 만들어진다는 것이다.

9

과학의 도덕경제와
보이지 않는 과학자

과학에는 [감정과 가치가 넘을 수 없는] 불가침의 경계가 있다고들 이야기한다. 그러나 나는 과학에는 도덕경제가 있을 뿐 아니라 도덕경제가 과학의 가장 특징적인 면을 구성한다고 주장한다.[1]

_ 로레인 대스턴, 〈과학의 도덕경제〉 중에서

과학에서 도덕경제란 무엇인가

교과서에 등장하는 과학적 발견들은 치열한 경쟁 끝에 승리한 과학자의 이론만을 다룬다. 이런 이야기에 익숙해지면 마치 과학자 사회는 무한 경쟁이 횡행하는 무자비한 자본주의 사회의 단면이라고만 생각하기 쉽다. 특히 동료들에 의한 철저한 검증(조직화된 회의주의)이 일상화되어 있는 과학자 사회의 규범과, 모순되는 두 개의 이론이 공존하지 못하는 과학의 특징을 생각해보면 더더욱 그런 생각이 굳어진다. 하지만 과학의 발견이 가진 승자독식의 성격과는 별개로 그러한 발견을 이루어나가는 과정에서 상호부조와 공유의 정신은 생각보다 훨씬 중요한 암묵적 규범이다.

실험실 내부 동료들과의 관계에서도 도덕경제가 작동함을 쉽게 알 수 있다. 자신의 연구 결과를 동료들에게 공개하지 않거나 연구 기자재를 독차지하려고 하는 연구자는 실험실에서 버틸 수 없다. 아니 누구도 그런 사람을 연구자로 인정하지 않을 것이다. 과학자가 되기 위한 훈련 과정에는 자신의 연구 결과를 동료들에게 공개하고, 공개적인 토론을 통해 연구 결과의 해석을 수정하고 연구 방향을 결정하는 것이 포함된다. 실험실에서 기자재와 시약을 효율적으로 공유하는 관습은 물론이다. 과학 교과서만 열심히 읽는다고 과학자가 되는 것은 아니다.

과학의 공유주의는 실험실 간의 상호작용에서도 매우 중요하게 작용한다. 예를 들어 실험에 꼭 필요한 항체나 시약이 다른 실험실에 있을 때 공유를 요청하는 일은 빈번하게 일어난다. 그 시약을 공유하게 되면 우리 실험실이 하고 있는 연구를 다른 연구자가 발표할 수도 있다는 위험이 항상 존재한다. 그렇다고 실험 재료들을 학계의 다른 연구자들과 공유하지 않으면 나쁜 평판이 퍼질 수도 있다. 심하면 해당 연구자는 학계에서 매장될 수도 있다. 자신만 가진 실험 재료로 성공한 연구 결과는 동료들에게 인정받지 못하기 때문이다. 과학의 실험 결과들은 시공간을 초월해 누구에게나 재현될 때 과학으로 인정받는다. 따라서 과학의 공유주의는 과학이라는 학문의 특징이 사라지지 않는 한 과학 연구의 규범에서 절대 빠질 수 없는 법률과도 같다. 정보나 재료를 공유하는 것이 치열한 논문 출판 경쟁에서 불이익이 될 것이라고 생각할 수도 있고, 실제로 그런 생각을 대학원생들에게 주입하는 교수들도 많다. 하지만 제대로 된 과학자라면 그런 교수의 태도를 인정하지 않을 것이다. 그리고 그런 폐쇄적이고 협소한 태도로는 절대 한 분야의 대가가 될 수 없다. 공유로 인한 경쟁이 불가피하다고 판단되면, 해당 연구자와 합리적으로 합의를 하고 공동 연구를 진행하는 것이 옳다. 연구비를 둘러싼 경쟁이 가열되면서 과학의 공유주의가 훼손된 감이 없지 않지만, 앞에서 설명했듯이 과학의 공유주의 규범은 과학이 존재하는 한 절대로 사라질 수 없는 법률이라고 여기는 편이 좋다. 연금술이 과학이 되지 못한 결정적인 이유는 비기라는 미명 아래 자신들이 얻은 정보들을 서로 공유하지 않았기 때문일지도 모른다. 로버트 보일을 비롯한 근대 화학혁명의 선구자들이 당시의 연금술사들과 구분되는 특징은 바로 데이터의 공개와 열린 토론이었다는 점을 기억할 필요가 있다.

도덕경제Moral Economy란 영국의 역사학자 에드워드 파머 톰슨이 저서 《영국 노동계급의 형성》에서 제안한 개념이다.[2] 18세기 영국 농민들은 생존을 위협하는 식량 가격 폭등에 대항해 시장의 식량 가격을 낮추는 운동을 벌였는데, 이는 생존과 관련되는 부분에서는 최소한의 사회적 기준과 강제를 통해 공동체를 보호해야 한다는 전통 사회의 논리를 반영한 것이다. 복지사회로 진입하는 한국에서도 보편적 복지를 둘러싼 논쟁이 있었는데, 도덕경제란 중국과 동아시아 등의 역사에서도 광범위하게 나타나는 두레, 품앗이 등 공동체 내부의 자발적인 도덕적 규범의 공유를 뜻한다. 즉 도덕경제란 경제라는 현상이 문화, 특히 도덕적·윤리적 차원과 떼놓을 수 없는 부분을 구성한다는 개념이다.[3]

과학사에서 도덕경제가 가장 분명히 드러나는 분야는 유전학이다. 로버트 콜러의 《파리 대왕Lords of the Fly》이라는 책은 토머스 헌트 모건에서 시작된 초파리 유전학자들의 공동체가 어떤 방식으로 실험 재료들과 정보를 공유하며 학문을 계승 발전시켜왔는지를 다루고 있다. 콜러에 따르면 초파리 연구 공동체는 다른 과학자 공동체와 몇 가지 점에서 달랐는데, 우선 돌연변이 계대들을 공유했고, 논문의 저자 자격에서 자유로웠고, 학생들의 훈련을 공유했으며, 프로젝트를 협업으로 해결했다. 초파리 공동체의 도덕경제는 표준화된 초파리 연구 방법론으로 이어졌으며, 그로 인해 더 효율적이고 생산적인 연구가 이어질 수 있었다. 경쟁보다 협업이 더 생산적인 과학을 창출했다. 과학의 전통에 공유주의 문화가 분명 존재하기도 했지만, 이는 초파리 그룹에서 가장 극명하게 드러났고, 오늘날에도 이어지고 있다. 초파리 연구자들의 계보는 모건으로 거슬러 올라가는 확연한 계통도를 보여주고 있다.

초파리 연구 공동체가 확산시킨 도덕경제는 단순히 유전학 분야에 머물지 않고 미국 대학 전반에 퍼졌다. 연구 재료와 정보를 공유하고 협업하는 미국 과학자 공동체의 전통에는 초파리 유전학자들로부터 시작된 문화가 녹아 있다. 과학자들의 도덕경제는 법으로 규정된 강제적 조치가 아니다. 그것은 가족을 돌보는 일을 법으로 강제하는 것이 문화적 규범에 맡겨두는 것보다 비효율적인 이유와 같다.

현대의 과학자들은 연구비와 논문을 두고 치열하게 경쟁하는 운동선수처럼 보인다. 수백 년 동안 선배 과학자들이 쌓아올린 도덕경제의 틀은 무너지고 있다. 초파리 공동체는 경쟁과 제한된 연구비에도 불구하고 도덕경제를 유지했다. 아마 대학원에 들어가 연구하게 된 과학도들은 다른 그룹에 중요한 정보를 알리지 말라는 암묵적인 지시를 받게 될 것이다. 그런 상황에서 과학자들의 도덕경제란 무엇인지 한 번쯤 생각해볼 일이다. 과학자 개인에게는 도움이 될 폐쇄적 규범이 과학 전체에 과연 도움이 되는지 반성해볼 수 있다면, 과학은 다시금 제자리를 찾을 것이다.[4]

2부

과학을   지탱하는
            보통 사람들

루구이전,
니덤의 조수 혹은 스승

조지프는 서양과 동양 문명을 연결하는 다리를 건설했습니다. 전 그 다리를 떠받치는 아치입니다.[1]

_리 란, 〈보이지 않는 몸: 루구이전과 번역의 유령〉 중 루구이전의 말

니덤이 건설한 문명의 다리,
그 다리를 가능하게 한 여성

조지프 니덤은 르네상스맨이었다. 그는 20세기 초중반 영국의 생화학자로 경력을 시작해서 유네스코의 창립에도 앞장섰고, 말년에는 《중국의 과학과 문명》이라는 중요한 책을 펴내며 과학사가로 변모했다. 니덤을 소개하는 대부분의 글은 그가 왜 중국에 관심을 갖게 되었는지를 다루는데, 1927년 그가 연구하던 케임브리지의 생화학연구소에 도착한 세 명의 중국인 학생으로부터 받은 영향 때문이라고 기술한다. 그중 한 명이었던 루구이전은 훗날 니덤의 부인이 되며, 니덤의 학문과 사상에 크나큰 영향을 미친다. 하지만 루구이전은 니덤의 조수 혹은 부인 정도로만 알려졌을 뿐 중국과 서양 모두에서 니덤의 그늘에 가려 제대로 평가를 받지 못했다.[2]

루구이전은 1904년 난징에서 약제사의 딸로 태어나 생화학에 입문해 33세에 새로운 학문을 배우기 위해 런던행 배에 몸을 싣는다. 그는 이제 막 태생하고 있던 생화학에 관심을 가졌고, 미국에서도 유학생 입학 허가를 받았지만 영국의 생화학연구소로 유학을 결심했다. 그곳에는 당시 생화학의 시작을 알리며 활발한 연구 활동을 펼치던 생화학연구소가 있었고, 그곳의 소장은 당대에 가장 유명한 과학자 중 한 명이었던 프레더릭 홉킨스였다. 우리 역사 개화기의 유학생처럼, 루구이전 또한 중국에 아직 생소한 생화학을 배워 중국의 근대화에 기여하려는 꿈을 품었다. 하지만 당시 같은 연구소에 근무하던 니덤과의 만남은 그의 인생을 송두리째 바꿔놓는다.

당시 니덤은 37세, 루구이전은 33세였고, 니덤은 동료 생화학자인 도러시와 결혼한 상태였다. 니덤에 대한 많은 이야기는 당시 니덤이 루구이전과 사랑에 빠졌고, 도러시와의 사이에서 삼각관계가 만들어졌다고 말한다. 실제로 도러시는 둘의 관계를 알고도 이를 인정한 것으로 보인다. 니덤의 전기를 쓴 사이먼 윈체스터는 당시 영국의 좌익에서 유행하던 어떤 지적 풍토가 이런 관계를 유지할 수 있게 했다고 말한다. 도러시는 1987년 92세의 나이로 죽고, 루구이전도 폐암으로 수술을 받는 등 1984년부터 몸이 좋지 않았다. 니덤과 루구이전 사이의 가장 극적인 사건은 도러시가 죽고 난 2년 후이자 루구이전이 죽기 2년 전인 1989년에 일어난다. 그 둘은 만난 후 51년을 기다려 결혼식을 올리고 부부가 되었다.³

니덤은 중국에서 온 신비한 여인 루구이전 덕에 중국에 이끌렸다. 둘 모두 사회주의자였고, 역사에 관심이 많았으며, 생화학으로 학문에 입문한 르네상스맨이었다. 그리고 니덤이 루구이전에게 가장 먼저 배운 한자는 담배를 뜻하는 '煙(연)'이었다고 한다. 둘 모두 애연가였고, 니덤은 죽을 때까지 담배를 피웠다.

침술의 과학적 기반을 찾아서

자본주의와 사회주의가 대립하던 영국에서, 중국에 대한 니덤의 사랑은 그다지 환영받지 못했다. 특히 니덤이 한국전쟁 당시 미국의 생화학 무기 사용 조사를 위한 조사단으로 파견돼 미국 측에 불리한 진술을 한 뒤로 니덤은 영국 내에서 정치적으로 입지가 좁아졌고, 이는 니덤의 조수로만 알려졌던 루구이전도 마찬가지였다. 둘은 곧 생화학자로서의 경력을 그만두고 중국의 과학과 문명에 대한 장대한 분석서를 집필하는 데 몰두하게 된다. 그리고 당시 루구이전이 가장 관심을 가졌던 분야가 바로 중국 의학, 특히 침술에 관한 역사적·과학적 분석이었다.

2017년 미국 식품의약국FDA은 통증 치료와 관련해서 의사를 비롯한 의료 제공자들에게 침술 등의 대체요법을 교육하는 방안을 제시했다. 아편성 진통제 등의 약물 처방을 최소화하면서 통증을 치료할 방법을 권고해야 했기 때문이다. FDA는 침술이나 도수 요법을 일종의 보완적 치료법으로 소개했다.

동양의 의학에서 자주 사용하는 침술은 서양 의학이 도입되면서 문화적·제도적 충돌을 겪었지만 우리나라에서는 여전히 국가로부터 공인된 치료 행위로 인정받고 있다. 하지만 침술의 과학적 기반은 여전히 의문투성이다. 효과는 인정받지만 과학적인 설명은 이루어지지 않고 있는 경계의 학문이 바로 침술인 셈이다. 루구이전의 의문은 바로 여기서 시작되었고, 죽기 전 이에 대한 방대한 저서를 집필하기도 했다.[4] 그는 이 책을 통해 중국 한의학의 기원과 역사를 살피고, 이를 과학자로 훈련받은 자신의 시각으로 해석하려고 했다. 침술은 임상적으로 통증을 줄이는 효과를 분명히 보이지만, 과학적 이론으로 설명할 수 없는 기예였기 때문이다. 당시 서양의 과학계에 드문 중국인이자 중국 약제상의 딸로 태어나 중국 의학을 접하며 자란 그에게 중국 의학 특히 침술은 어떻게든 설명해내야만 하는 숙제였을지 모른다.

루구이전은 〈침술의 과학적 기반〉이라는 논문을 통해[5] 중국 고대 문헌에서 나타나는 침술 이론에 통일성이 없음에도 1949년 중국의 혁명 이후 중국 전통 의학과 서양 의학이 서로 활발하게 교류한다는 점을 지적한다. 당시 중국에선 중국 의학을 전공한 의사와 서양 의학을 전공한 의사가 환자를 교차 상담하는 제도가 확립되고 있었다.

하지만 임상적 효능을 보이는데도 과학적인 설명이 전무한 이 신비한 기예는 '루구이전 패러독스'를 낳았다. 도대체 어떻게 과학적인 설명이 전무하지만 임상에서 사용되는 의학적 실천이 가능한가? 루구이전은 우선 침술의 효과를 인정한 상태에서, 침술에 대한 과학적 설명을 시도해야 한다고 주장한다. 특히 오랜 기간에 걸친 통제된 조건에서의 통계적인 임상 데이터를 확보해 침술의 효과를 과학적으로 증명하려는 노력이 필요함을 주장한다. 그리고 니덤의 목소리를 빌려 이렇게 말했다. "침술의 과학적 기반은 정립될 것이다."

생화학자로서의 루구이전

루구이전은 생화학연구소에서 니덤 부부와 함께 상당히 많은 논문을 발표했다. 생화학자로서의 정체성보다 과학사가로서의 정체성으로 더 유명한 니덤처럼, 루구이전의 학문적 정체성도 주로 중국 의학사나 과학사에 치우쳐 이해되는 경향이 있다. 하지만 그는 젊은 시절 대부분을 생화학연구소에서 실험과 연구를 하며 보냈고, 훗날 이 연구를 포기하게 되는 것도 그의 의지가 아니라 정치적 상황 때문이었다. 특히, 중국 의학을 다루면서도 신비주의나 과도한 애국심에 빠지지 않고 분명한 분석적 관점으로 이를 해석할 수 있었던 이유는 그가 과학자로 훈련받았기 때문으로 이해해도 무방할 것이다.

루구이전이 케임브리지의 연구실에 도착했을 때인 1937년은 생화학의 대사경로 연구가 막 꽃피던 시기였고, 프레더릭 홉킨스는 그 중심에 있는 인물이었다. 1780년에는 카를 빌헬름 셸레가 락트산을 분리했고, 1835년에는 옌스 야코프 베르셀리우스가 피루브산을 분리했지만, 세포 안에서 화학작용이 일어나는 방식에 대한 견해는 분분했다. 홉킨스는 세포 안에서 일어나는 화학작용의 특이성을 옹호하는 인물이었고, 산소의 부족이 근육에 락트산을 누적시킨다는 것 등을 발견한, 당시 가장 유명한 생화학자 중 한 명이었다.

지금은 TCA 회로 혹은 발견자의 이름을 따 크렙스 회로라는 이름으로 잘 알려진 대사경로는 주로 세포 내 공생체인 미토콘드리아의 내막에서 일어나며, 이 과정을 통해 생명체는 생존에 필수적인 에너지를 만들 재료 및 생존과 성장에 필요한 재료의 대부분을 생산한다고 해도 과언이 아니다. 생화학은 20세기 초반 이런 대사경로들을 발견하며 새로운 학문 분야로 떠올랐고, 이제 막 영국 땅에 도착한 루구이전은 최첨단의 학문에 발을 딛은 셈이었다.

당시까지 정밀한 생체 내 시료의 피루브산 측정 기술이 부족한 것을 느낀 루구이전은 혈액과 같은 생체 시료에서 피루브산의 양을 정밀하게 측정하는 새로운 방법을 개발하고, 이를 이용해 비타민 B1이 부족한 포유동물의 혈액에서 피루브산의 변화를 측정해냈다. 이런 성공적인 연구에 힘입어 그는 니덤의 부인이었던 도러시 니덤과 함께 피루브산의 생체내 역할과 변화를 연구하는 데 집중했다. 1941년까지 그는 도러시와 함께 피루브산에 대한 여덟 편의 논문을 출판한다. 하지만 1960년대부터는 잘 알려진 것처럼 니덤과 함께 《중국의 과학과 문명》을 작업하며, 주로 중국 의학과 전통 과학에 대한 연구 논문에 천착하게 된다.

물론 그의 고향이었던 중국을 주제로 하며 연인인 니덤의 관심사였던 그 연구 속에서 그 또한 행복했을 것이다. 하지만 1930년대 동양인 여성으로 케임브리지에서 생화학 대사경로의 중요한 발견을 이끈 그의 공로야말로 다른 어떤 연구보다 빛나고 있다.[6]

루구이전이 니덤의 명성에 밀려 역사에서 잊힌 것은 분명 아쉬운 일이다. 하지만 그 자신도 명성을 추구하지 않았다. 노년에 누군가 그의 자서전적 정보를 공유해달라고 물었을 때 그의 대답은 단순했다. "내가 죽은 다음에 정리하세요."[7]

대중매체에서는 학문보다는 명성 자체를 원하는 학자들의 향연이 벌어진다. 학자가 유명해지지 말라는 법은 없지만, 학문의 본질을 잃으면서까지 그런 활동을 추구할 이유도 없다. 비록 그런 겸손함 때문에 잠시 잊혔지만, 역사는 언제나 그들의 자리를 되돌려놓는 힘이 있다. 루구이전, 생화학자였으며 중국 의학과 문명의 역사를 서양에 소개한 위대한 과학자. 이제 그를 이렇게 기억하면 된다.

11

조 힌 치오,
염색체와 매카시즘

치오, 미국에도 기회를 주세요. 모든 미국인이 매카시즘에
빠진 것은 아니에요.[1]

_ 초파리 유전학자이자 노벨상 수상자인
 헤르만 뮐러가 조 힌 치오의 미국행을 권유하며

염색체 숫자의 미스터리

1956년, 인간 유전학계에 모두를 놀라게 한 논문 한 편이 발표된다. 〈인간의 염색체 숫자〉라는 간단한 제목의 이 논문은, 1956년까지 모두가 48개라고 철석같이 믿었던 인간 염색체의 숫자가 46개라고 주장했다.[2] 논문의 제1저자는 조 힌 치오, 제2 저자는 알베르트 레반으로 이들은 각각 스페인과 스웨덴에서 일하던 연구자들이었다.

인간 염색체 숫자가 48개로 정해진 건 1923년의 일로, 46개와 48개로 논란 중이던 가설을 테오필루스 페인터가 논문을 통해 확정했다.[3] 그 후 인간 염색체 연구자들은 별다른 의심 없이 인간의 염색체 수는 48개라고 믿게 된다. 이후 치오와 레반의 연구로 교정되기까지 무려 33년 동안 모든 과학자가 인간 염색체 수를 48개로 알고 있었으니, 혹자는 이 사건을 과학계의 집단 환각 사건으로 비하하기도 한다. 하지만 이 사건은 과학이 작동하는 방식을 이해하는 현장 과학자에게는 이상한 일이 아니다.

첫째, 페인터는 거짓 보고를 하지 않았다. 그는 1923년까지 인간 세포핵의 분열 과정에서 볼 수 있는 최선의 해상도와 세포고정 기법으로 분열하는 고환 조직을 관찰했고, 처음엔 46개와 48개 모두 가능성을 두고 논문을 발표했다.[4] 이후 꾸준히 인간 염색체에 대한 논문을 발표하려 했으나 염색체 숫자를 확실히 정하지 못하면 중요한 논문들을 발표할 수 없다는 것을 깨달았다. 그는 결국 그동안의 연구 결과를 모두 종합해 48개로 발표했다. 약간의 논란이 있었지만, 인간 염색체 숫자가 48개라는 사실은 누구도 의심하지 않았다.

둘째, 과학적 발견은 기술의 발전에 제한된다. 페인터의 세포고정기법은 지금처럼 정교하지 않았다. 훗날 그의 염색체 그림을 본 치오는 이처럼 낮은 해상도의 그림으로 염색체 숫자를 거의 근사하게 맞춘 페인터의 공을 높이 샀다고 한다. 나중에 알려진 사실이지만, 페인터가 사용한 세포고정기법으로는 가장 커다란 1번 염색체가 동원체를 중심으로 둘로 찢겨 나가는 것을 방지하기 어려웠다. 이런 일이 일어날 때가 대부분이었고, 가끔은 1번 염색체가 쪼개지지 않은 상태로 남았기 때문에 숫자가 46과 48 사이에서 오락가락할 수밖에 없었던 것이다. 치오와 레반의 시대에는 염색체를 염색하는 기법은 물론 식물에서 유래된 물질로 세포분열 중인 염색체를 고정하는 기법도 개발된 상태였다. 즉 페인터의 시대에 염색체 숫자 48개는 실험 기법의 한계 탓에 나온 어쩔 수 없는 결과였을 뿐이다. 그런 일은 지금도 여기저기서 벌어지고 있을 것이다. 과학은 언제나 오류를 수정하고 있다.

셋째, 더 놀라운 사실은 33년 동안 그 어느 인간 유전학 연구자도 염색체의 개수에 집착하지 않았다는 것이다. 이건 과학자들의 문제 풀이가 교과서에 기술된 것처럼 정합적인 발전 과정을 따르지 않고, 무정부주의적으로 발전한다는 사실을 재확인해주는 사례다. 즉 치오와 레반의 발견 이전까지는 대부분의 인간 유전학 연구자들이 인간 염색체 숫자가 중요하지 않은 연구에 집중하고 있었다. 당시 초파리 유전학자들은 염색체에 새겨진 띠의 패턴을

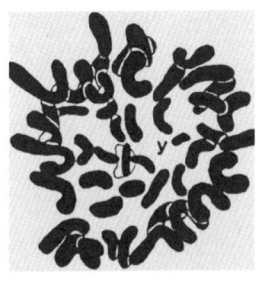 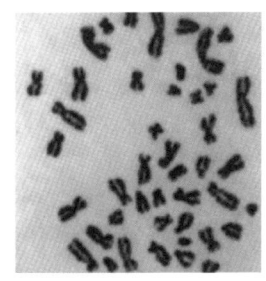

페인터가 인간 염색체의 숫자를 48개라고 확정할 때 참고했던 그림.

1956년 인간 염색체의 숫자가 46개임을 확정할 때 사용된 그림. 세포 고정 기법과 염색 기법 그리고 해상도에서 큰 진전이 있었음이 보인다.

연구해서 유전자를 염색체상에 배열하고 있었는데, 인간 유전학은 초파리 유전학에 비하면 최첨단 학문이 아니라는 이유로 그렇게 연구자가 많지도 않았다.[5]

염색체 숫자를 33년 동안 48개로 알고 지낸 것은 최초 발견자의 잘못도, 연구 공동체의 잘못도 아니다. 그저 과학이 작동하는 방식의 일부를 보여주는 사건일 뿐이다.

식민지 출신 과학자의 여정

조 힌 치오는 1919년 인도네시아 자바섬에서 태어났다. 근대 인도네시아의 역사는 제국의 식민통치로 점철되어 있다. 현재의 인도네시아 군도는 포르투갈, 네덜란드, 프랑스, 영국, 그리고 일본의 지배를 받은 적이 있다. 처음에는 대항해시대를 열던 포르투갈이 인도네시아 북부를 점령한 뒤 각종 향신료를 헐값에 본국으로 보내고 천주교를 전파했다. 이후 네덜란드가 16세기 후반 인도네시아를 점령하고 역사상 최초의 주식회사인 동인도회사를 설립한다. 18세기 말, 동인도회사가 파산하고 네덜란드가 프랑스에 패하면서 인도네시아의 주인은 프랑스가 된다. 프랑스가 경쟁자인 영국과 전쟁을 하면서 인도네시아는 잠시 영국의 지배를 받지만 영국이 물러가고 1942년 일본의 침략이 있기 전까지 다시 인도네시아의 주인은 네덜란드가 된다. 20세기 초가 되면 인도네시아에도 수카르노 같은 독립운동가들이 나타나기 시작하고, 일본의 패망 이후 다시 인도네시아를 노리던 네덜란드에 의해 수많은 사상자가 발생한다. 네덜란드는 그 자신도 독일에 나라를 빼앗긴 경험이 있었지만, 20세기 중반 인도네시아를 재침략하며 잔인한 제국주의의 만행을 보여주었다.

치오는 인도네시아가 아직 네덜란드의 식민지였던 시기에 태어나 아버지에게 물고기 잡는 법을, 학교에서는 몇 가지 언어와 농학을 배웠다. 그는 자바섬의 감자 작물학자로 취업해서 식물 세포학을 연구하다가 1942년 일본이 자바섬을 침공했을 때 체포되어 고문을 당했다. 3년의 옥중 생활을 보내던 와중에 일본이 패망하며 제2차 세계대전이 끝났고, 그는 난민 자격으로 네덜란드로 출국한다. 몇 가지 언어를 구사할 수 있었던 그는 네덜란드 정부로부터 유럽에서 공부할 수 있는 자격을 획득했고, 코펜하겐, 스페인, 스웨덴 등의 연구실에서 일하기 시작했다. 연구자로서 놀라운 능력을 갖춘 이 인도네시아 출신의 학생은 스웨덴 룬트대학교에서 연구하던 레반을 만나 교류를 시작했다. 이후 그는 스페인과 네덜란드를 오가며 레반과 공동 연구를 시작했고, 1955년 겨울에는 1956년 논문의 기본이 되는 결과들을 대부분 혼자 만들었다.

치오가 인간 염색체가 46개라는 사실을 발견하던 시기에 레반은 휴가 중이었고 나중에 돌아와 치오의 발견을 보며 이 결과가 세상을 놀라게 할 수 있으리라 생각했던 것 같다. 이전까지 치오와의 공동 연구에서 대부분 제1저자는 언제나 치오, 교신저자는 레반이 맡았다. 실험의 대부분을 치오가 담당했고, 레반은 대부분의 경우 연구 재료 등을 제공하는 것이 전부였기 때문이다. 하지만 1956년의 레반은 달랐다. 그는 치오에게 집요하게 제1저자 지위를 요구했으며, 이에 분노한 치오는 연구한 샘플을 모두 치워버리고 레반에게 직접 실험을 해서 밝혀보라고 말할 정도였다. 20세기 중반의 유럽에서, 인도네시아 출신의 박사학위도 없는 연구원과 스웨덴의 대학 교수 사이에 존재했을 권력의 차이를 상상해보면 레반이 얼마나 치오를 이용했는지 쉽게 짐작할 수 있다.

식민지 출신으로 유럽의 여러 나라를 오가며 살아야 했던 치오의 평범하지 않은 여정이 염색체 숫자 48에 도전하게 만들었는지도 모른다. 치오는 자신의 연구가 지속적으로 숫자 46을 말해줄 때 페인터의 권위가 아니라 자신의 연구 결과를 신뢰했고, 권위에 도전하겠다는 계획을 세웠다. 하지만 그는 운도 좋았다. 그가 만든 인간 고환의 세포분열 조직 샘플은 당시까지 존재하던 샘플 중 가장 해상도가 좋았고, 그는 당시 발전하던 다양한 세포생물학 기법들의 도움을 받았다. 이런 여러 요인이 1956년 기념비적인 논문에 얽힌 작은 이야기다.

치오의 능력을 알아본 것은 당시 빠르게 발전하던 미국의 과학자들이었다. 1956년 코펜하겐에서 열린 국제인간유전학회에서 레반과 치오의 연구가 발표된다. 페인터와 친분이 있던 초파리 유전학자 헤르만 뮐러는 치오와 레반의 발견에 감명을 받아 치오에게 미국행을 권한다. 하지만 치오는 노벨상 수상자로서 엄청난 명성을 떨치던 뮐러의 제안을 거부한다. 당시 미국에선 매카시즘이 유행하고 있었기 때문이다. 그는 "당신들 나라에는 매카시즘이 유행한다고 들었어요. 나는 인도네시아 감옥에서의 고문과 고통을 기억합니다. 나는 그런 나라에 가고 싶지는 않아요"라고 말했다. 1950~1954년, 공산주의자를 색출하려던 미국 전역의 광기가 매카시즘이다. 매카시즘은 다양한 직종의 인물들을 피해자로 만들었지만, 과학자들도 곤욕을 치러야 했다. 알베르트 아인슈타인, 로버트 오펜하이머, 조지프 니덤 등의 과학자도 공산주의자로 의심받았다.

한때 러시아에서 초파리 유전학을 가르치다 리센코 논쟁에 휩싸여 다시 미국으로 돌아온 경험이 있던 뮐러는 대공황을 겪으며 자본주의에 비판적인 사고를 갖게 되었다. 그는 자신의 실험실에 소련 출신의 과학자들을 많이 받아들이고, 당시에는 불법이었던 학생들의 좌파 신문 〈스파크〉를 배포하는 데 도움을 주기도 했을 정도로 진보적인 지식인이었다. 그는 치오에게 〈뉴욕타임스〉에 실린 매카시즘에 대한 비판적인 글들을 오려 보내는 등의 노력으로 치오를 미국으로 데려오는 데 성공한다. 이후 치오는 시어도어 퍽이라는 교수와 함께 연구를 거듭해 다시 한번 염색체 숫자를 확인하고, 여러 연구 성과를 내 1959년 박사학위를 받는다. 그는 이후 NIH에 소속된 연구자로 평생을 보냈고, 1962년에는 케네디 대통령이 수여하는 과학상을 받는다.

인간 염색체 질환의 발견을 이끌다

염색체의 정확한 수가 밝혀진 1956년이 지나고 1959년이 되자 다운증후군, 터너증후군, 클라인펠터증후군, XXX 여성, XYY 남성 등 인간 염색체 이상에 의한 질환들이 속속 밝혀지기 시작한다. 이 발견들은 모두 치오의 논문에 빚을 지고 있다. 이후 의학세포학이라 불리는 분야가 탄생했고, 태아의 염색체 이상을 검사하는 양수 천자가 1960년대 개발되기 시작하면서 염색체에서 보이는 이상 현상을 확인해 이른 시기 태아의 유전질환을 조사할 수 있게 되었다. 인간 유전자를 각각의 염색체에 지도화하는 일도 치오의 작업들 덕분에 가능했다. 그는 이후 암에서 나타나는 염색체 이상을 연구해 많은 업적을 남기고 NIH에서 은퇴한다.

 1956년에는 아무도 인간 염색체가 몇 개나 되는지에 관심이 없었다. 유전학의 발전에서 염색체 숫자가 그다지 중요하지 않았기 때문이다. 실제로 효모 유전학이 빠르게 발전하던 시기를 지나

1985년이 되어야 효모의 염색체 개수가 결정되기도 했다. 혹자는 말한다. 만약 치오의 발견이 없었다면 인간 염색체의 개수는 인간 유전체계획 이후에야 결정되었을지 모른다고. 정말 그랬을지도 모른다.

페니실린의 뒤에서

1989년 10월 23일 뉴욕 맨해튼 이스트사이드에 자리한 록펠러대학교에서는 그라미시딘 발견 50주년을 기념하는 '항생제 시대의 개막'이라는 주제의 심포지엄이 열렸다. 세계 의학사들과 전염병 전문가들을 포함하여 350여 명이 참석한 이 모임은 지금까지 잘못 전해진 항생제 발견의 기록을 바로잡고 페니실린의 그늘에 가려 햇빛을 보지 못한 뒤보스의 업적을 재조명하기 위한 것이었다.[1]

_ 현원복, 〈최초로 항생제를 발견한 뒤보스〉 중에서

영웅 서사와 4할 타자

페니실린의 발견사는 과학사에서 흔히 볼 수 있는 영웅 서사의 표본이다.[2] 과학사가 왜 영웅 서사로 채워지게 되었는지 모르지만, 영웅 서사는 과학 현장에서 실제로 일어나는 사건들과 거리가 멀다. 우리에게 익숙한 과학사의 영웅은 실제로는 영웅이 아니거나, 평범한 과학자들의 희생으로 만들어진 영웅이거나, 혹은 그저 운이 좋은 사람들일 가능성이 크다. 과학 생태계가 지금처럼 복잡하거나 경쟁적이지 않던 수백 년 전의 과학자는 실제로 영웅적으로 한 분야를 개척하는 것이 가능했을지 모르지만, 현대를 사는 과학자 중에서 그런 영웅이 등장할 가능성은 거의 없다.

《풀하우스》라는 책에서 고생물학자 스티븐 제이 굴드는, 프로야구 리그에서 4할 타자가 더는 나오지 않는 이유에 대해 야구 선수들의 전체적인 수준이 동반 상승했기 때문이라고 말했다. 물론 굴드는 진화의 역사가 오래될수록 특이한 돌연변이가 등장하는 일은 무척 어렵다는 점, 즉 인간과 같은 종이 다시 등장할 가능성이 아주 작다는 점을 지적하기 위해 이런 비유를 들었지만, 과학사에서 뉴턴, 아인슈타인, 다윈 같은 영웅을 더는 찾기 어려운 이유 또한 4할 타자가 사라진 이유와 동일할 것이다. 과학자들의 수준은 점진적으로 상승하고 있으며, 100년 전이라면 영웅이 되었을지도 모를 뛰어난 과학자 또한 현대의 과학 생태계에서는 평범한 보통 과학자가 될 수밖에 없기 때문이다.

페니실린의 발견사는 여전히 과학사가들 사이에서 논쟁 중이다. 하지만 역사가들이 합의한 바에 따르면, 알렉산더 플레밍의 역할은 실제에 비해 지나치게 부풀려져 있다. 물론 플레밍이 최초로 곰팡이균 페니실리움 노타툼 Penicillium notatum의 포도상구균 용해 현상을 발견하고 이를 연구하기 시작한 것은 분명한 사실이다. 하지만 플레밍은 페니실린을 제대로 추출하지 못해 10여 년 동안 연구에 진척을 보이지 못하고 있었고, 옥스퍼드대학교의 병리학자 하워드 월터 플로리와 생화학자 언스트 보리스 체인이 페니실린으로 생쥐와 인간의 패혈증을 치료할 수 있다는 연구 결과를 발표하고 나서야 큰 주목을 받게 된다. 훗날 이 세 명의 과학자는 함께 노벨상을 받게 되지만, 플레밍은 플로리와 체인의 연구에 거의 기여한 바가 없다.

플로리와 체인, 발견과 치료 사이에서

플레밍의 영웅신화에서 재미있는 사실은 그가 페니실린을 발견하게 된 이유가 그의 게으름과 독특한 성격 그리고 놀라운 행운 덕분이었다는 점이다.[3] 플레밍은 일하던 병원에서 게으르고 지저분한 학자로 유명했다고 한다. 20세기 초반 세균학이 막 발전하던 시기에, 대부분의 연구자는 배양접시를 바로바로 세척하고 치웠지만 플레밍은 실험이 끝난 배양접시를 내버려두기 일쑤였다. 페니실린을 만드는 곰팡이 포자가 우연히 포도상구균 포자에 떨어진 그날도, 플레밍은 실험이 끝난 배양접시를 세척하지 않고 실험실에 내버려둔 채 휴가를 떠났다. 만약 그가 휴가를 가지 않고 열심히 일했더라면 페니실린 발견은 몇십 년 뒤로 미뤄졌을지 모를 일이다. 이후 그는 여러 방면으로 페니실린의 효과를 증명하려 애썼지만, 플로리와 체인이 순도 높은 페니실린을 정제해서 효과를 제대로 증명하기 전까지 그다지 이름을 얻지 못했다.

플레밍이 발견 자체에 만족하는 기초과학자에 가까운 정체성을 지닌 인물이었다면, 플로리와 체인은 페니실린으로 전염병을 비롯한 세균성 질병을 치료하는 것이 목적인 기초의학자의 정체성을 지니고 있었다. 동물실험에는 성공했지만 페니실린을 대량으로 정제하는 것이 불가능하다는 것이 밝혀지자, 이들은 연구에 만족할 수 없었다. 플레밍이 유명해진 이유도 바로 이런 차이 때문이었다. 페니실린의 효과가 언론에 대서특필된 것은 제2차 세계대전에서 병사들의 전염병 치료에 탁월한 효과를 거둘 수 있다는 기대감 때문이었다. 하지만 플로리와 체인은 페니실린의 대량생산이 아직 불가능하다는 이유로 언론과의 인터뷰를 꺼리고 연구에 몰두한 반면, 플레밍은 언론을 호의적으로 대하며 주목받는 것을 즐겼다. 순식간에 플레밍은 페니실린 개발에서 잊힌 최초의 발견자로 유럽 전역에 알려졌고, 그의 페니실린 발견사는 전설로 굳어졌다.

플레밍이 명성을 즐길 무렵, 플로리와 체인은 페니실린의 대규모 생산을 위해 미국의 제약업체들에 지원을 호소했다. 마침 록펠러재단이 연구를 지원하자 둘은 아예 미국으로 건너가 페니실린 연구에 박차를 가했다. 결국 대량생산이 가능하게 된 페니실린은 전장에서 수많은 병사의 목숨을 살렸고, 노벨위원회는 1943년부터 전선에서 사용된 페니실린에 대해 이례적으로 빠르게 1945년 노벨상 시상을 결정한다. 즉 페니실린이 실제로 전장에서 사용된 공로는 플레밍이 아니라 플로리와 체인에게 있다. 심지어 플레밍은 플로리와 체인이 연구에 집중하던 동안 아예 페니실린 연구를 덮어두고 있었다.

뒤보스와 루소, 페니실린의 뒤에서

플레밍과 푸른곰팡이가 만들어낸 페니실린의 영웅담 뒤에는 실제로 항생제 발견과 생산에서 중요한 역할을 했던 과학자들이 있다. 플레밍보다 더 중요한 역할을 했던 그 과학자들은 스포트라이트를 받지 못했고, 과학의 발견을 자극적이고 선정적인 이야기로 만들기 좋아하는 언론의 왜곡으로 인해 실제로 존중받아야 할 과학 현장의 이야기는 억울하게 묻히고 말았다.

르네 뒤보스는 프랑스 파리에서 태어나 미국으로 건너가 러트거스대학교에서 세균학으로 박사학위를 받은 과학자다. 그는 록펠러대학교에서 우연히 세균학자 오즈월드 에이버리를 만나, 훗날 에이버리가 유전물질이 DNA임을 밝히기 위해 사용했던 폐렴구균과 관련된 연구를 함께 수행한다. 이 과정에서 뒤보스는 토양 미생물에서 폐렴구균의 다당류 코팅을 벗기는 물질을 발견하게 되는데, 이 물질이 최초의 항생제인 그라미시딘 Gramicidin 이다. 그리고 바로 이 뒤보스의 연구 결과를 알게 된 플로리와 체인은 자신들의 페니실린 연구에 뒤보스의 연구를 적용해 페니실린 치료제 개발에 성공하게 된다. 뒤보스의 발견에는 노벨상이 주어지지 않았지만 그는 미국 11개 대학에서 명예박사학위를 받았고, 로베르트코흐상을 비롯한 수많은 상을 받으며 세균학계에서 플레밍보다 훨씬 광범위한 영향력을 끼쳤다. 특히 그는 과학적 사회를 건설하는 일에 관심을 가진 과학 지식인이었고, 1969년 환경운동 등에 대한 저술로 퓰리처상을 수상한다.[4]

여성 공학자 마거릿 허친슨 루소도 플레밍의 명성 때문에 잊힌 인물이다. MIT의 최초 여성 화학공학 박사학위자였던 루소는 원래 합성고무 생산법과 전투기용 연료를 증류하는 법을 개발한 인물이다. 그런데 플로리와 체인이 페니실린 대량생산을 위해 미국의 제약회사에 도움을 청했을 때 제약회사 화이자가 이에 응해 루소에게 이 막중한 임무를 맡긴다. 루소는 화이자가 개발한 '딥 탱크 발효 공정'을 응용해 뉴욕 브루클린의 쓰러져가던 얼음 공장을 페니실린 생산 공장으로 탈바꿈시켰다. 루소가 아니었다면 페니실린의 대량생산은 오랫동안 불가능했을 것이고, 만약 그랬다면 제2차 세계대전 중에 페니실린이 사용될 수도 없었을 것이다. 하지만 세 명에게만 수상의 기회를 주는 어리석은 노벨위원회는 루소에게 노벨상을 수여하지 않았다.[5] 이제 더는 플레밍과 같은 영웅 서사가 과학사 전반을 지배하지 않았으면 한다. 위대한 발견과 그 활용은 언제나 수많은 이의 노력으로 가능해진다.

과학에 미친 부자,
매슈 볼턴

과학과 기술이 하나로 뭉뚱그려지지도 않았고 모든 기술이 과학의 응용도 아니지만, 현대 과학과 기술은 그것들의 이론과 실천이 교차하고 상호작용하는 다양한 종류의 '접점들'을 계속 만들어왔다.[1]

_홍성욱, 〈과학과 기술의 상호작용: 지식으로서의 기술과 실천으로서의 과학〉 중에서

과학기술로 사회를 진보시키려던
기업가 집단 만월회

18세기 중반, 영국의 버밍엄이라는 도시에 보름달이 뜨는 밤이면 과학을 중심으로 다양한 주제에 관해 밤새도록 토론을 하던 괴짜들이 있었다. 모임의 이름은 만월회Lunar Society, 당시 영국 사회에서 영향력깨나 있던 사람들로 구성된 이 괴짜 모임에 대한 기록은 거의 남아 있지 않다. 그 탓에 만월회에 대한 연구는 20세기 중반이 되어서야 이루어지기 시작했다. 루나틱lunatic, 즉 괴짜라는 말의 어원이 된 이 모임의 비밀이 드러나면서 영국이 강대국이 된 이유도 밝혀지기 시작했다.

만월회는 1760년 이전의 어느 날, 이래즈머스 다윈과 매슈 볼턴이 만나면서 시작된 것으로 추측된다. 18세기 중반의 영국은 산업혁명이 막 시작된 시기였고, 과학과 기술 그리고 산업에 대한 기대가 충만한 시대였다. 찰스 다윈의 할아버지이기도 한 이래즈머즈 다윈은 의사이자 과학자이며 발명가였고, 볼턴은 금속 제조업과 단추 제조업 등으로 성공한 재벌에 가까운 인물이었다. 하지만 둘의 만남은 사회적 성공을 위한 야망 때문이 아니었다. 둘은 모두 과학을 사랑했고, 과학을 통해 사회의 변화를 꿈꾸었다.

미국 건국의 아버지인 벤저민 프랭클린도 볼턴과 깊은 우정을 나눴다. 이들은 특히 전기가 만들어지는 원리와 이를 이용한 산업에 관심이 많았는데, 이 관심에서 훗날 증기기관에 대한 볼턴의 애정이 비롯된다. 이들이 과학을 중심으로 다양한 주제에 관한 토론을 펼치던 만월회에는 증기기관을 발명한 제임스 와트, 산소를 발견한 화학자 조지프 프리스틀리, 도자기 사업가였던 조사이어 웨지우드 등이 있었다. 구성원들의 면면을 현대의 시선으로 바라봐도 이들이 과학기술을 기반으로 한 사업에 관심이 있었다는 것은 명확하다. 오늘날로 바꿔 말하면, 이들은 테크 스타트업을 꿈꾸는 기업가 집단이었던 셈이다.[2]

근대 과학은 유럽 대륙에서 시작했지만, 18세기 중반 영국과 프랑스의 과학 스타일은 상당히 달랐다. 우선 영국은 과학적 발견과 산업 응용을 딱히 구분하지 않았는데, 만월회는 그런 영국의 분위기를 대표하는 모임이었다. 한편 당시의 프랑스 과학은 추상적이고 이론적인 연구가 주류를 차지하고 있었다. 산업혁명이 영국을 중심으로 일어난 이유가 이런 차이 때문이라고 이야기할 수는 없지만, 영국의 과학 스타일은 확실히 순수과학과는 거리가 멀었다.

그렇다고 해서 영국의 지식인이 모두 사업가와 발명가를 학자로 인정하고 교류한 것은 아니다. 로버트 보일의 실험실에는 '보이지 않는 기술자'들이 이름 없이 연구를 수행하고 있었고, 영국 특유의 자연철학 중심의 지식인 사회는 기술자 및 사업가 들과 학문에 대한 토론을 진행하는 데 익숙하지 않았다. 영국 사회는 계몽주의의 영향과 산업혁명으로 빠르게 변해갔지만, 왕립학회를 중심으로 하는 학자들이 그 빠른 변화를 받아들이는 데는 시간이 걸렸다. 만월회는 왕립학회와 각종 철학자 모임이 포용하지 못했던 기술자와 사업가 들이 과학자와 함께 격의 없이 학술 토론을 경험할 수 있는 거의 유일한 사회적 공간이었다. 그리고 이처럼 신분에 얽매이지 않은 사회적 분위기가 영국을 산업혁명의 주축으로 만든 것인지도 모른다. 스스로 발명가였으며 과학자이기도 했던 벤처 투자자. 아마도 볼턴을 현대적 의미로 각색한다면 그렇게 부를 수 있을 것이다.³

볼턴은 과학자인가

역사가들이 이미 잘 밝혀두었듯이, 볼턴이라는 앤절 투자자 혹은 액셀러레이터가 없었다면, 와트의 증기기관이 영국에 퍼지는 데는 시간이 훨씬 더 오래 걸렸을 것이다. 볼턴은 단지 자금을 지원하는 데 그치지 않고 와트의 증기기관을 기술적으로 개량하고, 판로를 개척하고, 특허를 내고 유지하는 모든 일에 영향을 미쳤다. 영국이 2011년 50파운드 지폐에 이례적으로 와트와 볼턴이라는 두 명의 위인을 함께 새겨넣은 데는 이유가 있다. 볼턴은 와트의 재정적 후원자일 뿐 아니라 과학적·기술적 조언자이기도 했기 때문이다. 볼턴은 단지 돈만 많은 재력가가 아니었다. 이래즈머스 다윈 등의 학자들과 과학에 대해 토론하는 만월회의 일원이었고, 스스로 과학과 발명에 관심이 많은 인물이었다.⁴

   오늘날처럼 과학자라는 직업이 뚜렷하게 자리 잡은 시대에, 18세기 중엽 과학자의 정체성과 모습을 상상한다는 것은 쉽지 않은 일이다. 특히 1830년대까지만 해도 과학자, 즉 'scientist'라는 개념 자체는 그다지 친숙한 것이 아니었다. 1833년 윌리엄 휴월이라는 철학자가 이 표현을 처음 사용했다고 전해지는데, 이 말은 처음에는 과학자 집단의 반발을 사기도 했다. 일부 귀족 과학자들은 자신의 연구를 통해 어떤 이익을 추구하거나 사업을 하는 것을 극도로 꺼렸고, 'scientist'라는 어감에는 과학으로 영리를 추구한다는 의미가 있었기 때문이다.

간략히 말하자면, 볼턴이 살던 18세기 중엽의 영국에서 과학자라는 직업은 기술자나 발명가 혹은 사업가와도 크게 마찰을 빚지 않는 활동을 의미했다. 일부 귀족 출신 과학자를 제외한다면, 당시의 분위기에서 과학은 발명이나 산업과 밀접하게 연관된 지적 활동을 포괄하는 개념이었고, 그런 활동에 종사하고 기여하는 이들은 자신을 과학자로 여겼다. 오늘날처럼 순수하게 과학자라는 직업이 존재하게 된 것은 20세기 들어 나타난 현상이다.[5]

이론과 실천, 과학과 기술, 순수와 응용의 구분을 넘어

과학자의 작업이 발명가나 기술자의 작업과 구분되는 경계는 분명히 있다. 그렇다고 해서 발명가의 작업이 과학자의 작업이 아니라고 단정하기는 어렵다. 오래전부터 과학사학계에서는 과학의 역사를 전문화된 분과 학문인 과학사로 독립시키는 과정에서 과학철학의 구획 문제를 거듭 제기하곤 했다. 예를 들어 과학사라는 분야를 창시했다는 평가를 듣는 알렉상드르 코이레는 과학의 역사를 이론 중심으로 재구성해 기술했는데, 이는 자연철학이 학문의 기준으로 평가되던 당대의 분위기를 반영한 오류였다. 원래는 과학과 비과학을 나누려던 과학철학의 구획 문제는 과학사로 넘어가 과학과 기술, 순수과학과 응용과학 등을 구분하는 문제로 비화되고, 이런 분위기 속에서 현실에서는 뚜렷한 경계가 없는 과학과 기술의 경계가 과학을 다루는 문헌들 속에서는 나타나는 아이러니가 초래됐다.[6]

이론 중심의 분야만을 과학으로 구획한 과학사가들의 실수로 인해, 대중은 과학과 기술 사이에 뚜렷한 경계가 있다고 착각하게 됐다. 예를 들어 과학사가 루퍼트 홀은 제임스 와트를 과학자로 여기지 않았는데, 그의 작업이 이론적인 것이 아니라 실천적인 것이라는 이유 때문이었다. 코이레와 홀의 영향을 받은 토머스 쿤은 이론 중심의 물리학 분야를 주로 다루면서 과학혁명의 구조를 밝히는 책을 저술했고, 그 책이 전 세계에서 베스트셀러가 되면서 과학은 이론 중심적인 학문이라는 이미지가 굳어졌다. 우리가 역사에서 과학자라 불러도 무방할 여러 기술자, 발명가, 사업가 등을 잃게 된 것은 바로 지식인 사회의 오래된 고질병인 이론 중심의 형이상학에 대한 선호 그리고 이를 받아들인 과학철학, 과학사 등의 학문에 기인한 것인지 모른다.

현대 사회에서 과학자를 구별 짓는 가장 뚜렷한 기준은 동료 평가를 거친 학술지에 연구 논문을 실을 수 있느냐일 것이다. 만약 볼턴이 현대를 살아간 과학자였다면 그 또한 이 관문을 통과해야 할 것이다. 하지만 19세기 중엽의 과학계는 지금처럼 학술지를 통한 연구 논문 출판 방식이 완전히 정착되지도 않았고, 과학자라는 직업이 대학 교수나 회사 연구원 등으로 고정된 것도 아니었다. 어떤 과학사가는 만월회 구성원인 웨지우드가 〈철학회보〉에 논문을 제출한 적이 있으므로 과학자이고 볼턴은 그저 과학에 관심이 많았던 사업가라고 구분하지만, 당시 왕립학회 회장이었던 조지프 뱅크는 볼턴 같은 기업가였고 논문도 없었다. 즉 현대의 기준으로 과거의 누군가를 과학자/비과학자로 구분하려면 신중한 분석이 필요하다는 뜻이다.

만월회에 지대한 영향을 미친 벤저민 프랭클린도 제임스 와트와 매슈 볼턴처럼 미국 화폐에 초상화가 새겨져 있다. 프랭클린은 피뢰침을 발명한 것으로 유명하며, 실제로 다양한 연구로 다방면의 과학 분야에 기여했고 수많은 발명품을 만들었다. 프랭클린을 발명가로 부를지 과학자로 부를지는 역사를 과거 시점에서 바라보느냐 아니냐에 따라 달라질 수 있다. 하지만 나는 볼턴과 프랭클린 모두 19세기의 관점으로는 과학자였다고 생각한다. 이론 중심의 과학 분야에 뚜렷한 발자취를 남긴 과학자는 아니었지만, 둘은 과학과 발명 그리고 사업과 사회를 통합적으로 바라본, 어쩌면 지금은 거의 남아 있지 않은 진짜 과학자였는지 모른다.

일제강점기에 '과학데이'를 만들고 이화학연구소를 설립하려던 김용관이 발명학회를 만든 것도 우연은 아닐 것이다.[7] 과학자의 역사에는 산업혁명으로 세상을 바꾼 발명가들의 역사가 들어 있다. 그들은 당당한 과학자였고, 과학을 통해 사회를 변혁하려던 혁명가이기도 했다. 볼턴도 프랭클린도 우리가 아는 과학자의 이미지와는 다르지만, 과학자가 맞다. 그들은 책상에서 지식을 추구하던 자연철학을 경멸하고 현장에서 지식을 찾으려 했으며, 여기에서 멈추지 않고 사회 변화를 꿈꾼 사람들이다.

지금 우리에게는 볼턴처럼 재력이 있으면서 과학에 모험적으로 투자하는 과학자가 없다. 한국 사회의 변화는 바로 그런 부자 과학자에게서 올지도 모른다. 그런 과학자가 보통 과학자가 되는 세상이라면, 더는 과학적 기초의 부재를 걱정하지 않아도 될 것이다.

보이지 않는 기술자

이런 이유로, 나는 테크니션의 모든 경력 구조와 더불어, 강의를 하지 않는 연구 노동자들이 과학 연구관이라는 새로운 집단으로 다루어질 필요가 있다고 생각합니다. 이런 재구성이 말도 안 되는 박봉과 처우를 개선하는 데 큰 도움이 될 것입니다.[1]

_ 마이클 후퍼, 〈테크니션도 과학자입니다〉 중에서

'유전자 제거 생쥐'라는 복권

대학원 재학 시절, 인간유전체계획과 더불어 생쥐 유전학이 유행했다. 광활하게 펼쳐진 유전체 속에서 단 하나의 유전자를 제거한 생쥐, 그 생쥐는 녹아웃 마우스 knock-out mice라 불리며, 생물학자들에게 동경의 대상이 됐다. 유전자 하나만 차지하면 과학자로 성공할 수 있다는 희망에 부푼 유전자 사냥꾼들은 유전자를 선점하기 위해 치열하게 경쟁했다. 유전자 제거 혹은 형질전환 생쥐의 도래야말로 현재 생쥐 유전학이 의생명과학을 독식할 수 있는 기술적 근간이었을 것이다.

지금이야 다양한 생물공학적 기법들이 등장해 유전자가 조작된 생쥐를 만드는 일이 비교적 쉬워졌지만, 한 세대가 길고 다루기 까다로우며 엄청난 자본이 투입되는 생쥐 유전학은 접근이 어렵기로 유명했다. 박사학위 과정을 밟던 시절, 몇몇 실험실에서 유전자를 제거한 생쥐를 직접 만드는 과정을 지켜본 일이 있다. 생쥐 유전학을 전공하던 대학원생들은 우스갯소리로 유전자를 잘 골라야 졸업을 일찍 할 수 있다고 말하곤 했다. 연구실의 연구 주제에 따라 흥미로운 유전자를 골라 제거하는 것이 연구의 목표이던 그들은, 가끔 유전자를 제거해도 아주 멀쩡하게 살아가는 생쥐들의 등장을 슬프게 지켜봐야 했다. 하나의 유전자가 사라진 생쥐에게 아주 흥미로운 표현형이 나타나야만 영향력 지수가 높은 학술지에 논문을 실을 수 있는데, 어떤 유전자는 제거해도 생쥐에게 아무런 영향도 미치지 않는 것처럼 보일 때가 있기 때문이다.

생쥐의 유전자 하나를 선택하고, 그 유전자 하나만 골라 제거하는 데 걸리는 시간은 빨라야 2년, 길면 3~4년이다. 그러니 운 나쁘게 유전자를 두 번 잘못 뽑은 학생은 졸업이 무한정 연기될 수도 있었다. 반면에 기가 막힌 표현형을 보이는 유전자 제거 생쥐를 만든 학생은 몇 편의 논문을 쓰고 미래가 보장된 연구자의 길로 나아가기도 했다. 그러니 유전자 제거 생쥐를 만드는 일의 절반은 운에 가까웠다. 어떤 과학 연구나 마찬가지겠지만, 비싸고 시간도 오래 걸리는 생쥐 유전학은 고위험 고수익의 주식상품에 투자하는 일과 비슷했다. 잘되면 평생 먹고 살 연구 주제가 생기는 것이고, 그렇지 않으면 폭삭 망하는 연구. 어쩌면 주식보다 복권에 더 가까운 게 생쥐 유전학 실험실의 일상이었다.

필살의 기예 그리고 황우석

생쥐의 유전자를 제거하는 과정에는 섬세한 기예와 강한 인내심이 필요하다. 될지 안 될지도 모를 생쥐의 유전자를 클로닝하고, 클로닝한 유전자를 몇 번에 걸쳐 플라스미드라는 동그란 DNA 벡터에 집어넣어야 한다. 이 과정에만 1년이 걸리는 경우도 흔하다. 그렇게 클로닝이 된 플라스미드를 생쥐의 배아세포에 집어넣고, 제대로 유전체가 교정된 배아세포를 골라내는 작업을 해야 한다. 여기까지 오는 데도 시간이 꽤 걸리지만, 분자생물학 실험을 위한 도구와 시약들이 키트 형태로 발전한 덕분에 아무리 손 기술이 좋지 않은 학생이라도 어느 정도의 성공을 보장하는 정도의 수준에 이를 수는 있다.

문제는 그다음이다. 이렇게 성공적으로 유전자를 제거한 배아세포는 암컷 생쥐에 착상시켜야 한다. 바로 이 과정이 전문적인 경험과 기술이 필요한 곳이다. 아무리 유전자를 잘 클로닝해서 유전자 제거 배아세포를 만들었다고 해도 그 세포를 잘 관리해서 암컷 생쥐의 자궁에 착상시키는 일을 망치면 모든 일이 물거품이 된다. 게다가 이 착상 과정이 제대로 되지 않는 경우가 너무 빈번해서, 대부분의 실험실은 착상만을 전문으로 하는 기술자를 쓴다. 아예 회사에 이 과정을 위탁하는 경우도 많다.

내가 속한 생쥐 유전학 실험실에는 지방의 전문대학을 졸업한 기술자 한 명이 있었는데, 그 실험실에서 만들어진 대부분의 유전자 제거 생쥐는 이 기술자가 착상시키고 관리했다. 당시 동료에게 들은 바에 따르면, 신기하게도 학생이나 박사후연구원 누구도 그처럼 높은 확률로 착상을 성공시키지 못했다고 했다. 이 기술자는 언제나 친절하게 학생들을 대했고, 누구보다 실험실의 일원으로서 긍지를 지녔던 것으로 기억한다. 그는 학생들의 실험 결과에 함께 웃고 함께 울었으며 학생들의 생쥐가 잘 만들어지고 잘 자라도록 언제나 뒤에서 힘썼다. 내가 아는 모든 동료가 그의 존재 가치를 알고 있었고, 그가 없으면 유전자 제거 생쥐를 만드는 일이 몇 배는 힘들 것이라고 생각했다. 하지만 이후 다른 대학으로 실험실을 옮긴 생쥐 유전학 실험실 교수는 그를 데려가지 않았다. 그리고 새로운 유전자 제거 생쥐를 만들지 못해 몇 년 동안 크게 고생했다고 전해 들었다. 기술의 경험은 축적된다. 그리고 그 축적을 무시하는 사회는 결코 발전할 수 없다.[2]

2005년 황우석은 형질전환된 소나 돼지의 난자를 자기 손으로 착상시키는 과정을 미디어로 내보내곤 했다. 그가 팔 전체를 암소의 자궁까지 넣는 사진은 한국 국민이라면 누구나 기억하는 황우석의 이미지 중 하나였고, 그는 이 과정을 자신이 직접 수행한다고 자랑하곤 했다. 그리고 그는 종종 세미나에서 자신의 여성 대학원생 중 한 명이 유전자를 난자에 주입하는 방식을 개량해서 성공률을 높였다고 자랑했으며, 이것이 쇠젓가락을 쓰는 한국인 특유의 손재주 덕분이라고 덧붙였다. 그렇게 그는 역설적으로 과학에 기술적인 요소가 얼마나 중요한지를 한국 사회에 알렸고, 이를 애국심과 연결지어 자신의 연구를 홍보했다.

실험실의 기술자들

1989년, 과학사가 스티븐 셰이핀은 〈보이지 않는 기술자들〉이라는 논문을 통해 위대한 과학자 로버트 보일의 실험실을 가득 채웠던 노동자들을 조명했다.[3] 보일의 진공관을 만들고 개량하고 유지한 사람들은 따로 있었고, 보일은 그들에게 명령만 내린 게 아니라 그들의 판단력에 의지해야만 했다. 즉 실험실의 주인은 보일이었지만 보일이 발견한 법칙들의 주인은 여러 명이었다. 하지만 과학사는 그들 대부분의 이름을 역사에서 지우고 '보일의 법칙'이라는 이름으로 피라미드 꼭대기의 과학자 한 명만을 기억한다.

이런 상황은 현대에도 지속되고 있다. 현대의 생물학 실험실은 연구실을 책임지는 연구책임자인 과학자 한 명과 한두 명의 기술자 혹은 테크니션(테크니션이라는 명칭은 20세기에 들어와 생긴다) 그리고 박사후연구원과 대학원생 등으로 구성된다. 이들이 논문을 출판하면 과학자, 박사후연구원, 대학원생의 이름은 등재되지만, 테크니션의 이름은 논문에 등재되지 않는 것이 보통이다(물론 이건 철저히 논문 교신저자의 몫이다. 필자가 연구했던 미국의 실험실은 테크니션의 기여를 항상 논문에 기재했다). 실험을 디자인하고 수행하고 논문으로 출판하는 과정이 과학이라는 학문의 필수적인 요소라고 할 때, 테크니션은 분명 실험을 수행하는 부분에만 관여하는 것이 맞다. 하지만 어떤 실험은 테크니션의 경험과 아이디어가 없으면 아예 불가능하기도 하다. 하지만 과학자들은 과학자와 테크니션의 경계를 꽤 분명히 나누고 있으며, 이들에 대한 감사는 비공식적인 자리 등에서나 표현하는 것이 일반적이다.

과학계의 이런 관행은 노벨상 수상자 선정 과정에서 극단적으로 드러난다. 왜냐하면 노벨위원회의 수상자 선정 방식에서는 어떤 발견을 가능케 한 기술자의 공헌을 평가할 방법이 존재하지 않기 때문이다. 노벨위원회는 과학 논문을 기준으로 그 영향력과 기여도를 평가하며, 과학계의 오랜 관행 속에서 기술자들은 논문에서 제외되어왔다.

현대 생물학 실험실은 기술직 혹은 테크니션이라 불리는 직업군이 없으면 기능할 수조차 없다. 하지만 역사 속에서도, 그리고 지금도 과학자들은 그들을 조수 혹은 실험 도구와 같은 대체 가능한 존재로 치부하곤 한다. 과학의 역사에 숨어 있는 보이지 않는 기술자들 혹은 과학자로 훈련받았지만 기술자의 삶에 더 천착했던 인물들, 어쩌면 우리는 그들의 이름과 업적 속에서 누구도 가르쳐주지 않았던 과학의 이면을 더 자세히 들여다볼 수 있을지 모른다.

역사에서 사라진 테크니션

로버트 보일의 실험실에는 수많은 테크니션이 상주하고 있었다. 그들 중 일부는 역사에 이름이 남기기도 했지만('세포cell'라는 용어를 처음으로 사용한 로버트 훅도 보일의 조수 혹은 제자였다) 테크니션들의 역할은 역사에 거의 기록되지 않았다. 보일이 살던 17세기 영국은 왕정국가였으며 왕, 귀족, 평민으로 이어지는 엄격한 위계가 존재하던 사회였다. 테크니션의 역할이 보일이라는 과학자 한 명의 영광을 위해 희생되는 원리는 당시 영국 사회를 지배하던 권위주의에 기대고 있다. 실험실이라는 독립된 공간이 사회의 변화와 상관 없이 운영될 수 있다고 생각하는 것은 망상이다. 한 사회의 민주화가 진행될수록 실험실도 민주적인 구조로 변화할 수밖에 없기 때문이다. 당시 영국에는 여전히 노예제가 존재하고 있었고, 보일과 테크니션의 관계는 영국에 널리 퍼진 주종관계에서 크게 벗어나지 않았다. 만약 조선시대에 실험실이 생겼더라도 마찬가지였을 것이다.

보일의 실험실이 영국 사회를 반영하기 때문이라는 이유 외에도, 서구 사회에 너무나 광범위하게 퍼져 있던 지식 생산에 대한 선입견을 무시할 수 없다. 고대부터 현대까지 서구 사회의 지식 생산 모델은 예술, 인문학, 과학을 가리지 않고 고독한 지식인 개인이 영감을 통해 혹은 현실과 마주하며 무언가를 만드는 이미지다. 서구 사회에 과학과 과학자라는 직업이 처음 등장했을 때, 이런 전통과 문화가 과학과 과학자의 이미지에 영향을 미치지 않았다고 생각하기는 힘들다. 갈릴레오, 뉴턴, 케플러, 보일로 이어지는 과학자의 계보가 모두 과학자 개인의 영웅적 행보를 그리는 이유에는 서구 사회의 지적 전통이 녹아 있다.

17세기 영국 사회에서는 과학이라는 학문이 서서히 깨어나고 있었지만, 여전히 신사들의 지식 활동은 자연철학에 매몰되어 있었다. 이 자연철학이라는 활동은 책을 읽고 서신을 교환하고 책을 쓰는 책상 위에서 벌어지는 작업이었다. 결국 학문을 추구하는 영국 신사 대부분은 책과 펜 이외의 물건에는 손을 대지 않는 학자군이었고, 이런 분위기에서 직접 화학물질을 만지고 기계를 조립해야 하는 활동은 낯선 무엇이었다. 보일이 직접 실험을 수행하면서도 손으로 하는 대부분의 일은 마치 테크니션들이 모두 한 것인 양 기록한 이유도 여기에 있다. 손에 기름을 묻히는 활동은 신사의 일이 아니었다. 신사이면서 과학자이기 위해 내놓을 수 있는 절충안은 보일 자신은 두뇌가 되어, 손이 될 테크니션들을 고용하는 방법뿐이었던 것이다.[4]

테크니션에서 '과학 연구관'으로

과학 분야마다 다르지만, 테크니션의 존재는 연구에 필수불가결하다. 과거에는 대학을 졸업하지 않은 테크니션도 많았지만, 이제 대부분의 과학 분야에서 테크니션은 제대로 된 과학자로 교육받은 이들로 구성된다. 지난 수십 년간 대학이 학위 공장을 운영하며 박사학위자를 지나치게 많이 배출한 탓에, 실험실의 우두머리인 교수가 되는 사람은 박사학위자의 5퍼센트도 안 되는 소수에 불과하다. 나머지 박사학위자들은 분야를 바꾸어 산업체에 취직하거나, 대학에 남기 위해서는 테크니션이라는 직업적 선택을 해야만 한다. 즉 이제 테크니션도 상당수는 박사학위자이다.

박사학위란 기본적으로 어떤 학생을 과학자로 교육하는 커리큘럼의 총체다. 만약 누군가가 박사학위를 받았다면, 최소한 이 사람을 과학자로 부르기에 주저할 필요는 없다는 뜻이다. 그런 사람들 중 대부분이 이제 테크니션이라는 직업적 선택을 해야 한다. 이 말은 지금까지 아주 당연한 듯이 과학자 사회를 지배해왔던 과학자-테크니션의 이분법이 깨지고 있다는 뜻이다. 테크니션의 대다수가 과학자로 훈련받았고, 과학자로 연구할 수 있는 능력을 갖춘 시대가 왔다. 하지만 우리는 여전히 보일의 실험실처럼 과학자는 실험실에 단 한 명뿐이어야 한다는 전근대적인 사고방식에 갇혀 있다.

참정권을 얻으려 했던 계급은 모두 사회의 상식과 싸워야 했다. 그리고 기득권을 지키려던 이들은 그 상식을 보호하려 했다. 테크니션이라는 직책은 17세기의 산물이다. 가장 진보적인 지식 추구 활동 집단인 과학계에서 여전히 그런 전근대적인 제도를 신봉한다는 것이 아이러니처럼 보일 수 있다. 하지만 과학자들은 스스로 과학을 지탱하는 제도를 만들어본 적이 없다. 과학은 국가가 통제해왔기 때문이다. 테크니션, 보이지 않는 기술자들의 문제에서 권력관계로 얼룩진 대학원생 문제까지, 과학계가 맞닥뜨려야 하는 모순들은 대부분 바로 민주주의에 관한 문제들이다. 만약 과학자라 민주주의에 대해서는 잘 모르겠다는 사람이 있다면, 그 사람에게는 과학자라는 지위를 주어서는 안 된다. 여전히 여성의 참정권을 부정하는 자를 시민이라 부르면 안 되는 것처럼.

  1963년 요크대학교의 생물학 관련 테크니션이었던 마이클 후퍼는 〈테크니션도 과학자입니다〉라는 제목의 짤막한 글을 〈뉴사이언티스트〉에 실으며 '과학 연구관scientific officer'이라는 새로운 직책을 제안했다. 때로는 명칭이 우리의 관념을 지배한다. 민중의 지팡이인 경찰을 경찰관police officer이라고 부르듯, 이제 기술자, 테크니션, 연구원 따위의 권력관계가 내포된 단어들을 대체할 때가 됐다. 실험실 테크니션의 문제는 한국 과학기술계의 큰 난제이기도 하다. 이들 대부분이 비정규직이며 제대로 된 대우를 받지 못하고 있기 때문이다. 특히 이런 푸대접은 실험실의 효율성에도 영향을 미칠 수밖에 없다. 테크니션이 아닌 과학 연구관, 아마 그들에 대한 존중이 한국 과학에 새로운 바람을 불러일으킬 것이다. 그렇지 않으면, 한국 과학계에 미래는 없다.[5]

기록될 수 없는 역사,
테크니션의 과학적 활동

실험실이 과학의 역사에 등장하고 난 후, 테크니션이라는 직업은 곧 실험실의 필수적인 직위가 되었다. 17세기 이후 실험실의 전통을 따라 실험실 테크니션은 대부분 과학자의 개인 조수 자격으로 고용되었다. 이런 전통은 20세기 초반까지 그대로 이어지며, 영국에서는 테크니션을 '실험실 아이들lab boys'로 부르기도 했다. 테크니션이라는 직업이 전문화된 것은 제2차 세계대전 이후였다.[6]

실험실 테크니션은 역사학적 연구가 어려운 집단이다. 대부분 테크니션은 역사학자가 연구할 수 있는 기록을 남기지 않기 때문이다. 그들은 실험실에서 과학자의 연구를 보조하거나 실험실이 운영될 수 있도록 다양한 일을 하지만, 과학계의 역사로 남는 작업들이란 결국 논문이나 교과서 혹은 연구실 노트 등의 기록들이다. 과학계가 연구 결과에 주는 상들도 대부분 논문에 주어지기 때문에, 테크니션은 과학사에 기록될 수 있는 증거를 거의 남기지 못한다. 설사 그들의 이름이 논문 어디엔가 기록되었다 해도, 논문에 기록된 연구를 주도하고, 연구비를 수주하고, 논문을 쓰고, 연구에 대한 기여를 결정하는 것은 실험실의 주인인 과학자가 된다. 과학의 역사를 기록하는 자들은 과학자였고, 따라서 역사의 주인도 마치 그들인 것처럼 기록되어온 셈이다.

이는 조선의 역사가 왕조사로 기록되어 있는 양상과 비슷하다. 조선시대뿐 아니라, 왕조가 등장한 이후의 기록된 역사는 대부분

왕조가 이룩한 일들에 대한 기록이다. 조선시대에 왕족과 귀족계급만 살았던 건 아니다. 조선이라는 국가체제를 이루는 대다수의 사람은 평범한 민중이었고, 왕족과 귀족은 이들을 다스리는 특권층에 불과했다. 역사는 가진 자의 입장, 지배층 중심으로 기록되어왔고, 영웅과 지도자의 역할을 강조하는 방식으로 서술되어 있다. 이는 현대의 역사학자가 참고하는 기록이라는 것이 대부분 문자기록에 한정되어 있기 때문이다. 오랜 세월 지배층은 문자를 독점했고, 그 문자로 남긴 기록 대부분은 당연히 지배층의 것이었다. 역사가 기록하는 자의 것이라는 말은 이런 의미에서다.

물론 지배층의 입장에서 바라본 피지배층의 역사도 기록되어 있다. 역사책은 조선시대 일어난 수많은 민중 봉기를 난동, 소요, 반란 등으로 기록하고 있다. 민중이 단지 지배층이 통치하는 대상이 아니라 분명히 역사 속에 살아 있었던 주체로 그려지는 유일한 예외는, 그들이 지배층에 항거하여 집단으로 봉기했을 때뿐이다. 우리 역사뿐 아니라 전 세계의 역사에서 보편적으로 등장하는 이 피지배층의 역동적인 역사는 바로 그 집단적 항거 이외에는 기록으로 남지 못했다. 하지만 우리는 화려한 왕궁에 속한 지배층의 역사뿐 아니라, 이들과 상호작용하며 역사를 움직여나갔던 민중의 존재 또한 그려야만 한다. 실험실의 테크니션은 과학사에서 민중과 비슷한 위치에 놓여 있다.

암묵지, 실험실의 비밀

실험실 생활을 경험해본 연구자는 교과서에서 배운 지식들이 얼마나 힘들게 얻은 결과물인지를 몸으로 체험하게 된다. 또한 동시에 교과서적 지식이 얼마나 쓸모없는지도 경험하게 된다. 실험실은 교과서에 나와 있는 축적된 과학적 발견을 시험하고, 새로운 발견을 만들어내는 공간이다. 이미 누군가 잘 정리해놓은 실험 결과를 되풀이하는 초중고등학교 실험실은 그런 의미에서 실험실이라 불릴 자격이 없다. 아무도 도전해보지 않은 문제를 해결하려 시도하는 연구자들이 모인 공간에서, 교과서적 지식은 참고용일 뿐 실천적 지식이 될 수 없다. 실험실은 매일매일 새로운 지식이 시험되고 사장되며 태어나는 공간이기 때문이다.

실험실에서 공유되는 지식이 항상 기록으로 남는 것은 아니다. 기록매체가 크게 발달한 현대에는 영상이나 소셜네트워크에 실험실의 일상이 다양한 형태로 기록되어 있을지 모르지만, 여전히 실험에 필요한 경험적 지식 모두가 기록되는 건 아니다. 실험실에서 공유되고 전승되는 지식의 형태는 크게 둘로 나뉜다. 하나는 명시지라 불리는, 논문이나 매뉴얼 혹은 연구계획서처럼 문자화된 지식들의 체계다. 현대적인 실험실에서는 과학자든 테크니션이든 이러한 명시지의 전승과 생산에 모두 관여하고 있다. 이제 더이상 현대 실험실은 17세기 보일의 실험실처럼 기록을 남기는 과학자와 실험을 수행하는 테크니션으로 구분되지 않는다. 21세기의 실험실에서는 모두가 기록을 남긴다. 따라서 실험실의 역사를 연구하는 22세기의 과학사가들은 새로운 과학사관을 추구하게 될지도 모를 일이다.

실험실을 구성하는 또 다른 형태의 지식체계를 암묵지라 부른다. 그 실험실에만 있는 기계를 다루는 방법, 해당 실험실이 주로 수행하는 실험 방법의 자세한 경험칙 등은 기록에 남긴 하지만 실제로 수행해보기 전까지는 알 수 없는 지식체계다. 암묵지는 과학철학자 마이클 폴라니에 의해 정교화된 개념으로, 실제로 과학 현장에서 폴라니가 경험한 사례들로부터 구성되었다. 폴라니에 따르면, 암묵지란 '개인적 관심사나 상황 중심적인 지식으로 공식화하거나 전달하기 곤란한 지식'을 의미한다. 폴라니는 말로 표현하기 힘든 몸에 밴 습관 혹은 사회에 일상적으로 적용되는 상식 등을 암묵지의 예로 들었다. 더 쉬운 예는 자전거 타기를 배울 때 우리 모두가 경험한다. 자전거를 책으로만 배울 수 있는 사람은 없다. 자전거 타기에서 가장 핵심적인 과정은 직접 자전거를 운전하며 몸이 자전거가 앞으로 나가는 방식을 경험하게 하는 것뿐이다. 이렇게 우리 몸에 습득된 자전거 타기 능력이 바로 암묵지의 대표적인 사례다. 바로 이 암묵지의 반대편에 있는 지식을 폴라니는 명시지라 불렀고 '구체적이거나 성문화된 것으로 공식적이고 체계적인 언어로 전달 가능한 지식'으로 정의했다.⁷

실험실의 문화를 지키는 사람들

실험실에서 암묵지는 얼마나 중요한 역할을 하고 있을까? 이에 대한 가장 결정적인 대답은 과학자를 상대로 설문조사를 수행해 보면 알 수 있다. 테크니션 없이 혹은 테크니션들이 수행하는 역할 없이 실험실을 운영할 수 있는가? 과학자는 분명 테크니션의 역할을 수행할 수 있는 능력을 지니고 있다. 하지만 과학자 혼자 테크니션의 작업과 과학자의 작업 모두를 수행한다면, 과학 지식을 생산하는 데 걸리는 시간은 몇 배로 늘어날 수밖에 없다. 과학자가 실험실을 운영하면서 테크니션과 분업을 시작하는 이유는 논문을 쓰고 실험을 디자인하고 연구계획서를 통해 연구비를 수주하고 연구를 외부에 발표하는 따위의 형식지에 관련된 일들이 그 자체로 과중하기 때문이다. 하지만 대부분의 과학자는 훈련 초기에 다른 과학자에 소속된 테크니션으로 연구를 시작한다. 따라서 과학자가 실험실을 운영하게 되면, 자신의 암묵지를 충실히 수행할 수 있는 또 다른 테크니션의 존재는 필수적이다. 그렇게 형식지와 암묵지 모두를 전승받은 테크니션 중 일부는 과학자가 되고, 일부는 테크니션으로 남게 되는 구조, 그게 현대적 실험실의 운영 방식이다.

오래된 기업의 경우, 특히 이런 암묵지의 전승과 교환이 조직의 발전에 필수적인 경우가 많다. 좋은 기업일수록 조직 구성원들 중 오랫동안 업무를 경험하면서 암묵지를 축적한 숙련자들이 많고, 이들이 보유한 암묵지가 명시지로 전환되는 과정은 조직의 전통과 역사를 이어가는 중심이 된다. 이들 숙련자들은 작업 장비나 작업 도구로 일을 하는 동안 암묵지의 형태로 일에 관여하고, 이를 거의 의식하지 않는다. 이처럼 몸에 체화된 암묵지는 오랜 전승 기간을 통해서만 경험의 형태로 이어질 수 있고, 때로는 기업의 성공과 실패를 좌우하는 기준이 된다.

기업의 숙련자들과 실험실의 테크니션은 비슷한 기능을 수행하는 직업군이다. 이들이 지닌 암묵지가 어떻게 운용되느냐에 따라 기업과 실험실의 운명도 달라진다. 이는 암묵지가 지닌 독특한 특성을 보면 쉽게 이해할 수 있다. 첫째, 암묵지는 겉으로 잘 드러나지 않지만 수많은 시행착오와 실제 연습을 통해 축적된다. 따라서 실험실이 성공적으로 과학 지식을 생산하기 위해서는, 이런 숙련에 대한 존중이 필수적이다. 둘째, 암묵지는 반드시 숙련자와의 접촉을 통해서만 전수되고 학습될 수 있다. 훌륭한 테크니션이 없으면 실험실의 중요한 기예는 과학자에게 아예 전수될 수조차 없다. 셋째, 암묵지는 강의나 독서 등의 학습 방법만으로는 제대로 전달될 수 없다. 전 존재적 또는 전 신체적으로, 즉 온몸으로 배워야만 한다. 요리를 배우는 방식을 상상하면 이해하기 쉽다. 요리책만 읽어서는 훌륭한 요리사가 될 수 없다. 마지막으로 암묵지는 숙련자와의 일대일 학습만이 아니라, 숙련자와 다양한 경험자들 간의 상호학습을 통해 강화되는 공동체적 성격을 지닌다. 즉 암묵지의 성공적인 전승과 운용에는 기업 혹은 실험실의 공동체적 문화가 필수적이다.[8]

실험실의 문화에서 테크니션의 암묵지와 그 전승은 필수적이다. 하지만 역사가 민중사로만 이루어질 수 없듯이, 실험실도 테크니션만으로는 과학 지식을 생산할 수 없다. 과학자와 테크니션의 조화로운 관계야말로 현대 실험실의 성공 조건이다. 역사학자 최완기는 민중사와 왕조사의 균형적인 서술을 강조한 적이 있다. 과학사도 그런 균형을 고민해야 할 때다.

15

프라운호퍼와
한국 기술자의 몰락

그는 우리를 별에 더 가깝게 이끌었다.

_ 요제프 폰 프라운호퍼의 묘비명

프라운호퍼의 유산과 한국 연구회의 실패

요제프 폰 프라운호퍼는 1787년 독일에서 유리 직공인 아버지가 낳은 11명의 자식 가운데 막내로 태어났다. 12세가 되던 해에 부모가 사망하자 그는 후견인에 의해 뮌헨에 있는 유리 장인 문하로 들어가야 했다. 17세 되던 해인 1801년, 그가 일하던 작업장이 무너졌고 프라운호퍼는 잔해에 깔렸다. 어린 소년을 구조하는 작업은 대대적으로 보도되었고, 프라운호퍼는 한 귀족에게 하사금을 받게 된다. 그는 이 돈으로 유리 세공을 연습하기 위한 기계를 구입하고 광학 관련 책들을 사서 읽었다. 광학 공부에 수학이 필요하다는 사실을 알게 되자, 수학도 공부하기 시작한다.

작업장 사고로 유명해진 그는 유력한 기업가였던 요제프 우츠슈나이더의 도움으로 유명한 광학 유리 작업장의 경리가 되었다. 이후 공 모양의 유리를 정밀하게 깎는 기계를 발명하고 광학기계에 사용되는 고급 유리 제작에 획기적인 방법을 도입하는 등 뛰어난 유리와 렌즈 제작자로 명성을 날리게 된다. 프라운호퍼의 광학기기 덕에 놀라울 정도로 초정밀하게 태양 스펙트럼을 관찰할 수 있었고, 그는 태양 스펙트럼에 324개의 검은 선이 있다는 것을 밝히기도 했다. 이 선에는 '프라운호퍼 선'이라는 이름이 붙었다. 그의 기여로 별에서 오는 빛을 분광학적으로 분석하는 일이 가능해졌기에 그는 1822년 명예박사학위를, 1823년에는 교수 직위를, 1824년에는 기사 작위까지 받게 된다. 기사 작위를 받고 2년이 지난 후인 1826년 프라운호퍼는 사망했고, 그의 무덤엔 "그는 우

프라운호퍼의 묘비에는 그의 업적을 기리는 망원경이 그려져 있다.
© Michael.chlistalla

리를 별에 더 가깝게 이끌었다"고 적혀 있다.

  흔히 독일의 과학기술 하면 막스플랑크연구회를 떠올리곤 한다. 막스플랑크연구회는 분명 독일 과학기술의 자랑이며, 독일이 미국과 중국에 이어 과학기술 경쟁력 3위를 유지할 수 있게 하는 비밀이다. 미국이 국책 연구소보다 민간 연구소와 연구 중심 대학을 중심으로 과학기술 경쟁력을 일구어냈다면, 독일은 철저하게 국책 연구소 중심으로 현재의 과학기술 경쟁력을 이루어낸 국가다. 한국 또한 박정희 시대 국가 주도의 과학기술 정책을 통해 '정부 출연 연구소'(이하 정출연)를 중심으로 과학기술 생태계가 시작된 국가이기에, 독일의 모델은 박정희 시대 이후 한국의 과학기술 정책에 큰 영향을 미쳤다. 그 결과가 현재 한국 과학기술 생태계에서 큰 비중을 차지하고 있는 정출연과 이 연구소들을 총괄하는 국가과학기술연구회NST의 존재다.

1960년대부터 활발하게 한국 과학기술을 이끌던 정출연은 1990년대 들어서면서 민간 기업 연구소와 막 시작된 대학 연구소들에 비해 연구 생산성에서 밀리기 시작한다. 독일의 '연구회' 모델은 바로 이 시기에 도입되었다. 도입 초기엔 기초기술연구회, 공공기술연구회, 산업기술연구회 등 세 개로 출발한 연구회 모델은 정권이 바뀔 때마다 소속 부처와 형태가 변하면서 현재 과학기술정보통신부 산하의 국가과학기술연구회와 국무총리실 산하의 경제인문사회연구회로 나뉘게 되었다. 하지만 30년 넘는 세월이 흐른 지금, 한국의 연구회 제도가 성공적으로 정착했다고 평가하는 사람은 아무도 없다. 억지로 독일식 제도를 가져온 결과 때문인데, 한국 정출연은 정권이 바뀔 때마다 개혁을 가장 먼저 요구받는 천덕꾸러기가 되었다.

독일의 프라운호퍼연구회는 1949년 설립되었고, 설립 당시부터 철저히 실생활에 응용 가능한 기술 개발을 목표로 삼았다. 우리가 매일 컴퓨터나 스마트폰으로 음악을 듣는 MP3 파일을 만든 곳이 프라운호퍼연구회이다. 따라서 창의적인 기초 연구에 치중하는 막스플랑크연구회와 프라운호퍼연구회의 운영 방식과 철학 그리고 비전은 모두 다르다. 프라운호퍼연구회가 막스플랑크연구회와 가장 큰 차이를 보이는 지점은 바로 재정 충당 방식이다. 단적으로 말해 프라운호퍼연구회는 민간 기업이나 정부 등으로부터 연구용역을 받아 그 용역 계약으로부터 연구비의 약 60~70퍼센트를 충당한다. 나머지 30~40퍼센트의 연구비는 공공 분야의 지원금에서 나온다.

  2020년 기준으로 우리나라 25개 정출연의 정부 출연금 비중은 약 40퍼센트를 겨우 넘는 수준이다.[1] 그 비중 역시 정출연마다 천양지차다. 한국전자통신연구원처럼 민간 수탁으로 자체 연구비의 상당 부분을 충당하는 조직도 있지만, 항공우주연구원처럼 88퍼센트 정도의 연구비를 정부 출연금으로 받는 기관도 있다.[2] 한국 과학기술 정책에 대한 개혁을 논의할 때 항상 거론되는 것이 바로 연구과제중심제도PBS다. PBS란 1995년 정출연의 인력과 인건비 문제를 해결하고 선의의 경쟁을 통한 연구 역량 강화, 연구 책임자의 권한 강화, 예산집행 투명성 강화를 취지로 도입되었다. 문제는 프라운호퍼 방식을 어설프게 도입한 이 PBS로 인해 언젠가부터 정출연의 연구원들은 연구에 몰두하기보다 외부 과제를 수주하기 위해 더 바쁘게 노력하게 되었다는 점이다.

  한번 잘못 시행된 정책은 되돌리기 어렵다. PBS에 길든 정부 관료와 정출연의 연구원들은, 이제 서로 상대 탓을 하며 날 선 공방만 되풀이하고 있다. 연구 현장에선 당장 PBS를 폐지해야 한다고 아우성이고, 관료들은 정출연의 연구 성과가 형편없다며, 그 거대한 정출연의 덩치를 줄이거나 개혁해야 한다고 윽박지른다. 그 와중에 희생당하는 것은 한국의 과학기술 경쟁력이다. 지난 10여 년 동안 한국의 연구개발비는 큰 폭으로 상승했고 이에 따라 과학 경쟁력은 세계 3위를 기록한 적도 있지만, 한국의 기술 경쟁력은 제자리걸음만 계속하다가 크게 하락하는 추세다.³ 정출연이 한국에 어울리지 않는 PBS라는 제도의 옷을 입고 헤맨 지난 세월 동안, 한국의 공공 부문 과학기술 경쟁력은 끊임없이 추락하고 있었다 (2025년 이재명 정부는 PBS 제도의 단계적 폐지를 추진하고 있다).

한국의 프라운호퍼를 원한다면

기술경영학자 정선양은 독일의 프라운호퍼식 모델을 제대로 한국에 도입해야 한다고 주장한다.⁴ 그가 프라운호퍼연구회의 성공 요인으로 꼽은 다섯 가지 특징은, 왜 한국식 연구회 제도가 제대로 자리 잡지 못하고 헤매는지를 고스란히 드러낸다. 프라운호퍼연구회의 첫 번째 성공 요인은 '연구회의 리더십'이다. 연구회 총재의 임기는 보통 9~10년. 오랫동안 연구회를 이끌고, 연임이 가능하다. 연구소 소장들 또한 보통 5년 이상 근무하며 연임에 제한이 없다. 더욱 중요한 점은 해당 분야에서 오랜 기간 인정받아 모두에게 존경받는 엔지니어를 총재와 소장에 임명함으로써, 이들이 연구회와 연구소를 여러 정치적 입김으로부터 보호하게끔 한다는 점이다. 즉 독일의 연구회 제도는 (막스플랑크연구회와 프라운호퍼연구회 모두) 철저한 실력주의와 자율성에 기대고 있다. 3년마다 연구소장이 바뀌고, 정권이 바뀔 때마다 연구회 총재가 낙하산으로 임명되는 한국에서 독일식 연구회 제도는 꿈도 꿀 수 없다.

프라운호퍼연구회의 가장 큰 성공 원인은 연구회가 가진 독특한 문화에 있다. 분야를 막론하고 프라운호퍼연구회의 연구소들은 재정을 정부에만 의존하지 않으며, 연구원들에게 기업가적 정신을 강조한다. 비록 프라운호퍼연구회가 공공 연구기관이라는 특징을 지니고 있지만, 이들의 역할은 독일 사회, 특히 중소기업을 돕는 것이라는 점에서 민간의 특징을 보유하게 되는 셈이다. 민간 기업의 수탁을 통해 연구를 수행하게 되면 민간 기업의 수월성 문화가 조직에 스며들 수밖에 없다. 기술은 시장에서 평가되며, 시장에서 인정받는 기술만이 살아남기 때문이다. 한국 정출연들이 수많은 세금으로 내놓는 특허 대부분이 장롱 특허인 것과 대비될 수밖에 없는 이유가 바로 여기에 있다.

한국에 프라운호퍼 같은 공공 연구기관이 생기길 원한다면, 한국의 25개 정출연 모두 프라운호퍼가 될 수 없다는 현실부터 인정해야 한다. 현재 한국 정출연 각각은 기초 연구와 응용 연구 그리고 공공 연구가 혼재되어 있는 상황이고, 이런 복잡한 사정들을 고려하지 않은 채 모든 정출연에 민간 수탁 과제를 늘리라고 주문하는 것은 불가능한 일이다. 만약 정부가 정출연 개혁을 원한다면 정출연을 그 임무에 따라 다시 기초/공공/응용으로 나누고, 연구회 각각의 목표와 재정 충당 방식을 재조정해야 한다. 25개 정출연은 동질적인 조직이 결코 아니다. 지난 정권처럼 정출연을 동질적인 조직으로 착각하고 일괄적인 정책을 혁신이라는 이름으로 강행한다면, 한국의 공공기관 과학기술 경쟁력은 다시는 회복하지 못할 타격을 받게 될 것이다.

장인을 존중하는 문화의 회복

독일이 프라운호퍼의 이름을 따서 연구회를 만든 이유는, 유리 제작 장인으로 시작해서 첨단기술을 만들어낸 프라운호퍼의 인생이 바로 프라운호퍼연구회의 목표와 일치하기 때문이었다. 기초과학을 위한 연구소의 운영 방식과 응용과학을 위한 연구소의 운영 방식이 같을 수는 없다. 그것이 철저히 정부의 재정에 의존하는 막스플랑크연구회와 민간 수탁을 통해 세계적 경쟁력을 획득한 프라운호퍼연구회가 다른 이유다. 그리고 무엇보다 중요한 것은 독일이 프라운호퍼와 같은 장인들을 존중하는 문화를 가지고 있다는 점이다.

프라운호퍼가 공방에서 경력을 시작했듯이, 과학기술에 필요한 기술은 공방에서 시작되는 경우가 많다. 과학사가 최형섭은 이렇게 말한다.

과학기술자들의 공부는 책상머리에서만 이루어지는 것이 아니다. 근대 이후 세계 과학자들이 이룬 성취는 책상머리가 아니라 실험실과 공방에서 나왔다. 1862년에 설립된 미국 매사추세츠공대의 모토는 '마음과 손Mens et Manus'이다. 이론과 실기를 동시에 추구해야 한다는 믿음을 보여준다. 좋은 과학자 또는 공학자가 되기 위해서는 머리로 생각해낸 물건을 손을 움직여 구현해낼 수 있는 능력을 갖춰야 한다. 하지만 과학자가 직접 하기 어려운 작업을 도와주는 전문가들도 있다. 그들의 '손으로 하는 공부'는 한국 과학기술의 발전을

보이지 않게 뒷받침했다.[5]

그가 찾아간 대전 유성구 궁동의 '동명이화학'이라는 공방은 김종득과 김진웅이라는 과학 실험용 초자硝子 가공 장인들의 일터다. 이들은 과학실험에 사용하는 유리(초자)를 가공한다. 1960년대 후반 연구소들이 생겨나면서 초자 가공 장인들이 기능직으로 연구소에 입성했다. 한국과학기술연구원KIST, 원자력연구소, 표준연구소, 고려대학교 등의 초기 연구소들은 바로 이 초자 가공인들의 능력이 없으면 연구를 수행할 수조차 없었다. 섭씨 1200도 이상의 불꽃을 다루는 이들 초자 장인은 이제 사라져가고 있다.[6] 초자 장인이 필요 없어진 상황 때문이기도 하지만, 더 슬픈 것은 한국의 과학기술자 사회가 이들을 중요한 과학기술 생태계의 일원으로 그다지 여기지 않는다는 사실이다.

바로 그런 이유 때문에, 한국 과학기술계는 현재 테크니션 부족에 시달리고 있다. 정출연 연구직은 석박사급 연구원들로 채워진다. 물론 이들의 역할은 중요하다. 하지만 대부분의 연구원들은 경력을 좇아 정출연을 떠나기 십상이다. 정출연의 문화와 기술 경쟁력을 유지하는 동력은 오랜 현장 경험을 바탕으로 연구원들과 호흡해온 기술직 연구자들로부터 나온다. 하지만 이들이 사라지고 있다. 이들을 과학기술 현장에 붙들어놓을 만한 인센티브가 전혀 없기 때문이다. 한국은 특히 테크니션에 대한 대우가 형편없다. 대기업과 그 외 직장을 나누는 것처럼, 과학기술계의 현장에서도 석박사급 연구원과 기술직 연구원은 위계로 구분된다.

하지만 프라운호퍼를 기억할 필요가 있다. 선진국의 오래된 실험실과 연구소에는 그 연구소를 오랫동안 지켜온 기술직 연구원들이 포진해 있고, 이들이 연구소의 경쟁력이라는 인식이 공유되고 있다. 하지만 한국에서는 학위가 현장 경험보다 우선하고, 연구소 경쟁력 또한 실제 경쟁력과 상관없는 이상한 지표들로 수량화될 뿐이다. 석박사급 연구원은 현장 기술직 연구자들의 도움 없이는 아무런 연구 결과도 내놓을 수 없다. 한국의 기술 경쟁력이 추락하는 데에는 현장 경험에 대한 존중이 없는 이런 문화도 분명한몫하고 있을 것이다. 모든 사람이 석박사급 과학기술자가 된다고 해서 한 국가의 과학기술 경쟁력이 올라가지 않는다. 현장의 경험을 존중하는 문화가 한국 과학기술 생태계에 널리 퍼지길 기원한다.

요거트와 노벨상

과학은 본질적으로 협력적이며 누적적이다. 하지만 노벨상은 본질적으로 한 분야를 대표하는 극소수의 개인에게 시상된다. 궁극적으로, 노벨상의 권위를 박살내는 일은 우리 과학자들에게 달렸다.[1]

_ 매슈 프랜시스, 〈노벨상을 퇴위시키며〉에서

덴마크 요거트 회사의 엉뚱한 연구

2020년 노벨화학상은 크리스퍼 유전자 가위의 작동 원리를 최초로 규명한 두 명의 과학자에게 수여되었다. 크리스퍼 유전자 가위는 이미 10여 년 전부터 노벨상 수상이 당연하게 생각된 분야였을 정도로 생명과학의 판도를 바꾼 발견으로 꼽힌다. 복잡한 분자적 기제를 제외하고 설명하자면, 크리스퍼 유전자 가위란 인간이 모든 생명체의 유전체를 마음대로 편집할 수 있는 도구라고 할 수 있다. 적어도 이론상으로는 그렇다. 대장균, 초파리, 선충, 옥수수, 애기장대처럼 유전학의 오래된 모델생물들의 유전체도 오랜 시간 유전학자들에 의해 편집되어왔지만, 크리스퍼는 종 간의 장벽 없이 아주 빠르고 효율적으로 유전체를 편집할 수 있는 혁명적인 도구다. 이 도구를 극단적인 방식으로 사용하면 지구상의 어떤 종이든 멸종시킬 수 있다. 황우석의 맞춤 줄기세포는 크리스퍼가 할 수 있는 일들에 비하면 갓난아기 수준의 기술에 불과하다. 인류에게는 이미 지구상 모든 종의 유전체를 편집할 수 있는 엄청난 위력의 기술이 개발되어 있는 셈이다. 실제로 크리스퍼를 이용한 유전자 드라이브로 남미의 모기를 박멸하는 실험이 진행 중이다.

크리스퍼 유전자 가위에 대한 노벨상은 단 두 명의 과학자에게 돌아갔다. 수상자의 숫자를 세 명으로 제한하는 노벨 과학상의 구시대적이고 엘리트주의적인 기준 덕분에 크리스퍼 유전자 가위의 발견과 응용에 관여한 수많은 보통 과학자는 무시되고 말았다. 크리스퍼 기술을 진핵생물에서 가장 먼저 응용했으며, 2020년 노벨상 수상자인 다우드나 교수가 속한 버클리대학교와 치열한 특허 전쟁을 벌인 브로드연구소의 장펑 교수를 비롯해 노벨상을 받은 두 과학자인 제니퍼 다우드나, 에마뉘엘 샤르팡티에와 비슷한 시기에 독립적으로 크리스퍼 유전자 가위의 기능을 발견한 비르기니우스 식스니스 교수 등이 노벨상 수상에서 제외되었다.

유전자 가위처럼 혁명적인 발견이 한두 명 천재의 두뇌에서 갑자기 튀어나올 수는 없다. 뉴턴과 아인슈타인을 소재로 개발된 영웅주의 과학사가 남긴 부작용은 과학의 위대한 발견들이 상상을 초월하는 천재의 영감에 의해 이루어진다는 착각을 준다. 하지만 과학사를 자세히 들여다보면 그런 사례는 단 하나도 존재하지 않는다. 모든 발견에는 분명한 과학적 발견의 역사적 맥락이 존재하며, 우리는 그 역사적 경로에서 한두 명의 극적인 발견을 도려내 기억하고 있을 뿐이다. 다우드나, 샤르팡티에와 비슷한 시기에 비슷한 중요도의 일을 수행한 장펑, 식스니스 등의 과학자 외에도, 크리스퍼 발견의 역사에는 그들의 발견이 없었다면 노벨상조차 불가능했을 보통 과학자들의 치열한 삶의 흔적이 녹아 있다.

크리스퍼CRISPR는 '짧은 회문구조 반복서열Clustered Regularly Interspaced Short Palindromic Repeats'의 약자다. 즉 크리스퍼는 대장균의 유전체에서 발견되는 특이한 염기서열의 일종으로 1987년 일본 오사카대학 소우 이시노 박사팀이 처음으로 발표했다. 하지만 대부분의 과학자는 이 서열의 존재를 그다지 중요하게 생각하지 않았고, 1990년대에 이루어진 연구는 회문구조 사이에 여러 종의 세균에서 공통적으로 발견되는 21개의 염기서열이 존재함을 밝혀낸 정도일 뿐이었다. 하지만 1990년대 생물학자 중 누구도 이 21개의 염기서열이 지닌 의미를 알아내지 못했다. 그리고 이 염기서열의 의미를 발견한 것이야말로 크리스퍼에 노벨상이 수여된 가장 중요한 이유이기도 하다.

이 21개 서열이 박테리아에 기생하는 박테리오파지에 대응하기 위한 박테리아 적응면역의 일종이라는 사실을 밝혀낸 것은 덴마크의 다니스코Danisco라는 요거트 회사의 연구진이었다. 그리고 그들이 이 엄청난 비밀을 풀 수 있었던 데는 요거트 생산에 이용되는 유산균을 박테리오파지의 감염에서 좀 더 강하고 효율적으로 배양하려는 지극히 산업적인 이유가 있었다. 그리고 산업적인 응용이 중요한 민간 회사였는데도 과학적 호기심을 추구할 수 있게 해준 다니스코의 연구 환경이 크리스퍼 유전자 가위 발견의 결정적인 계기가 되었다.

연구진은 표준화된 유산균 품종으로 요거트를 생산하는 도중에 가끔 박테리오파지에 감염되어 유산균이 떼죽음을 당하는 것을 목격하곤 했다. 이런 집단 감염을 막는 것이 다니스코 연구진의 역할이었는데, 어느 날 박테리오파지의 감염에서 살아남은 일부 유산균 콜로니가 발견된다. 만약 효과적으로 요거트를 만드는 일이 목표였다면 이렇게 살아남은 유산균으로 요거트를 만들면 그만이었을 것이다. 하지만 연구진은 어떻게 이 유산균이 박테리오파지에 대한 저항성을 획득했는지를 알아내기 위해 파고들었다. 그 결과, 박테리아에서 자주 발견되는 회문구조 사이에 존재하는 21개의 염기서열은 해당 박테리아에 감염된 박테리오파지의 유전체에서 나온 흔적이며, 이렇게 박테리아 유전체에 박테리오파지의 짧은 염기서열이 기록되고, 그 서열 옆에 존재하는 캐스Cas라는 단백질에 의해 유산균이 적응면역 능력을 갖게 된다는 사실이 발견된다.

이 발견은 2007년 학술지 〈사이언스〉에 발표되었다.[2] 이 발견을 주도한 과학자의 이름은 필리페 호바스와 로돌페 바랭구다. 박테리아와 고세균에도 적응면역이 존재한다는 놀라운 뉴스는 생물학자들의 주목을 받았고, 호바스와 바랭구 박사가 공동으로 작성한 〈크리스퍼/캐스, 박테리아와 고세균의 면역 체계〉라는 종설논문review paper을 통해 다우드나와 샤르팡티에를 비롯한 크리스퍼 연구의 화려한 스타들이 이 연구 분야에 뛰어들게 된 것이다.[3]

노벨상, 엘리트주의 그리고 보통 과학자

크리스퍼 유전자 가위는 2012년경 다우드나 등의 발견 이후 즉시 생물학의 의학적·상업적 응용에 관심이 많았던 생명공학 분야에 급격한 변동을 일으켰다. 유전체를 마음대로 편집할 수 있다는 말은 생명의 기본적인 설계도를 마음대로 조작할 수 있다는 뜻이기 때문이다. 이는 영화 〈쥐라기 공원〉에 나오는 것처럼 멸종된 생물을 복원하거나 유전질환이 있는 태아의 생명을 구하는 것처럼 기존에 가능했더라도 기술적으로 어려웠던 문제들에 도전할 수 있다는 상상력을 자극했다. 실제로 다우드나, 샤르팡티에와 함께 노벨상을 받았어도 이상할 것이 없다고 이야기되는 하버드대학교의 조지 처치 교수는 크리스퍼 기술을 이용해 매머드 복원을 시도하고 있을 정도다.

하지만 노벨상을 받은 크리스퍼 유전자 가위 기술은 오랜 시간 버클리대학교와 브로드연구소 사이에 지루한 특허 분쟁이 이어져 과학의 상업화가 다다를 수 있는 극단적인 사례로 악명을 떨치고 있다. 일반인은 알아듣기도 힘든 데다 천문학적인 규모의 법정 비용이 발생하는 이 특허 분쟁 탓에 크리스퍼 유전자 가위 기술을 이용해 난치병을 치료할 수 있는 기술이 발견된다 해도, 이 치료제는 엄청나게 비쌀 가능성이 높다.[4] 물론 과학자의 발견이 특허로 이어져서 엔지니어들처럼 과학자도 자신의 발견으로 큰돈을 벌 수 있는 일이 나쁜 것은 아니다. 자본주의 체제에서라면 당연한 일이다. 하지만 아무리 그렇다 해도 국민의 세금으로 연구된 논문의 내용이 상업적 특허로 이어져 공공의 이익은 무시하고 민간 기업의 이익을 극대화하는 방향으로 왜곡되는 일이 그다지 아름다워 보이지 않는다. 게다가 크리스퍼 기술로 유명한 한국의 한 과학자는 대학교에서 개발한 특허를 자신이 세운 기업에 싼값에 이전했다며 기소되어 유죄 판결을 받기도 했다. 부자 과학자가 나쁜 것은 아니다. 과학의 상업화가 무조건 나쁜 것만도 아니다. 하지만 공공의 이익에 봉사해야 하는 과학의 책임과 역할을 잊고, 과학적 발견의 공로를 모조리 한두 명의 과학자와 연구소에 귀속해 그들의 이익을 최대화하는 방식의 미국적 특허제도에 과학이 갇히는 것은 분명 유쾌한 일은 아닐 것이다.

특정한 과학적 업적에 대해 누가 노벨상을 받아야 하는지를 놓고 과학계에 합의된 기준이란 존재하지 않는다. 그것도 단 세 명에게만 상을 주어야 한다는 기준은 과학적 발견, 특히 한 주제에 관한 집단 연구와 협업이 일상이 되어버린 의생명과학 분야에서는 시대에 뒤처진 것일 수밖에 없다. 과학계가 노벨상의 비합리적인 수상 기준에 침묵하는 만큼, 노벨상은 과학계의 왜곡된 연구 문화와 선취권 경쟁을 반영하는지도 모른다. 1등만 기억하는 학벌주의 세상이 결코 건강한 사회구조를 만들지 못한다는 상식만 기억해도, 과학의 혁신적인 발견에 단 세 명의 이름만을 올리는 노벨상의 기준이란 시대에 뒤떨어진 구태에 가까움을 알 수 있다.

과학, 특히 의생명과학은 20세기 이후 수십 명에서 수백 명의 집단 연구가 아니면 혁신적인 발견을 할 수 없는 형태로 진화해왔다. 이런 환경에서 여전히 노벨상 시상위원회가 고루한 120년 전의 기준을 적용해 과학의 위대한 발견을 몇몇 과학적 영웅 만들기 신화로 왜곡한다면 곧 노벨상의 권위는 시들해지게 될 것이다. 노벨상이 과학적 발견에 새겨진 수많은 보통 과학자들의 노력을 계속해서 가리는 한 과학계는 노벨상으로 상징되는 피라미드 구조와 승자독식의 체제 속에서 신음하게 될 것이다.

노벨상은 그 특유의 엘리트주의뿐 아니라 20세기 초 서구 제국주의의 서막을 알리는 상징이었다는 의미에서도 그다지 바람직한 상은 아니다. 즉 노벨상은 과학계 내부에서는 승자독식과 무한경쟁 그리고 영웅주의적 신화를 강화하는 부정적인 역할을 수행하고, 과학계 외부에는 '과학은 서구'라는 오래된 공식을 유포하며 여전히 서구 우월주의를 고착화하고 있다.

이제 그런 노벨상 콤플렉스에서 벗어날 시기가 됐다. 코로나19 팬데믹 당시 과학적 방역을 성공적으로 수행한 국가는 한국과 대만 등의 아시아 국가들이었다. 우리가 아는 과학 선진국은 모두 코로나19로 큰 충격을 받았고, 그 대단한 과학 선진국의 첨단 과학은 코로나19의 확산에 무용지물일 뿐이었다. 특히 노벨상의 나라라는 스웨덴은 집단면역이라는 추악하고 무모한 시도를 통해 수많은 국민의 목숨을 희생시켰다. 그럼에도 불구하고 여전히 노벨상 신화에 빠져든다면, 그건 우리가 식민지 시절을 거치며 체화했던 서구 콤플렉스가 여전히 사라지지 않았다는 증거일 뿐이다. 노벨상 시상국도, 과학 선진국도 모두 코로나19의 과학적 방역이라는 '삶으로서의 과학'을 지켜내지 못했다. 하지만 한국은 그걸 해냈다. 엘리트가 아닌 보통 과학자들의 역할에 주목하고, 노벨상이 아닌 우리 삶 속에 스며드는 과학을 만들어내는 일을 시작할 때다.

17

학계를 떠나는 과학자들

많은 사람들이 학계를 떠나면 다시 돌아올 수 없다고 경고합니다. 하지만 전 R01 연구비를 수주해야만 살아남는 연구소의 교수로 남기 싫습니다.[1]

_ 리사 귀나이든, 트위터(현 X)에 남긴 글

과학자가 학계를 떠나는 구조적 이유

몇 해 전 미국 서부의 연구중심 대학이자 최고의 명문대학 중 하나인 캘리포니아대학교 샌프란시스코캠퍼스UCSF의 교수 리사 귀나이든의 트윗 하나가 많은 연구자들 사이에 회자된 적이 있었다. 그는 페이스북 창업자인 마크 저커버그가 만든 챈-저커버그 재단의 연구자로 지정될 정도로 뛰어난 과학자였지만, 미국 국립연구재단 연구비인 R01을 받아야만 살아남는 연구자로서의 삶을 그만두고 자신이 관심을 가지고 있던 임상심리사로서 새로운 삶을 살기 위해 자격증 공부를 하고 있다고 밝혔다. 평생 연구만 해온 과학자로서 대학이라는 울타리를 떠나 새로운 길로 떠난다는 것이 솔직히 두렵다고 밝힌 그의 고백은 갈수록 상황이 심각해져만 가는 대학 연구 시스템의 울타리에서 어쩔 수 없이 살아남기 위해 분투해야 하는 과학자들에게 부러움 혹은 두려움을 안겨주었다.

출판하지 못하면 퇴출당하는 학계의 문화와 연구비를 수주하지 못하면 쫓겨나는 무한 경쟁의 대학 연구 시스템 속에서, 학계를 자발적 혹은 강제적으로 떠난 과학자들의 수는 갈수록 증가하고 있다. 사실 미국에서 이런 사례를 찾는 것은 그다지 어려운 일이 아니다.

일반적으로 학계에서 자리를 잡은 과학자의 절반 이상이 5년 안에 학계에서 사라진다. 당연히 그 자리는 대학이라는 학위 공장에서 막 학위를 받고 비정규직 연구원으로 경력을 쌓은 과학자들이 다시 채운다. 하지만 그들 중 절반 이상이 또 학계를 떠나야만 한다. 학계에 남고 싶어도 일자리가 부족해 자신의 의지만으로 학계에 남는다는 것은 불가능하다. 이런 문제를 구조적 문제라고 부른다. 예를 들어, 자본주의 사회에서 벌어지는 부의 양극화는 개인 노력의 문제로 환원되지 않는 구조적 문제다. 《21세기 자본》이라는 책에서 경제학자 토마 피케티는 역사적으로 자본주의 사회에서는 자본수익율 'r'이 경제성장율 'g'보다 항상 높기 때문에 부의 '격차'는 결코 줄어들지 않는다고 주장했다. 피케티의 주장에 대한 논쟁이 있지만, 현재 대부분의 선진국에서 나타나고 있는 부의 불평등 문제는 개개인의 노력으로 극복할 수 없는 자본주의 체제의 구조적 문제임이 증명되었다.[2]

2021년 미국 요크대학교에서 박사학위를 받고 학계가 아니라 정부기관에서 일자리를 찾은 조지 왓슨하이드는 〈나는 왜 학계를 떠나는가〉라는 글에서, 자신이 얼마나 과학을 사랑하고 연구에 몰두해왔는지를 이야기한 뒤 그럼에도 학계를 떠나야 하는 이유를 설명했다.[3] 조지는 자신의 박사학위로 얼마든지 비정규직 박사후연구원이 될 수 있다는 사실을 알고 있었다. 실제로 몇몇 대학에서 2~3년짜리 계약직 연구원 자리를 제안받기도 했다. 하지만 동시에 그는 그 2~3년의 계약기간이 끝나면 모든 것을 뒤로한 채 또 다른 연구원 자리를 찾아야 한다는 것도 알고 있었다. 사람들은 이런 비정규직 경력의 끝에 정규직이라는 선물이 기다리고 있을 것이라는 환상을 갖고 있지만, 조지는 박사후연구원 중 채 10퍼센트도 되지 않는 이들에게만 정규직이 주어진다는 사실을 이미 통계로 알고 있었다.[4]

그는 무지개의 끝을 찾으려는 과학자들 모두에게 냉엄한 현실을 보여주며 박사후연구원들이 대부분 가지고 있는 가느다란 희망을 모두 날려버렸다. 첫째, 계약직 박사후연구원으로 조금이라도 더 머무는 것이 훗날 기업에 취직하려 할 때 도움이 될 수 있다는 희망은 거짓말이다. 대부분의 기업은 업계에서의 경력만을 의미 있는 것으로 여기며, 업계 경력을 지닌 사람들을 더 매력적으로 생각한다. 둘째, 적어도 연구를 즐길 수 있지 않겠느냐는 항변도 소용없다. 정규직이라는 무지개를 좇는 과학자 대부분은 대학에 속하지 않은 이들보다 훨씬 심각한 스트레스를 받는다. 즉 박사후연구원으로 살면서 적어도 하고 싶은 연구를 할 수 있다는 말은 절반만 진실이다. 그 연구를 위해 희생해야만 하는 현실적 조건들은 그대로 스트레스가 되어 돌아오기 때문이다. 셋째, 박사학위자는 매년 증가하지만, 일자리는 결코 그만큼 증가하지 않는다. 결국 학계에 머물기 위해선 다른 고용 분야에서 가질 수 있었던 수입과 안정을 포기해야만 한다. 조지는 자신의 선택을 후회하지 않는다고 말하면서, 구조적인 문제에 관심을 가지라고 충언한다.

하지만 시스템적인 문제가 있습니다. 아카데미는 믿을 수 없을 만큼, 비정상적으로 일탈하고 있으며, 그것을 유지하고 있는 사람들의 삶을 더 나쁘게 만들고 있습니다. 아카데미는 글로벌 기업이며 그 문제는 성공만큼이나 국경을 초월합니다. 동료와 친구들의 정신 건강이 고통받고 있으며 우리 과학도 그렇습니다. 학문적 연구는 모든 장엄한 세부 사항에서 창조의 진정한 아름다움을 관찰할 수 있는 독특한 기회를 제공하지만 우리는 이것을 잊어버린 것 같습니다. 과학은 항상 내 마음속에 자리 잡고 있지만 (학계 안에서) 우리의 관계는 건강한 관계가 아니며, 이제 내가 학계를 떠나야 할 때입니다.[5]

데이터가 드러내는 보통 과학자의 현실

과학계의 이야기를 떠나 대학으로 주제를 옮겨보면 이야기는 더더욱 심각해진다. 한국에선 벚꽃이 피는 순서대로 대학이 문을 닫을 것이라는 이야기가 언론을 장식한 지 오래다. 실제로 지방 대학교의 소멸은 눈앞의 현실로 나타나고 있다. 대학이 소멸하면 과학자의 삶은 어떻게 될까? 아마 과학자 사이에서도 양극화는 더욱 심각해질 것이고, 경쟁은 지금보다 더 심화될 것이다. 박사학위자의 숫자를 줄이는 것만이 미래를 위한 대안이 될 수 있지만, 그 어느 대학도 고양이 목에 방울을 달려 하지 않을 것이다.

과학자로 훈련받는 과정의 절반 이상은 데이터를 측정하고 이를 해석하는 일이라고 해도 과언이 아니다. 그만큼 과학자에게 데이터란 곧 연구 활동의 모든 것이다. 하지만 이상하게도 과학자들은 자신들의 처지와 관련된 데이터에는 관심을 갖지 않는다. 과학이 우리 삶의 양식이 되어야 한다면 그런 삶의 태도를 가장 먼저 받아들여야 하는 사람들은 과학자다. 과학 생태계가 좀 더 건강하게 운영되기 위해서는 과학 생태계에 관한 데이터에 주의를 기울이는 더 많은 과학자가 필요하다. 아래 숫자들은 학계를 떠나는 과학자들을 돕는 웹사이트에서 참고한 것이다. 이런 숫자들이 본인이 감으로만 생각해온 숫자들과 과연 같은지 아니면 다른지 확인해보길 바란다.

(1) 3배: 미국의 빈곤층이 정부에서 사회보장제도를 통해 제공받는 푸드스탬프food stamp라는 제도가 있다. 지난 몇 년간 석사 이상의 학위를 가진 사람 중 이 푸드스탬프를 지급받는 사람이 3배 이상 증가했다.

(2) 360,000: 2010년 미국에서 석사학위를 가진 사람 중 36만 명이 푸드스탬프에 지원했고, 이 중 3만 6000명이 푸드스탬프 지원을 받았다고 한다.[6]

(3) 68,000: 2014년 미국에서 종신직 교수에 지원하기 위해 기다리고 있는 박사후연구원의 숫자다.[7] 미국 보스턴에만 이런 사람들이 8000명 넘게 살고 있다.

(4) 100,000: 4년마다 생기는 박사학위자의 숫자.

(5) 16,000: 4년마다 생기는 교수 자리의 숫자.[8]

(6) 84,000: 4년마다 학계를 떠나는 박사학위자의 숫자.

(7) 60% 이상: 박사학위를 취득하고도 봉급을 받지 못하는 학위자의 비율.

(8) 80% 이상: 박사학위를 취득하고도 봉급을 받지 못하는 의생명과학 분야 학위자의 비율.[9]

(9) 1% 이하: 박사학위를 받은 과학자 중 종신직 교수가 될 확률.

(10) 43%: 미국에서 박사학위를 시작하고 10년이 지나도 학위를 받지 못하게 될 학생의 비율.
(11) 50,942,000원(시간당 23,000원): 미국 박사후연구원이 받는 평균 연봉과 시급.
(12) 67,040,000원(시간당 31,535원): 미국 7년차 박사후연구원이 받는 평균 연봉과 시급.
(13) 58,372,000원: 미국 도서관 사서의 평균 연봉.[10]

조금 오래된 통계라 해도 시스템이 전혀 나아지지 않고 악화되었다는 점을 고려하면, 현재의 상황은 더욱 심각할 것으로 예측하는 것이 합리적이다. 학계는 무너졌고, 지금 학계를 떠나지 않는다면 거의 대부분의 보통 과학자는 가난해질 것이다. 경제적 보상만으로 따진다면 그의 말은 정확하다. 물론 누군가는 이 구조적인 확률을 거슬러 성공한 과학자로 이름을 남기겠지만, 그런 사람의 비율은 복권에 당첨될 확률과 비슷할 것이다. 대부분의 과학자는 대학에서 좋은 성적을 받아 좋은 대학원에 입학하고 좋은 학술지에 논문을 출판하면 좋은 대학의 교수가 되고, 계속해서 좋은 논문만 출판하면 행복하게 연구할 수 있다는 동화 같은 이야기를 주입받으며 성장한다. 하지만 그런 동화는 끝장이 났고, 시스템은 이미 십수 년 전에 무너졌다. 아직도 학생들에게 동화 속 이야기만 해주는 교수가 있다면, 그는 비겁하거나 무책임한 사람이다.

노벨상 후보조차 대학에서 쫓겨나는 세상이다. 교수가 되지 못해도, 교수가 되어 연구비를 타지 못해도, 그들의 잘못이 아니다.

세상은 뭔가 잘못되어 있다. 더 많은 과학자가 이 사실을 깨달아야 한다. 한국 사회에도 이런 이야기를 하는 교수들이 많아졌으면 좋겠다.

과학의 재현성 위기

반복 가능한 실험으로서 특정한 사건이 규칙과 조절에 부합하게 반복될 때만, 원칙적으로 우리의 관찰은 누구에게서든지 검증될 수 있다. (…) 이러한 반복을 통해서만 우리는 "우리가 단지 고립된 '우연의 일치'를 다루고 있는 것이 아니며, 그것의 규칙성과 재현 가능성으로 인해, 간주관적으로 검증 가능한 것을 다루고 있다"고 스스로 확신할 수 있는 것이다.[1]

_ 칼 포퍼, 《과학적 발견의 논리》 중에서

재현성 위기에 빠진 과학

2012년 암젠Amgen의 연구원이었던 글렌 베글리는 리 엘리스와 함께 〈전임상 암 연구의 기준을 높여야 한다〉라는 제목의 글을 〈네이처〉에 기고한다.² 베글리는 그동안 전 세계 유명 대학과 연구소에서 쏟아져 나온 암에 관한 연구가 엄격한 잣대를 들이댈 경우 대부분 신약 개발에 사용될 정도의 신뢰를 받기 어렵다고 말한다. 10년간 암젠에서 암 연구의 책임자로 일한 그는 세계 최고의 연구실에서 최고의 학술지에 발표된 논문 53편을 재현해본 결과 이 중 47편의 연구가 재현되지 않았다고 폭로했다. 이게 사실이라면, 정말 놀라운 일이다. 2015년 미국에서 발표된 자료에 의하면 재현이 불가능한 의생명과학 분야 연구에 낭비된 비용은 280억 달러가 넘는다고 한다.³ 실로 엄청난 비용이 낭비되고 있는 셈이다. 혁명적 연구로 포장된 논문들은 도대체 왜 재현되지 않을까? 그리고 우리는 왜 이처럼 재현되지 않는 연구에 세금을 쏟아붓게 된 것일까?

과학계에 '재현성 위기'에 대한 경고가 등장한 지는 오래되었다. 명백하게 논문의 데이터와 실험 결과를 조작하는 연구 부정과 달리 현재 대부분의 과학계에서 나타나고 있는 재현성 위기는 연구자 개개인의 연구윤리 차원으로 설명할 수 없는 현대 과학 생태계의 구조적 현상이다. 재현성 위기가 구조적이라는 사실은 이 문제가 지속적으로 제기되었는데도 수정될 기미가 보이지 않는다는 것을 의미한다. 재현성 위기는 심리학 분야에서 심각하게 제기되어왔지만, 2020년대 들어 의생명과학 분야, 특히 엄청난 연구비가 투입되는 질병 연구 분야에서도 자주 제기되고 있다. 언론에선 매일 혁명적인 연구 결과들이 보도되고 첨단 과학기술 분야는 별다른 문제 없이 꾸준히 진보하는 것처럼 보인다. 하지만 과학계 내부자들은 재현성 위기가 무엇보다 과학 자체의 기반을 흔들고 있다는 점을 점점 더 뚜렷하게 인지하고 있다.

 암 생물학 연구만이 아니라 신경퇴행성질환 연구처럼 결국은 임상실험을 거쳐야 하는 질병 연구 분야에서 재현성 위기가 더 심각하게 드러난다. 이들 질병 분야의 연구 결과가 신약 개발이나 질병 치료처럼 확실성이 담보되는 영역에서 철저히 검증될 운명에 놓여 있기 때문이다. 베글리가 암젠 같은 제약회사에서 수많은 암 연구의 재현 불가능성을 경험한 것은 우연이 아니다. 과학기술기업인 머크Merck에서 오랜 세월 근무한 달하우지대학교의 조지 로버트슨은 파킨슨병과 같은 신경퇴행성질환 연구의 대부분이 재현되지 않는다는 사실을 알게 되었고, 바이엘Bayer의 과학자 쿠스루 아사둘라는 신약 표적물질을 소개하는 대부분의 기초과학 논문이 재현되지 않는다는 사실에 진저리를 쳤다. 그는 2011년 〈네이처〉에 실린 〈믿거나 말거나: 우리는 잠재적 신약 표적에 대한 데이터를 얼마나 신뢰해야 할까?〉에서 자신의 경험을 공유하며 이렇게 말한다. "잠재적인 약물 표적에 대한 문헌 데이터를 주의 깊게 검토해야 하며, 분석 개발, 고처리량 스크리닝 캠페인, 리드 최적화 및 동물실험에 더 큰 투자를 하기 전에 제약회사 및 학계를 위한 확인 검증 연구를 하는 것이 중요합니다."[4] 이제 세계적인 제약회사들은 더 이상 유명 대학 연구실의 화려한 연구 결과를 무조건 신뢰하지 않는다. 오히려 더 강하게 의심하고 있다.

2015년 조슬린 카이저는 〈사이언스〉에 보낸 〈암 검사〉라는 제목의 편지를 통해, 비영리재단을 통해 수행된 암생물학 분야의 유명 연구 재현 프로젝트를 소개한다.[5] '재현 가능성 프로젝트: 암 생물학 RPCB'이라고 명명된 이 프로젝트는 이미 베글리가 다룬 2010년에서 2012년 사이 출판된 암생물학 분야에서 가장 많이 인용된 53편의 논문을 검증하는 프로젝트로, 〈이라이프〉라는 학술지를 통해 지속적으로 업데이트되었다.[6] RPCB는 두 가지 목적을 추구한다. 첫째, 전임상 암생물학 연구의 재현 가능성에 관한 근거를 제공하고, 둘째, 재현성에 좀 더 일반적으로 영향을 미치는 요소들을 찾아내는 것이다. 2013년 시작된 프로젝트는 7년이 지난 2020년 종료되었으며, 재현성 위기에 대한 과학자들의 체계적이고 진지한 대응으로 주목받았다.

재현 가능성 프로젝트: 암 생물학의 경우

53개의 논문에 수록된 193개의 실험들이 재현 가능성 시험대에 놓였다. 프로젝트팀은 각 논문의 교신저자들에게 도움을 청하는 편지를 보냈다. 하지만 68퍼센트의 실험들에 관한 데이터는 제공되지 않았고, 193개의 실험 모두 완벽한 재현을 위한 정보가 부족한 상태임이 드러났다. 상당수의 논문 저자는 재현에 협조적이었지만, 32퍼센트의 실험은 저자들로부터 아무런 대답도 받지 못했다. 재현 실험이 시작된 이후 논문의 실험 결과를 재현하는 데 드는 시간과 비용이 예상보다 크다는 사실이 드러났고, 연구 방법과 실험 결과가 더욱 자세히 논문에 수록되어야 한다는 점 역시 드러났다. 출판된 논문만으로는 실험을 완벽하게 재현할 수 없었던 것이다. 현대 과학 논문은 지면 부족 등의 이유로 데이터를 재현하기 위한 충분한 정보를 제공하지 않는다.

프로젝트의 참가자들은 논문을 재현하면서 등록보고서registered report라는 형식의 출판이 필요하다는 점에 동의했다. 이것은 논문의 데이터를 발표하기 전에 해당 논문의 데이터를 만들기 위해 사용된 실험 방법과 프로토콜 등을 동료평가를 거쳐 수준 높은 형태로 출판하는 방식을 말한다. 즉 임상시험에 직접적으로 사용될 수 있는 중요한 의생명과학 논문의 경우, 등록보고서를 먼저 출판하고 이후 이 공인 보고서를 토대로 수행된 실험 데이터로 논문을 출판하는 2단계 과정을 거쳐야 하는 것이다.[7] 이런 방식으로 논문이 출판될 경우, 연구자들은 해당 논문의 재현성 조건을 투명하게 알 수 있게 된다. 등록보고서는 연구자들이 연구비를 위해 제출하는 연구제안서와 비슷한 형식으로, 이를 바탕으로 연구자들이 출판할 논문의 연구를 수행했음을 검증하는 절차를 마련할 수 있다.

재현 가능성 프로젝트의 제안으로 시작된 등록보고서 방식은 현재 300종이 넘는 학술지가 채택하고 있으며 의학 학술지의 경우 기본적인 절차로 자리 잡아가고 있다. 암생물학이나 질병 연구 분야에서 생쥐나 인간 세포 등을 이용해 실험을 진행하는 연구자들의 경우, 어쩌면 향후 등록보고서를 제출하는 일이 논문을 발표하는 것보다 어려워질 가능성도 존재한다. 하지만 등록보고서는 국민의 세금으로 질병 치료를 위해 투입된 연구 자금이 더욱 재현 가능한 연구를 위해 사용될 수 있게 유도한다.

7년의 프로젝트가 끝나고 2021년 프로젝트의 결과가 발표되었다. 결과는 혼란스러웠다. 2020년까지 프로젝트 진행자들은 23개의 논문에서 50개의 실험을 재현할 수 있었고, 이를 종합해 여러 편의 논문을 발표했다.[8] 프로젝트의 결과를 단순하게 평가하는 것은 불가능하지만 이렇게 요약할 수 있다.

1. 재현성의 효과 크기는 원본 결과보다 85퍼센트 정도 작았다. 즉 실제 효과 크기보다 원본 논문의 주장이 평균 15퍼센트 정도 과장되어 있다는 뜻이다. 아무리 최고의 학술지에 출판된 유명 연구라 해도 그 연구 결과는 보수적으로 해석되어야 한다.
2. 효과가 있다고 보고된 실험 결과의 46퍼센트는 성공적으로 재현되었다. 이 말은 효과를 보인다고 보고된 실험 결과의 절반 정도가 재현되지 않았다는 뜻이다.
3. 원본 논문에서 긍정적이라고 보고된 실험 결과들은 효과가 없다고 보고된 실험 결과들의 절반 정도밖에 재현되지 않았다. 즉 논문에서 중요하게 기술되는 새롭고 놀라운 효과들은 그 효과를 강조하기 위해 사용된 대조군 실험에 비해 재현될 가능성이 절반에 불과했다는 뜻이다.[9]

프로젝트를 마무리하면서 〈이라이프〉의 편집자들은 〈암 생물학의 재현 가능성: 우리는 무엇을 배웠는가〉라는 기사를 썼다. 여기서 그들은 RPCB의 목적이 결코 논문 조작이나 연구윤리 부정을 찾아내는 것이 아니라 더 건강한 의생명과학 연구를 위해 필요한 조건들을 찾으려 했다는 점을 강조했다. 하지만 암생물학의 가장 유명한 논문들은 우리가 기대하는 것만큼의 재현성을 결코 보여주지 못한다는 사실이 우리 손에 남겨졌다.

  재현성 위기는 지난 세기 빠르게 성장한 과학 생태계에 내재한 근본적인 오류를 분명히 노출하고 있다. 예를 들어 논문에 사용된 연구 방법들을 더 자세히 보고하는 일은 분명히 상식적으로 추구되었어야 하지만, 대부분의 학술지는 지면 부족을 이유로 더 자세한 연구 방법의 제시를 가로막아왔다. 재현성 위기에 대한 대부분의 학술지 사설과 기사는 과학자가 연구비와 일자리를 얻기 위해서는 명망 있는 학술지에 논문을 게재해야 한다는 압력에 노출되어 있으며, 갈수록 증가하는 박사학위자에 비해 늘지 않는 일자리가 과학자들이 출판을 위해 무한 경쟁하는 생태계를 구축했음을 지적한다. 우리는 이미 과학 생태계의 여러 구조적 문제를 다루면서 과학계에서 나타나는 상당수 문제가 바로 이런 구조적 딜레마에서 비롯된다는 점을 분석했다. 하지만 구조적 위기의 한 축인 학술지가 구조적 위기를 지적하는 것은 모순이며, 아무런 해결책도 되지 못한다.

재현성 위기의 구조적 원인과
보통 과학자의 송곳

2016년 〈네이처〉가 과학자 1576명을 대상으로 실시한 설문조사에서 52퍼센트가 재현성 위기의 심각성을 알고 있다고 말했고, 38퍼센트는 위기가 존재한다고 말했다. 재현성 위기가 존재하지 않는다고 말한 과학자는 7퍼센트밖에 되지 않았다.[10] 분야별로는 물리학과 화학 분야의 연구자들이 해당 분야의 재현성에 가장 강한 신뢰를 보였고, 의학과 생물학은 이보다 낮은 신뢰를 보였다. 자세히 거론하지는 않았지만 재현성 위기가 가장 먼저 찾아온 과학 분야는 심리학과 사회과학이었다. 특히 이 분야에서 비롯된 P값 해킹 등의 통계학적 왜곡은 통계학을 더욱 자주 사용하게 된 의생물학 분야에서도 비슷한 재현성 위기를 만들어내며 통계학을 신중하게 사용해야 한다는 경각심을 낳았다.[11]

2017년 의학 저널리스트 리처드 해리스는 《사후경직 Rigor Mortis》이라는 책을 통해 의생명과학 분야에 재현성 위기가 얼마나 심각하게 퍼져 있는지를 폭로했다. 그는 전 세계 암생물학 연구실에서 사용하는 암세포의 18~36퍼센트가 엉뚱하게 오염된 세포이며, 엉뚱한 암세포를 사용해 논문을 발표함으로써 낭비된 세금이 7억 달러에 이른다고 폭로했다. 동물실험에 자주 사용되는 시약도 오염 정도가 심각한데, 특히 항체의 경우 60~70퍼센트가 저자들의 의도와 다른 결과를 도출할 가능성이 있다. 재현성 위기가 심각하다는 것은 지난 10년 사이 철회된 논문의 수가 열 배 이상 증가했다는 데서도 알 수 있다. 리처드 해리스는 의학의 발전 속도를 끌어올리려면 생명의학 연구는 오히려 속도를 늦춰야 한다고, 즉 진행하는 프로젝트의 수를 줄이고 하나하나를 좀 더 엄밀히 수행해야 한다고 제안한다.[12]

이런 와중에 2021년에는 〈재현 가능한 논문보다 재현 불가능한 논문이 더 자주 인용된다〉는 제목의 논문이 발표되었다. 경제학자 마르타 세라가르시아는 이 논문에서 국제 학술지에 발표된 과학, 경제학, 심리학 등 각종 논문 2만 252건을 분석해 재현 불가능한 논문이 재현 가능한 논문보다 153배나 더 자주 인용된다는 놀라운 사실을 발표했다.[13] 더욱 충격적인 사실은 〈네이처〉나 〈사이언스〉처럼 권위 있는 학술지에 실리는 흥미로운 연구 결과일수록 재현 불가능한 연구일 가능성이 더욱 높다는 것이었다. 마르타 세라가르시아는 학술지들이 연구 결과가 흥미로울수록 재현성에 관해 더 낮은 기준을 적용하는 것처럼 보인다고 말한다.[14] 이런 상황에서 논문 출판에 목숨을 거는 과학자들이 흥미로운 결과를 도출하기 위해 재현성을 왜곡할 것은 불 보듯 뻔한 일이다.

이런 문제가 언론에 노출될 때마다 전문가들은 구조적 원인을 지적한다. 흥미로운 연구 결과에만 집착하는 연구자와 대학 및 학술지의 문제, 논문 출판과 실적에 대한 압박과 과학자들의 무한 경쟁 등이 거론된다. 현대 과학의 구조적인 문제로 인해 재현성 위기가 나타난다는 점은 너무나 분명하다. 첫째, 복잡하고 거대해진 현대 과학의 속성. 둘째, 논문 출판과 연구 성과에 대한 인센티브와 압박. 셋째, 동료 과학자에 대한 문제 제기 및 비판의 어려움.

넷째, 제대로 이루어지지 않는 동료심사 등이 그 원인이다. 문제는 우리가 재현성 위기의 원인을 너무나 잘 알고 있는데도 문제를 해결하지 못하고 있다는 데 있다. 심지어 우리는 재현성 위기를 극복하는 대안에 대해서도 모르지 않는다.[15]

수많은 학술지가 연구 재현성 확보를 위한 가이드라인을 제공하고 있지만, 만약 재현성 위기가 현대 과학의 구조적 모순에 의한 결과라면 이런 조치들은 임시방편일 뿐이다. 마치 누구나 자본주의의 문제를 알면서도 어쩔 수 없이 적응하며 살아가는 것처럼 재현성 위기는 어쩌면 과학자 개개인이 바꿀 수 없는 거대한 벽처럼 연구 환경을 둘러싸고 있는 듯하다. 과학기술 정책을 수립하고 연구비를 집행하는 정부, 과학자들의 화폐나 다름없는 논문을 출판하는 학술지 그리고 과학자들에게 일자리를 제공하는 대학과 연구소의 삼각동맹이 머리를 맞대고 풀어야 하는 문제이지만, 언제나 그렇듯 이 거대한 삼각동맹은 건강한 과학보다는 정치적이고 경제적으로 삼각동맹에 이익이 되는 한에서만 문제를 해결하려 할 것이다.

그래서 우리 과학자들은 그들보다 더 현명해야 한다. 대부분의 보통 과학자는 이 거대한 시스템에 맞서 싸울 힘이 없다. 하지만 거대하고 파괴가 불가능해 보이는 시스템에도 반드시 결함은 있다. 그리고 과학자 개개인이 각자의 송곳으로 그 약한 부위를 찔러 시스템에 균열을 내는 일은 충분히 가능하다. 노동권 문제를 다룬 드라마 〈송곳〉에서 주인공인 노무사 구 소장은 노동자를 위한 자신의 싸움이 선한 약자를 악한 강자로부터 지키는 것이 아니라, 시시한 약자를 위해 시시한 강자와 싸우는 거라고 말한다. 재현성 위기라는 거대한 모순 속에서 이 상황을 악화시키는 삼각동맹도, 이 문제에 저항하지 못하고 적응해야만 하는 보통 과학자도 모두 시시한 시스템의 플레이어일 뿐이다. 하지만 구 소장은 평범했던 사람이 언젠가는 이 거대한 시스템과 싸우는 저항의 상징이 된다는 희망을 말한다. "분명히 하나쯤은 뚫고 나온다, 다음 한 발이 절벽일지도 모른다는 공포 속에서도 기어이 한 발을 내딛고 마는, 그런 송곳 같은 인간이." 과학 연구가 반드시 재현 가능해야 함을 윤리적으로 너무나 잘 알고 있으면서도 경력과 생존의 위기 속에 시스템에 편입될 수밖에 없는 보통 과학자에겐 작은 희망과 승리가 필요하다. 그 작은 승리가 모여 역사가 될 때 과학자들이 삼각동맹에 맞서 하나의 목소리를 낼 수 있게 될 것이다.

초파리 행동유전학자
애덤의 통계학

과학 내부의 다양한 문제는 부분적으로는 사회 전반의 문제를 반영한 것일 뿐입니다. 사회는 대유행 및 기후변화와 같은 위기에서 주도적으로 활동할 과학자를 절실히 필요로 하지만 우리는 우리의 틀에 갇혀 있어야 합니다. 제가 말하고 싶은 바는, 더 많은 과학자가 공직에 출마해야 한다는 것입니다.

_ 애덤 클래리지창, 개인적인 서신에서

과학적 가설의 자격

과학을 다른 학문과 구분 짓는 가장 중요한 특징은 무엇일까? 과학철학에서 '구획 문제'로 알려진 이 질문에 대한 확정된 답은 없다.[1] '각종 통계학적 방법론을 사용하는 심리학과 사회학 등의 사회과학은 자연과학과 동일한 수준의 과학인가' 혹은 '물리학보다 더욱 수학적 엄밀함을 추구하는 방법론을 사용하는 경제학은 과학인가'와 같은 질문에 명쾌하게 답할 수 있는 학자는 없다. 하지만 우리는 여러 현상을 설명해주는 가설이 모두 '과학적 가설'은 아니라는 사실을 잘 알고 있다. 예를 들어, 대통령 선거에서 어떤 후보가 대통령에 선출된 현상에 대해 누구도 과학적 가설을 세우고 이를 과학적으로 설명할 수 없다. 선거 결과는 과학적 설명의 영역 바깥에 있다. 과학은 모든 현상을 설명하는 만능 도구가 아니다.

하지만 우리는 모든 설명에서 '과학적 설명' 혹은 '과학적 가설'을 추구할 수 있고, 가능한 한 그래야 한다. 철학자 이상하는 세상에 존재하는 여러 가설 중에서 '과학적 가설'이 갖는 특징을 다음과 같이 설명한다.

특정 측정량과의 연결성을 갖는 가설만이 과학적 가설로 여겨진다. 이때 그러한 연결성을 갖는 가설은 다음을 만족해야 한다.

첫째, 해당 측정량은 특정 조건 아래 재확인 및 재생산 가능해야 한다. 재확인 가능한 측정량이 주로 관찰과 관련되어 있다면, 재생산 가능한 측정량은 조작 실험과 관련되어 있다.

둘째, 가설은 해당 측정량에 함축된 사실, 실례로 질량값과 같은 사실을 규명해줄 수 있어야 한다.

셋째, 인과 설명에 동원되는 그러한 사실의 인정 유무는 자연적 제한과 무관하지 않기 때문에, 가설은 그러한 인정 유무에 따라 검증 혹은 반증 가능한 대상이 된다.

어떤 설명이 과학적 가설에 기반한 설명이 되려면, 우선 그 설명은 '측정량'에 기반해야 한다. 즉 과학적 설명은 숫자로 된 데이터를 요구한다. 하지만 그게 전부는 아니다. 그 측정량이 시간과 장소 혹은 측정을 수행하는 사람에 따라 계속 변한다면, 그런 측정량은 신뢰할 수 없다. 따라서 과학적 설명이 기반하는 측정량은 특정 조건 아래 재확인 및 재생산 가능해야 한다. 관찰로 얻은 데이터는 재확인이 가능해야 하고, 실험으로 얻은 데이터는 재생산이 가능해야 한다. 이렇게 얻은 측정량, 즉 데이터만이 과학적 가설의 소재가 될 수 있고, 그렇게 추구된 과학적 가설만이 과학 지식의 생산에 기여하며 궁극적으로 과학을 진보시킨다.

P값의 기원

의생명과학 분야에서 실험을 수행하는 과학자라면 누구나 P값(유의 확률)에 대해서 배운다. 세포에 여러 조건을 가해 원하는 유전자의 발현량을 측정하는 경우든 생쥐의 유전자 하나를 없애고 정상적인 생쥐와 유전자 녹아웃 생쥐의 차이를 측정하는 경우든 대부분의 의생명과학 실험은 대조군과 실험군 사이의 차이를 비교해 얻어진 데이터로 이루어진다. 두 조건 사이의 차이가 유의미한지를 판단하기 위해 지금까지 과학자들이 사용한 방식은 영가설검증법NHST이라고 불리는 통계학적 추론법이었다.

영가설검증법에서는 영가설을 세우고 P값이 작으면 영가설을 기각하는 방식으로 발견의 유의성을 검증한다. 일반적으로 낮은 P값을 이용한 영가설을 통해 '검증하고자 하는 결과가 존재하지 않는다'라고 가정하고, 영가설이 기각되었으므로 실험 결과는 유의미하다고 판단하는 것이다. 즉 어떤 실험 결과의 영가설검증에 의해 도출된 P값이 낮으면 낮을수록 해당 실험 결과가 순전히 우연에 의해 얻어진 것일 가능성은 낮아진다고 판단할 수 있다. 일반적으로 영가설검증법이 통계적으로 유의미하다고 판단하는 P의 문턱값은 0.05다. 하지만 0.05라는 P의 문턱값이 과연 자연법칙을 검증하는 데 유의미한 것인지 판단해줄 근거란 없다.

19세기가 끝날 때까지 통계학은 독립된 분과 학문이 아니었고, 20세기에 들어서도 1920~1930년대가 되어서야 수학적 통계학 분야를 중심으로 독립된 통계학이 등장하기 시작한다. 20세기 전반기 통계학의 선구자들이 구축한 통계학 방법론은 당시 막 발전하기 시작하던 여러 사회과학 분야에 스며들었고, 특히 심리학은 당시 통계학에서 발전한 통계적 검정을 가장 적극적으로 받아들였다.[2] 현재 의생명과학 분야에서 문제가 되는 영가설검증법은 이 당시 심리학계 내부에서 여러 활발한 논의를 통해 구축된 것으로, 당시 영가설검증법과 P값이 등장하게 된 과정을 이해하는 것은 과학의 재현성 위기를 이해하는 데 필수적이다.

20세기 초반 통계적 검정법 연구는 칼 피어슨과 윌리엄 고셋 등의 연구를 거쳐 로널드 피셔, 예지 네이만, 이건 샤프 피어슨 등으로 이어지며 통계학의 전성기를 알렸다. 통계학자이자 통계학사를 연구한 조재근은 심리학에서 사용되는 통계검정법의 역사를 다룬 논문에서 이렇게 말한다.

> 오늘날의 통계학 전문가들이 볼 때 '20세기 전반기에 경험적 연구를 했던 사회과학 연구자들은 통계학의 대가들이 만들고 수학적 이론으로 뒷받침한 검정 방법을 그대로 빌려다 썼을 것'처럼 보인다. 게다가 알고 보면 통계학 내부적으로 수학적인 이론 연구에 힘입어 독립성이 강화되고 다른 한편으로 통계학 외부적으로 통계적 방법이 사회과학을 위시한 여러 분야에서 보편적인 과학 연구 방법으로 널리 쓰이게 된 두 가지 과정은, 둘 사이에 그리 큰 시간적 격차가 없이 진행되었다. 따라서 그 두 과정은 먼저 통계학의 대가들이 획기적인 연구를 내놓은 다음, 사회과학을 비롯한 여러 분야의 연구자들이 그 성과를 각 분야에서 활용하는 식으로 매끄럽게 연결된 듯하다.[3]

하지만 역사는 통계학에서 창안된 통계검증법이 심리학을 위시한 다른 분야의 과학에 그렇게 매끄럽게 적용되지 않았음을 알려준다. 특히 영가설검증법의 역사가 대표적이다. 1920~1930년대 피셔와 네이만-피어슨은 각각 '유의성검정'이라 불리는 검정법과 '가설검정'이라 불리는 검정법을 독자적으로 개발하고, 둘 중 어느 쪽이 더 과학적인가를 두고 죽을 때까지 대립하며 논쟁을 벌인다. 양 진영의 대표자들이 두 방법론 사이에서 어떤 절충점도 만들지 못하고 죽었기 때문에, 1990년대에 들어와서야 네이만의 제자가 화해를 모색할 정도였다.

문제는 이 두 통계검정법 사이에 어떤 절충도 마련되지 않은 상황에서 이미 1950년대부터 심리학계가 이 둘을 마음대로 혼합한 잡종 검정법을 사용하고 있었다는 점이다. 이 당시 심리학 논문에서 통계검정법은 매우 유행하던 상태라 무려 80퍼센트 이상의 논문이 이 잡종 검정법을 사용했는데, 20세기 전반기에 나온 심리학 연구 논문은 물론 당시에 널리 읽힌 심리통계학 교과서에서는 통계적 검정을 누가 개발했는지 밝히지 않은 채 마치 당대의 모든 통계학자가 유일한 한 가지 검정법만을 인정한다는 듯이 잡종 검정법을 소개하고 있었다. 즉 당시 심리학계에선 통계학 내부에서 서로 다른 두 방법론을 두고 벌어지던 논쟁을 완전히 무시하고 이 둘이 단일한 것이라고 받아들여 사용했다는 것이다.

통계학이 수학적인 이론을 중심으로 독립된 학문으로 비약하는 과정에서 통계학적 방법은 새로운 분야에서 널리 활용되기 시작했고, 특히 이 시기 자연과학의 엄밀성과 양적 방법론을 중시하는 사회과학 분야에서 통계학은 적극적으로 받아들여졌다. 엄밀한 방법론으로 무장한 과학이 되려던 심리학과 여러 사회과학 분야 연구자들의 욕망은 통계학 분야에서의 논쟁과 상관 없이 P값을 받아들여 현재에 이르게 되었다. 즉 통계학과 사회과학이 전문화되기 시작하던 20세기 초반에 우연히 벌어진 사건 덕분에, 심리학은 물론 다른 사회과학 분야와 현대의 의생명과학 분야까지 진정한 통계검정법인지 아닌지 결론조차 나지 않은 방법론으로 통계를 왜곡해온 셈이다.

P값의 배신

과학의 재현성 위기는 P값의 위기와 밀접한 관련을 맺고 있다. 2017년 통계학의 권위 있는 전문가들은 과학자들이 선호하는 P값에 좀 더 까다로운 표준을 적용해야 한다고 주장했다. 이들은 사회과학과 의생명과학의 경우 P의 문턱값을 0.005로 낮춰야 하며, 0.05~0.005의 P값을 들이대는 주장은 '확립된 지식'이 아니라 '암시적 증거'로 간주되어야 한다고 제안했다. 이 선언에 동참한 연구자는 72명이나 됐으며, 이처럼 빈약한 통계학적 표준으로 생산되는 과학 지식이 재현성 위기를 만든다는 공감대를 형성했다.[4]

  이들이 P의 문턱값을 낮추라고 주장한 이유는 많은 연구자가 의도적이든 의도적이지 않든 'P값 해킹'이라 불리는 관행을 통해 연구 자료를 왜곡하기 때문이다. P값은 데이터를 계속 수집하거나 특정한 통계 분석 절차를 선택하는 등 다양한 방식으로 작게 만들 수 있다. 2019년 미국 통계학회는 3월 학회지를 아예 'P값 해킹'과 관련된 내용으로만 채웠다.[5]

2016년 P값의 문턱을 0.005로 낮추자는 주장이 학계에 거의 먹히지 않자 학회는 아예 연구의 유의성을 P값에 의존하는 행태 자체를 문제 삼았다. 학회에 따르면 P값은 실험 결과가 실제로 그런지 검증하는 여러 통계값 가운데 하나로 쓰여야 할 뿐, 실험 결과에 절대적 권위를 부여하는 값으로 사용되어서는 안 된다는 것이다. 미국통계학회 회장인 로널드 와서스테인은 통계적 유의성이라는 족쇄에서 벗어나는 것이 과학은 과학이 되고 통계는 통계가 되는 길이라고 말했다. 나아가 연구 결과가 갖는 불확실성의 한계를 받아들이고, 더 나은 측정법, 더 정교한 연구 설계, 더 많은 표본을 얻고자 노력하는 것이 과학을 진정으로 발전시키는 것임을 지적한다.

P값 해킹을 비롯한 영가설검증법을 둘러싼 문제들은, 실험 결과에 어떻게든 권위를 부여해 논문이라는 연구자의 화폐를 발행하려는 과학자들의 욕망을 드러낸다. 이런 욕망 자체가 나쁜 것은 아니다. 하지만 실제로 효과가 없는 연구 결과가 논문이라는 권위로 출판될 경우, 그 논문은 사회에 엄청난 파급효과를 만들어낼 수 있다. 예를 들어 전 세계 백신 음모론자들 사이에서 여전히 근거로 받아들여지는 백신과 자폐증의 연관관계에 대한 논문은 이미 논문이 철회되었는데도 과학과 통계 방법론에 익숙하지 않은 시민들에게 백신을 거부할 권위로 작동하고 있다. 즉 P값 해킹을 통한 논문의 출판은 과학계에 재현성 위기를 만들 뿐 아니라, 자칫하면 잘못된 상식이 과학적 권위를 얻어 사회의 안녕을 해치게 만들 수도 있는 위험한 행위일 수 있다.

초파리 행동유전학자,
P값에 반기를 들다

싱가포르 듀크대학교에서 초파리 행동유전학을 연구하는 애덤 클래리지창은 2016년 학술지 〈네이처 메소드〉에 〈추정량 통계가 유의성 평가를 대체해야 한다〉라는 제목의 논문을 발표한다.[6] 초파리에서 생체시계 유전자를 찾은 공로로 2017년 노벨상을 수상한 마이클 영의 실험실에서 생체시계 관련 유전자의 발현을 연구한 애덤은 이후 다양한 생물의 행동을 모니터하고 분석할 수 있는 시스템을 구축하고, 동물의 행동을 조절할 수 있는 유전학 도구를 개발하여, 행동유전학 연구 분야에서 촉망받는 연구자로 인정받는다. 2016년의 이 논문 이전 그의 연구 경력을 살펴보면, 그는 초파리 유전학 연구 공동체의 전통적인 연구자로 보인다.

이 논문에서 그는 40년이 넘는 기간 동안 영가설검정법과 P값이라는 통계학적 도구는 철학적으로도 실용적으로도 비판받아왔으나, 그 대안으로 제시된 여러 방법론 역시 통계학에 깊이 있는 지식을 지니지 못한 다른 분야 학자들에게 사용되기 어렵다고 지적한다. 그는 추정량 통계라는 방법론이 이를 대체할 수 있다고 주장한다. 추정량 통계는 '효과 크기'와 '신뢰구간'에 집중하는 통계검정법이다. 효과 크기는 두 변수 사이의 연관성을 표현하는 기술통계학적 기법으로, 예를 들어 어떤 다이어트약을 한 달간 먹으면 살이 5킬로그램이 빠진다고 할 때, 효과 크기는 5킬로그램이 되는 식이다. 이에 반해 P값은 두 변수 사이의 연관성을 표현하는 추론통계학의 기법인 셈이다. 신뢰구간은 여러 대선 후보 지지율 통계 조사 결과 발표 등을 통해 우리에게 익숙한 개념으로, 모집단 모수 값이 포함될 가능성이 있는 값의 범위를 의미한다. 쉽게 말해 신뢰구간이란 그나마 내가 확실히 말할 수 있는 정도를 구간으로 표현하는 것이다.

재현성 위기와 영가설검정법 및 P값의 문제가 이미 드러나는 상황이었는데도 애덤의 제안은 연구자들에게 적극적으로 받아들여지지 않았다. 통계학 전문가도 아니고, 초파리 행동유전학자에 불과한 그의 제안이 통계학 전문가들과 생쥐나 인간 세포 연구자들에게 받아들여진다는 것도 이상한 일이었을 것이다. 하지만 애덤은 포기하지 않고 의생명과학에서 P값을 추정량 통계로 완전히 뒤바꿀 계획을 진행한다. 그리고 2018년 6월 그는 〈P값을 넘어서: 추정량 그래픽으로 데이터 분석하기〉라는 프리프린트를 출판하면서[7] 추정량 통계를 현장의 실험과학자들이 손쉽게 사용할 수 있게 만든 웹사이트(estimationstats.com)를 공개한다.

이 논문과 웹사이트에서 애덤은 기존의 의생명과학자들이 자주 사용하던 데이터 시각화 방식인 막대그래프로부터 시작해서 왜 데이터 시각화와 추정량 통계가 중요한지를 아주 쉽게 그림으로 표현해 보여준다. 같은 데이터라 해도 어떤 방식으로 시각화하는가와 어떤 통계검정법을 사용하느냐에 따라 독자가 느끼는 효과는 완전히 달라질 수 있다는 점을 애덤의 쉬운 설명은 아주 잘 보여준다.

연구자들은 애덤이 만든 웹사이트에 자신의 데이터를 집어넣어 손쉽게 그래프를 만들 수 있으며, 애덤이 그래픽을 만들 때 사용한 프로그래밍 코드도 깃허브를 통해 다운받아 마음대로 편집해 사용할 수 있다. 애덤의 프리프린트는 2019년에 논문으로 출판되었고, 현장의 의생명과학자들에게도 널리 알려지게 됐다.

도대체 애덤이라는 초파리 행동유전학자는 자신의 연구 경력에 아무런 도움도 되지 않을 통계적 방법론 구축에 왜 뛰어든 것일까? 인터넷에 나와 있는 경력만으로는 그 이유를 추정할 방법이 없다. 이 글을 준비하면서 애덤에게 이메일을 보냈다. 몇 가지 질문을 던졌고, 며칠 후 그의 친절한 답변을 받을 수 있었다. 아래 글은 애덤이 추정량 통계학에 관심을 갖게 된 계기와 그가 생각하는 과학과 사회의 관계에 대해 알려준다.

이 프로젝트는 데이터 분석에 대한 우리의 좌절감에서 비롯되었습니다. 나는 행동 실험이 어느 날은 효과가 있고 어느 날은 효과가 없다는 박사후연구원이나 학생들을 보고 매우 당황했어요. 그리고 그 이유가 모두 유의성 테스트 결과만 고려했기 때문이라는 사실을 깨닫게 되었죠. 큰 효과 크기를 가진 실험도 변동성이 있는 것이 현실이며, 이를 처리하는 올바른 방법은 데이터를 집계하여 단일 효과 크기를 계산하는 것이라는 점도 알게 되었습니다. 그러니까 유의성 검정과 비교할 때 추정량 통계가 더 직접적이고 간단하게 답을 줄 수 있는 거죠. (…)

재현성 위기의 큰 원인은 사람들이 유의성 검정이 확실한 답을 제공한다고 잘못 믿고 있기 때문입니다. 사실 극소수의 실험만이 매우 확실한 결과를 줄 수 있어요. 효과 크기는 이상적으로 여러 실험실에서 여러 실험의 결과를 평균화하는 방법을 제공할 수 있습니다.

재현성 위기는 자금 지원 기관이 재현 연구를 위해 보조금을 발행하거나 명시적인 계약을 제공하면 쉽게 해결할 수 있습니다. 모든 중요한 결과는 여러 독립 그룹에서 재현해볼 가치가 있습니다.

과학의 재현성 위기를 만드는 데 크게 일조한 통계학의 영가설 검정법과 P값이라는 도구에 맞서 현장 연구자의 입장에서 좀 더 재현 가능하고 신뢰할 수 있는 통계검정법을 재발견하고 이를 연구 공동체에 널리 알리기 위해 자신의 시간과 노력을 할애한 애덤의 이야기는 재현성 위기의 시대를 살아가는 현대의 보통 과학자들이 거대한 시스템과 싸울 수 있는 한 가지 방법을 보여준다. 누구나 애덤처럼 열정적으로 새로운 대안을 공부하고 자신의 자원과 시간을 희생해서 새로운 플랫폼을 구축할 수는 없다. 하지만 그런 한 사람의 송곳이 뚫어놓은 구멍을 모두 함께 넓힐 수는 있다. 우리 모두가 그의 웹사이트를 이용해 데이터를 생산하고, 서서히 의생명과학 논문에서 P값을 퇴출시키면 되는 것이다.

애덤은 평범한 과학자이지만, 사회적으로 과학자가 공익을 위해 해야 할 일을 명확히 지각하고 있는 보통 과학자다. 재현성 위기를 다룬 책 《사후경직》의 저자이자 의학 저널리스트인 리처드 해리스는 의학의 발전 속도를 끌어올리려면 생명의학 연구는 오히려 속도를 늦춰야 한다고 말했다. 즉 진행하는 프로젝트 수를 줄이고 하나하나를 좀 더 엄밀히 수행해야 한다는 것이다. 하지만 과학의 발전 속도를 늦추라는 말은 현실적으로 불가능한, 게으른 윤리적 명령일 뿐이다. 빈학단Wiener Kreis의 철학자 오토 노이라트의 말처럼, 우리 모두는 바다를 항해하는 배 위에서 배를 수리하는 운명을 가진 사람들일 뿐이다. 배를 멈추면 배는 침몰한다. 과학도 마찬가지다. 배를 멈추지 않고 최선을 다해 수리하는 일은 가능하다. 과학을 계속 발전시키면서 재현성 위기를 개선하는 일도 충분히 가능하다.

3부

한국 과학 마주 보기

비정규직
보통 과학자의 삶

교수가 연구비가 줄었다는 말을 할 때마다 S 박사는 심장이 내려앉았다. 월급은 교수 사정에 따라 고무줄처럼 날뛰었고, 생계 걱정 때문에 일에 집중할 수가 없었다. 부양할 가족이 자꾸 눈앞에 떠올랐다. 모아놓은 돈도 바닥이 났고, 새벽에 과외를 뛰기 시작했다.[1]

_〈나는 1년 계약직 과학자입니다〉 기사 중에서

과학기술계의 비정규직 차별

오래전 페이스북에서 과학기술정보통신부(과기부)가 야심 차게 추진하는 '세종펠로우십'의 사업별 신청 자격을 우연히 보게 됐고, 즉시 치미는 분노를 금할 수 없었다. 젊은 과학자 1000명에게 5년간 인건비와 소정의 연구비를 지원한다는 이 사업의 기저에는 박사학위를 취득하고 나서도 안정적인 연구를 수행할 일자리를 구할 수 없는 비정규직 박사를 돕겠다는 정부의 의지가 있다. 하지만 과기부는 세종펠로우십을 신설하면서 원래 정규직과 비정규직 과학자가 모두 신청할 수 있던 우수신진연구사업의 신청 자격에서 비정규직을 제외해버렸다. 그뿐만 아니라 연평균 1.5억 원을 지원하는 우수신진연구보다 적은 금액인 연평균 1.3억 원을 세종펠로우십에 지원해, 고용 형태 외에는 정규직과 아무런 차이도 없는 비정규직에게 노골적으로 약 13퍼센트나 적은 연구비를 준다고 공시한 것이다. 그러니까 결국 과기부의 세종펠로우십이라는 제도는 비정규직 과학자에게 적은 연구비를 제공하는 조건으로 정규직 과학자의 다른 밥그릇을 보호하는 차별을 정당화하는 프로그램인 셈이다. 정부가 대놓고 정규직과 비정규직 과학자를 차별하는 정책을 만드는 것이 과연 공정을 이야기하는 정부의 철학인지 의문스러웠다. 심지어 당시 정부는 과학기술계의 정규직화를 공약으로 걸고 탄생한 정부였다.

과학기술계의 일자리 부족은 하루이틀의 문제가 아니다. 이공계 기피 현상이 표면화되던 2000년대 초반은 이미 심각한 일자리 부족과 과학기술계의 인력 피라미드화가 심각해진 시기였고, 당시 이공계를 기피하던 고등학생들은 과학기술계의 이런 구조적 문제를 소문이나 주변 경험으로 알고 있었기 때문에 의대를 지망했다. 20여 년 전부터 과학기술계는 연구개발 현장의 심각한 비정규직화와 양극화를 경험하고 있었다. 거꾸로 말하면 정부는 무려 20년 동안 이 문제를 해결하지 못했다는 뜻이 된다. 정권이 교체될 때마다 연구개발 현장의 비정규직화가 안정적인 연구 환경을 위협하고 장기적으로 국가 경쟁력에 큰 위협이 될 것이라는 경고가 잇따랐지만, 이 문제를 심각하게 여기고 한국 과학기술계의 인력 문제를 구조적으로 혁신하려던 정부는 없었다. 이명박 정부는 4대강 사업과 비슷한 방식의 과학비즈니스벨트 사업을 전면에 내건 채 철학도 비전도 모호한 현재의 기초과학연구원IBS을 만들어냈고, 박근혜 정부는 정출연의 정규직화를 이룬다면서 비정규직을 해고해버리는 만행을 저지르고야 말았다.

과학기술계 비정규직의 정규직화를 내세우며 등장한 문재인 정부는 그 공약을 지키기 위해 분명히 노력했다. 하지만 과학기술계 전체의 의견을 듣고 신중하게 인력 구조조정을 실행하기보다 미래 전략과 현재 예산에 걸맞지 않은 정규직화를 강행했고, 그 결과 대부분의 과학기술계 정출연이 비정상적인 정규직화로 인한 예산 부족과 연구 역량 저하를 겪었다. 정부의 입김이 제대로 닿지 않는 대학의 연구개발 분야가 여전히 비정규직 중심인 것을 보면, 정부의 과학기술계 인력 정책이 정권의 이념에 따라 무분별하게 진행되었다는 점을 지적하지 않을 수 없다.

보통 과학자의 현실

과학기술자의 길이 험난하다는 인식은 이제 상식이 되었다. 박사학위가 직업을 보장하던 시기가 있었지만 이제 박사학위는 오히려 직업을 구하는 데 해가 될 뿐이다. 취업을 하려거든 대학원에 가지 말고, 대학원에 가려거든 평생 혹독한 경쟁의 길에 내몰릴 각오를 해야 한다. 이런 생각을 하게 된 것은 과학기술계의 비정규직화와 양극화가 가장 심각해지던 무렵, 아무것도 모른 채 미국행 비행기에 몸을 실었던 나의 경험 때문이다. 당시만 해도 나는 정규직과 비정규직 같은 복잡한 사회 문제에는 크게 관심이 없었던 것 같다. IMF로 집안이 어려웠지만 어렵게 장학금을 받으며 박사학위를 마칠 수 있었고, 힘들게 거쳐온 그 통로를 지나 미국이라는 과학의 선진국에 진입할 때까지만 해도 세상은 장밋빛으로 보였을 뿐이다.

다행히 늦은 나이에도 결혼을 하지 않았기에 미국에서의 박사후연구원 생활은 그다지 힘들지 않았다. 낭비하지 않는다면 30대 초중반의 남성 혼자 숙식을 해결하고 아주 적은 돈을 모을 정도의 봉급을 받을 수 있었다. 또래 친구들은 회사에서 대리를 거쳐 과장으로 승진해 차를 사고 집을 사기 시작했지만 연구가 즐거웠기에 상대적 박탈감은 느끼지 못했다. 하지만 결혼해서 아이가 있는 삶은 좀 달랐다. 아이가 있다고 해서 월급이 많아지는 것은 아니기 때문이다. 요즘도 그렇지만 부부가 아이와 함께 외국에서 박사후연구원으로 일하는 비정규직 보통 과학자의 삶은 처참했다.

30대 중반이 되어서도 한국의 부모님에게 손을 벌려야 하는 처지도 그렇고, 그렇게 힘들게 버텨낸다고 해도 안정적인 일자리가 보장되지 않았다.

내가 처음으로 과학기술계의 비정규직화에 분노했던 것은 미국에서 가장 명문대학이라는 스탠퍼드대학교의 동료 연구원이 자신의 아내는 의료보험이 없다고 토로했을 때였던 것 같다. 미국의 의료보험제도가 최악이긴 하지만, 내가 다니던 캘리포니아의 대학들에는 박사후연구원 노동조합이 있었고 노조와 대학의 협상을 통해 최상은 아니지만 꽤 괜찮은 의료보험에 가입할 수 있었다. 하지만 스탠퍼드대학교 같은 사립대학의 경우, 실험실마다 문화와 제도가 달라서 스스로 보험을 들어야 하는 경우도 있었다. 당시 샌프란시스코 인근의 집값은 한국 강남처럼 치솟고 있었고, 내가 미국을 떠나던 2014년경엔 치솟는 집값 때문에 우수한 연구원들이 샌프란시스코로 오지 못하는 촌극이 벌어지기도 했다. 정규 의료보험 없이 여행자 보험만 있던 연구원의 아들이 맹장염에 걸렸을 때 그는 자신의 사정을 설명하는 글을 보험사에 제출해야만 했고, 대부분의 박사후연구원에게 주어지는 보험으로는 제대로 된 치료는 꿈도 꿀 수 없었다.

나는 그나마 운이 좋은 편이었기에 박사후연구원 생활 6년 만에 캐나다에서 교수직 제안을 받았다. 그때 통장 잔고는 200만 원이 전부였다. 피아니스트였던 아내는 과학자가 그렇게 가난한 직업인지를 나를 통해 처음 알았다고 한다. 나 역시 그 길에 들어설 때는 이토록 심각한 문제가 눈에 보이지 않았고, 과학계의 처참한 양극화를 깨닫게 되었을 때는 너무 깊숙이 들어와 있었다. 다행히 교수가 되었지만, 비정규직화와 양극화라는 거대한 흐름은 조교수의 삶도 옭아매기 시작했다. 이제 미국에서 대학 조교수는 비정규직과 같은 의미로 인식된다. 전체 박사학위자 중에서 5퍼센트도 안 되는 학자가 조교수에 임명되는데, 그중 실제로 종신직을 갖게 되는 사람은 10퍼센트도 채 되지 않기 때문이다. 대학은 이미 오래전부터 과학자를 연구비를 가져오는 기계로 생각하고 있고, 그 효율성에 못 미치는 과학자는 기계 부품처럼 갈아치운다. 지금은 종신직이 대학 교수들의 일자리를 보전하고 있지만, 대학의 종신직 또한 점차 사라지는 추세다. 물론 소수의 우수한 대학은 종신직 제도를 유지하겠지만 그 피라미드 아래를 떠받치는 대다수의 보통 과학자는 비정규직으로 살아갈 수밖에 없다. 즉 과학기술계는 다른 사회와 마찬가지로 일자리 양극화를 겪고 있으며, 그 추세는 점점 더 심각해지는 중이다.

이런 이야기를 하면, 대부분의 교수와 이미 정규직이 된 선배 과학자들은 후배들에게 공포를 심어주지 말라고 한다. 하지만 현실을 알려주는 것은 그 현실에 압도되라는 뜻에서가 아니다. 그 현실의 불공정함을 깨닫고, 그저 현실에 적응하는 것으로 만족했던 선배들의 전철을 밟지 말라는 의미다. 현재 이공계 대학원에 진학한 대학원생이 성공적으로 안정적인 일자리를 갖게 될 확률은 10퍼센트가 채 되지 않는다. 그중 상당수는 학위를 중도 포기할 것이고, 학위를 받고 나서도 다른 일을 하게 될 확률이 30퍼센트가 넘는다. 인구절벽 때문에 대학이 점차 줄어들게 될 것이고,

교수의 숫자도 마찬가지일 것이다. 대부분 보통 과학자의 길을 걷게 될 것이다. 마치 사회 속에서 보통 시민이 그러하듯이, 과학자 또한 이제 특별한 천재나 광인이 아닌 평범한 직업인 중 하나가 될 것이다. 하지만 그 평범한 시민들이 수백 년 동안 투쟁을 통해 노조를 만들었고 노동권 보장을 위해 싸운 것처럼, 보통 과학자 또한 그 길에 나서야 할 시기가 이미 우리 곁에 와 있는지 모른다.

현실을 알게 된다는 것이 반드시 좌절과 공포를 의미하는 것은 아니다. 과학자의 삶은 더 이상 낭만적이지 않다. 하지만 과학은 지속되어야 한다. 그러기 위해선 과학자의 삶도 지속 가능해야 한다. 이 시대를 사는 보통 과학자에게 던져진 질문이다.

과학기술계는 결코 사회 바깥에 존재할 수 없다. 사회에서 일자리가 양극화되면, 과학기술계도 그렇게 된다. 평범한 시민들이 자본의 논리에 맞서 싸워왔듯이, 이제 보통 과학자들 또한 현실을 새롭게 인식할 필요가 있다.

맬서스의 비극,
그리고 과학기술인협회

과학자라는 단어가 만들어지고서도 100년 가까이 과학 실천인들이 그렇게 불리기를 거부한 이유는 과학 실천인들이 사회를 위해 단순한 도구적 존재를 넘어서는 지도적 역할을 할 수 있는 문화인이라는 인식을 사회에 각인시키고자 했기 때문이었다.[1]

_ 김기윤, 〈과학자의 역사와 현대 사회 속에서의 과학자〉 중에서

국가 주도라는 신화

국가 전문인력의 숫자를 통제하고 전략상 필요에 따라 하향식으로 인력 수급을 통제하는 일은 정부의 책무이기도 하다. 실제로 간호사, 의사, 변호사, 과학기술인 등 전문직의 인력 수급 문제는 사회를 이끌어나가기 위해 해결해야 할 중요한 정책 과제이다. 그런데 과학기술 인력의 취업 문제는 갈수록 심각해지는 듯 보인다. 우리나라 과학기술 인력의 수급 문제를 지속적으로 연구해온 과학기술정책연구원의 박기범은 2009년의 인터뷰에서 1990년대 이후 이공계 박사의 증가 속도에 비해 공공 부문 일자리의 증가 속도가 현저히 떨어져 신규 이공계 박사의 취업난은 통계보다 훨씬 가혹하다고 말했다.[2]

이공계 위기가 사회 문제로 대두되던 2009년에 이미 그는 이공계 위기에 대한 근본적 논의가 필요하며, 특히 배출 인력의 진로와 사회적 수요에 대한 고려 없이 과학기술 분야 대학원을 지금처럼 신설하거나 증원하면 이공계 기피 위기는 더욱 심화될 것이라고 분명히 밝혔다. 그때부터 과학기술정책연구원은 학문 후속 세대 양성만을 염두에 둔 논문 작성 위주의 박사 양성 정책을 전면적으로 개선해야 한다는 것을 알고 있었다.[3] 하지만 지난 10여 년 동안 한국의 과학기술 정책은 정확히 반대 방향으로 내달렸다. 정부는 선심성 정책으로 각 지역에 과학기술 분야 대학원을 신설했고, 논문 작성 위주의 학문 후속 세대 양성은 가짜 학회 참석과 가짜 학술지 투고라는 참사로 이어졌다.

고급 전문직 종사자의 숫자는 국가 간 경쟁에서 필수적이다. 한국은 1962년 제1차 기술진흥 5개년 계획을 시작으로 과학기술계 인력 양성 정책을 시작했다. 이후 과학기술진흥 5개년 계획으로 이름을 바꾸어 등장한 박정희식 과학 입국의 노력은 철저히 국가에 종속된 과학기술 정책과 과학기술자 사회를 만들어냈고, 사회 속에서 과학기술의 위치를 경제 발전을 위한 핵심 도구로 낙인찍었다. 2000년대 이후에는 이공계지원특별법 등을 통해, 그리고 정권을 가리지 않고 지속된 박정희식 국가 주도 과학기술 패러다임을 통해, 한국의 과학기술 인력 수급은 철저히 국가에 의해 관리되어왔다.[4]

국가에 의해 인력 수급이 관리된다고 해도, 현장의 과학기술인들이 행복하고 국가 발전에 도움이 되는 방향이라면 문제없을 것이다. 하지만 한국의 현재 상황은 중소기업의 인재난과 석박사급 인재들의 취업난이 공존하고, 이공계 인력의 질적 저하 및 우수 인력의 이공계 기피 현상이 만연하며, 특히 첨단 분야 박사급 인력의 절대적 부족 현상 앞에서도 대학원 교육 전반에 대한 회의적 시각이 전면에 등장하는 딜레마들의 전시장이다.[5] 2000년대 이후 국가 주도의 과학기술 인력 수급 정책은 철저히 실패했다.

학위 공장과 맬서스의 딜레마

과학기술 인력 수급 정책과 의사/변호사 인력 수급 정책에는 한

가지 큰 차이가 존재한다. 바로 의사와 변호사 집단은 스스로 숫자를 조절하지만, 과학기술인은 그렇지 않다는 점이다. 의사협회와 변호사협회는 국가와 전문직 종사자 사이에서 면허를 관리하고 통제하며 직업의 사회적 지위를 보호하는 등 철저히 이익집단으로서 행동한다. 하지만 과학기술인협회라는 단체는 존재하지 않는다. 과학기술인의 숫자는 철저하게 국가의 관리 속에서, 대학이 자율적으로 조절하게 되어 있다. 즉 과학기술인의 숫자는 건국 이래 단 한 번도 인력 공급을 줄이는 방향으로 논의된 적이 없다. 전문직이면서도 협회라는 이익단체를 통해 자신들의 사회적 지위와 권리를 주장하지 못하는 중인계급, 그게 현재 한국 과학기술인들의 자화상이다.

토머스 맬서스는 인구학뿐 아니라 경제학 및 다양한 학문에 큰 영향을 미친 이론가이다. 그의 이론은 찰스 다윈이《종의 기원》을 저술하는 데 큰 도움이 되었을 뿐 아니라 데이비드 리카도의 한계효용체감법칙, 존 로크의 자기소유권 개념, 카를 마르크스의 자본주의 비판이론, 그리고 존 메이너드 케인스의 유효수요이론에도 영향을 미쳤다.[6] 물론 맬서스의 대표적인 이론은《인구론》에 집약되어 있다. 1798년 익명으로 출판된《인구론》에서, 맬서스는 중상주의와 계몽주의 이념으로 성장의 환상에 빠져 있던 유럽 사회에 경종을 울렸다. 그는 계몽주의자 윌리엄 고드윈과 끊임없이 논쟁했고 지속적으로《인구론》을 대폭 수정해나갔지만, 그가 주장한 핵심 사항은 변하지 않았다. 즉 인구와 식량(혹은 자원) 간 균형에 관한 인구 항상성 원칙과, 그 원칙을 유지시키는 두 유형의 억제 방식에 관한 주장이다.

첫째, 식량과 자원은 인간의 생존에 절대적이다. 둘째, 인구 증가는 유사한 수준으로 지속될 것이다. 셋째, 하지만 식량과 자원의 증가 속도는 인구 증가를 따라잡을 수 없다. 인구는 기하급수적으로 증가하지만 식량은 산술급수적으로 증가하기 때문이다. 만약 인류가 인구 억제를 통해 인구와 자원 간의 항상성을 유지하지 않는다면 파멸에 이르게 될 것이다.

맬서스 사후 300여 년간 인류는 파국에 이르지 않았다. 맬서스는 그에게 주어진 정보를 최대한 활용했지만, 인류가 개발해낼 새로운 기술과 어느 한계에 도달하면 인구 성장이 멈추게 된다는 점을 예측하지 못했다. 그렇다고 해서 맬서스가 실패한 것은 아니다. 그는 근거에 기반한 예측으로 사회가 폭발적 인구 성장에 미리 대비하게 했다.

맬서스는 인류의 미래를 예측하지 못했지만, 수요와 공급 사이에 존재하는 항상성을 유지해야 한다는 경고를 보내는 데는 성공했다. 맬서스는 19세기의 관점에서 볼 때 훌륭한 과학자였다. 그의 저술과 이론에는 과학이 녹아 있었고, 그 과학은 인류를 위한 것이었다. 하지만 맬서스처럼 훌륭한 과학적 선배를 둔 과학자 사회는 그가 외친 이야기를 귀담아듣지 않았다. 이공계 위기와 과학기술 인력의 비참한 현실은 맬서스가 간파한 항상성의 원리만 이해했어도 일어나지 않았을 사태였기 때문이다. 국가가 관리하는 과학기술 인력 수급 정책 속에서, 국가도 과학기술계도 향후 등장하게 될 그 수많은 고급 인력의 일자리를 걱정하지 않았다. 특히

2000년대 초반부터 기하급수적으로 증가하기 시작한 의생명과학계 고급 인력은, 20여 년이 지난 지금 완벽한 맬서스의 비극에 빠져 있다.[7] '학위 공장'으로 인한 과학기술계의 맬서스 비극은, 선배 과학기술인들의 무지와 방관 속에 국가와 대학의 공조로 만들어진 지옥이다.

중인에서 시민으로, 과학기술인협회의 필요성

2010년대에 들어서면서 세계적으로 과학기술계 인력 수급의 구조적 문제가 심각하게 논의되기 시작했다. 이 시기부터 〈네이처〉, 〈사이언스〉 등의 과학 학술지가 과학기술 인력, 특히 의생명과학계 인력 수급의 문제를 지적하는 글을 지속적으로 게재했기 때문이다. 2011년 〈네이처〉에는 〈교육: 학위 공장〉이라는 논문이 실린다.[8] 이 논문은 미국과 유럽 그리고 아시아를 중심으로 기하급수적으로 배출되는 박사학위자의 문제를 지적하고, 박사학위의 취득이 성공과 행복한 미래를 보장해주는 사회가 끝났다는 경고로 마무리된다. 실제로 몇몇 분야를 제외하면, 박사학위자의 소득과 행복 수준은 학위가 없는 이들과 별다른 차이를 보이지 않는다. '보통 과학자'라는 사회적 지위는 바로 이 시기쯤 등장했다.

박사학위만 있으면 교수가 되던 시기가 있었다. 심지어 현재 은퇴를 앞둔 교수들 중에는 학위 없이 교수가 된 사람들도 있다. 그들은 교수가 된 이후에 학위를 마치기도 했다. 하지만 이제 학위는 기본이고 박사후연구원 과정을 거친 후에야 겨우 8퍼센트 남짓한 사람들만이 대학에서 교수가 될 수 있다. 심지어 이 8퍼센트도 종신직을 보장받지 않는다. 아마 이들 중 절반 정도만이 종신직 보장을 받는 교수가 될 것이다. 즉 100명이 박사학위를 받으면 겨우 4명 정도가 교수로 은퇴를 하는 시대가 된 것이다. 그럼에도 여전히 대학원 교육은 교수라는 직업을 위한 준비 과정으로 짜여 있다. 연구를 수행하고 논문을 쓰는 것이 대학원 교육의 전부이기 때문이다. 과학기술계의 맬서스적 비극에서 대학원 교육은 핵심을 담당한다. 100명 중 겨우 4명만이 가질 수 있는 교수라는 직업을 위해 모든 커리큘럼이 편향되어 있기 때문이다.

이미 선진국에선 이런 구조적 문제를 해결하기 위해 대학원의 교육 과정을 개편하고 대학원생들의 진로 지도 방향을 수정했다. 그렇다고 해서 이 비극이 연착륙할 것 같지는 않다. 국가와 대학은 여전히 과학기술인을 경제 발전을 위한 도구 정도로 생각하고, 선배 과학자들은 과거의 향수에 젖어 지옥에 빠져 있는 후배들의 상황을 이해하지 못한다. 과학기술인협회도 없는 한국의 과학기술인 대부분은 그렇게 열심히 해온 공부의 보상을 받지 못한 채 지금과 비슷한 상황 속에서 살아가게 될 것이다. 과학기술인의 사회적 지위와 경제적 처우를 보호해주는 협회도 노동조합도 없는 현실은, 그동안 국가가 주는 안락한 온실 속에서 훈육되어온 과학기술인들의 민낯을 보여준다. 주변의 연구원과 대학원생은 온통 앞날을 걱정하고 있는데도 누구 하나 앞장서 싸우지 않는다. 모두 국가의 선처만 바라며 불평불만을 늘어놓지만 딱히 해야 할 일을 찾아 나서지 않는다.

우수한 과학기술 인력이야말로 해방 이후 한국 산업 발전의 원동력이었으며, 대한민국을 여기까지 견인해온 지렛대였다. 하지만 국가는 과학기술인을 사람이 아닌 기계 부품으로 취급하는 정책을 펼쳐왔다. 국가의 잘못이 크지만, 이 거대한 권력의 횡포와 싸우지 못한 과학기술인의 잘못도 크다. 영국에는 영국과학협회가, 미국에는 전미과학진흥협회AAAS가, 그리고 일본에는 일본과학진흥협회가 있다. 한국은 과학기술인협회가 존재하지 않는 보기 드문 나라다. (한국과학기술단체총연합회는 과학기술인 개인이 회원인 협회가 아니며, 박정희 시대의 잔재다.)

과학기술계가 빠진 맬서스의 비극을 막기 위해 또다시 국가에 손을 벌리는 대안은 근본적으로 문제를 해결하지 못한다. 물론 박사학위 숫자를 줄이고, 연구원과 테크니션의 일자리를 늘리고, 대학원생과 과학기술인의 처우를 개선하고, 박사학위 이후의 다양한 진로를 마련해야 한다. 하지만 그 일을 국가가 마음대로 하게 두어서는 안 된다. 국가와 대학의 공조로 괴물이 된 한국 학문 생태계와 대학 및 대학원을 보면 관료와 교수 집단에 생선을 맡기는 일이 얼마나 위험한지 알 수 있다. 박사학위자의 숫자부터 과학기술인의 사회적 책임, 그리고 연구윤리까지를 모두 국가와 대학 사이에서 조율하는 단체, 즉 한국과학기술인협회 혹은 한국과학진흥협회가 필요한 이유다.

보통 과학자를 위한 기초과학

학문에 거짓이 없어야 한다. 부귀영화에 집착해서는 안 된다. 시간에 초연한 생활 연구인이 되어야 한다. 직위에 연연하지 말고 직책에 충실해야 한다. 아는 것을 자랑하는 것이 아니라 모르는 것을 반성해야 한다.

_ 최형섭(전 과학기술처 차관)의 묘비명

대학과 정부 출연 연구소의 역학관계

과학사가 김근배의 말처럼, 한반도 과학 역사의 출발점은 1945년 국가 주권을 되찾은 독립 이후부터다.[1] 해방공간에서 과학자들은 물론이고 많은 정치 세력들도 새로운 국가의 기틀은 과학이어야 한다는 데 동의했다.[2] 1950년 남한 최초의 정출연인 국방부 과학기술연구소가 탄생한다. 국가 주도의 과학기술 정책은 바로 이 시기에 시작되었다. 전후 복구에 정신이 없었던 이승만 정권 아래서 기초과학을 연구한다는 것은 불가능한 일이었고, 당시 남한에는 기초과학 연구를 할 수 있는 수준의 인력도 거의 없었다. 따라서 이승만 정권 시기에는 과학기술 인력 양성을 위한 대학 설립이 과학기술 정책의 주요 목표였다.

이승만 이후 정권을 잡은 박정희는 1965년 5월 18일 미국 존슨 대통령의 초청을 받아 미국을 방문했고, 이후 한국과학기술연구원 설립을 시작으로 한국의 기술 발전에 기여할 수 있는 정출연들을 설립하기 시작한다. 박정희는 과학을 기술 발전을 위한 도구로 생각했고, 그에게 실제로 중요한 것은 경제 성장을 위한 공업의 발전이었다. 따라서 그는 대학에서 성장한 과학자들의 의견을 듣기보다는 해외의 인재들을 자신이 설립한 정출연에 데려오는 방식과 그곳에 연구 중심 대학원을 설치하는 식으로 과학기술 정책을 펼쳐나갔다. 통계에 따르면, 1970년대까지 대학에 지원된 연구개발비는 정출연이 사용한 연구개발비의 10분의 1이 채 되지 않았다.[3]

1977년이 되어서야 한국과학재단KOSEF이 설립된다(이후 한국연구재단으로 통합된다). 바로 이 시기에 정부가 지원하는 기초과학 연구의 모습이 가시화된다. 이전까지 정부의 과학기술 정책은, 기초과학을 응용 및 개발 연구를 위한 기반 정도로 설정하고 있었다. 한국과학재단이 설립되면서 대학이 기초과학 연구를 수행할 수 있는 제도적 기틀이 마련된다. 이승만-박정희 시대에 대학의 기초과학은 열악한 연구 환경과 부족한 연구비에 허덕였고 대학 교수들의 불만은 컸다. 한국과학재단의 기틀을 만든 과학기술인 모임 '파이클럽'의 주축 구성원인 최형섭은 당시 과학기술처 장관 5년차에 이르러서야 기초과학 육성의 필요를 느끼고, 재단의 이름을 과학기술재단이 아닌 과학재단으로 정했다고 회고한다.[4]

한국과학재단이 대학들의 기초 연구에 숨통을 틔워준 것은 사실이지만, 박정희가 정출연 중심으로 짜놓은 한국 과학기술 정책의 패러다임은 매우 견고했다. 그 틀 속에서 1980년대 중반이 되면 한국과학재단의 기초 연구 정책은 '순수 기초 연구'와 '목적 기초 연구'라는 틀로 갈라지게 된다. 목적 기초 연구란 응용이나 개발의 선행 연구라는 의미로, 이는 박정희 시절 기초과학을 대하던 패러다임이 지속되고 있다는 것을 방증했다. 대학 기초과학 연구자들의 불만은 결국 대학의 특성을 살린 기초과학 연구센터를 설립해야 한다는 주장으로 이어졌지만, 이 계획은 처음에는 무산되었다가 9년이나 지난 후 서울대학교를 중심으로 기초과학연구소 사업이 시작된다. 하지만 대학 부설로 운영되던 기초과학연구소는 연구비 관리나 하는 조직이라는 비판을 비롯해 여러 한계를 드러냈고, 전두환 정부는 1986년 기초과학 발전을 위해 대학 바깥에 연구소를 설립하려는 계획을 발표한다.

당시 기존 중화학공업의 한계에 직면한 전두환 정부는 기술 드라이브를 통해 신산업을 발굴해야 한다는 압박을 받고 있었고, 이런 흐름 속에서 기초과학이 대학 교수들의 지적 유희로 남아서는 안 된다는 담론이 힘을 얻었다. 이때부터 대부분의 기초 연구 지원은 목적 기초 연구에 돌아가게 되고, 속도가 더딘 대학의 과학 연구를 대체하는 정부 출연 기초과학연구소를 구상하게 된 것이다. 수리과학, 물리학, 기초화학, 분자생물학, 기초공학, 그리고 방사광가속기의 6개 설립위원회가 구성되었고, 한국과학기술원 물리학과 조병하 교수의 주도로 정부 출연 목적 기초 연구기관의 설립을 위한 타당성 조사가 시작된다.[5]

기초과학을 둘러싼 갈등, 그리고 노벨상 담론

과학기술처가 구상했던 정부 출연 기초과학연구소의 역할은 단순했다. 즉 대학은 순수과학 연구를 전담하고, 독립 연구소는 목적 기초에 해당하는 연구를 수행한다는 것이다. 이런 구분으로 대학과 독립 연구소는 상호 보완적인 연구가 가능하고 공동 협력 체제를 만들 수 있다는 것이 과학기술처의 생각이었다. 하지만 대학의 기초과학자들은 이런 과학기술처의 계획에 크게 반발했다. 기초과학은 대학이 맡아서 하는 것인데, 연구비가 부족한 대학에는 지원을 하지 않고 연구소를 또 하나 짓는 것은 어불성설이라는 것이 핵심 주장이었다. 문교부 또한 대학 교수들의 편을 들어 과학기술처의 계획을 반대했다. 이런 상황에서 과학기술처는 결국 과학재단 부설로 기초과학 연구를 지원하는 센터를 설립하는 쪽으로 방향 전환을 하고, 대학이 독자적으로 확보하기 어려운 고가의 정밀기기, 특수기기 등의 공동 사용을 지원하는 센터를 만들기로 합의한다. 이 센터는 훗날 한국기초과학지원연구원이 된다.[6] 기초과학 담론에서 대학은 이미 정출연 담론을 앞서고 있었다.

1990년대가 되면 정부의 기초과학 연구는 집단화·대형화되기 시작한다. 과학재단은 '창의적 연구지원사업'을 신설해서 우수한 개인 연구자에게 장기적 지원을 하는 제도를 만들었고, 우수연구센터 사업의 일환으로 과학연구센터SRC 사업을 만들어 기초과학 연구를 대형화했다. 하지만 우수연구센터 사업 자금의 대부분은 목적 기초 연구에 해당하는 공학연구센터ERC에 투자되었고, 순수 기초 연구에 대한 지원은 여전히 '과학기술 G7 선진국 진입'과 같은 구호에 묻혀 빛을 보지 못했다. 이 시기 정부의 연구비는 급증했고 대학의 연구개발도 양적으로 성장했지만, 그 성격은 산업 발전에 도움이 되는 응용 및 개발 연구에 치우치기 시작한다. 대학은 기초 연구 중심이 아니라 연구비를 따내기 위해 기초와 응용 사이에서 애매한 연구를 해야만 하는 신세로 전락하게 된다.[7]

1996년 한국이 OECD에 가입하면서, 노벨상에 대한 열망이 여기저기서 등장한다. 이전까지는 원천 기술 확보라는 목적 기초 연구가 기초과학 연구를 추동하는 명분이었다면, 1990년대 중반 이후부터는 노벨상 수상이라는 새로운 목표가 기초과학 연구를 지원하는 명분이 되었다. 노벨상 수상을 위해 기초과학을 지원해야 한다는 해괴한 논리는 바로 이 시기에 시작되었고, 정부는 이에 발맞춰 고등과학원KIAS을 설립한다. 이는 지금까지 정부의 지원에서 소외되었던 기초과학 연구자들의 갈증이 반영된 결과이기도 했다. 한국 최초의 순수 이론 기초과학 연구기관으로 설립된 고등과학원은 처음엔 건립이 어려울 것으로 예상되었지만, 당시 김영삼 대통령이 우리나라에도 고등과학원을 만들어 노벨상에 도전해야 한다고 독려해 2011년 완공될 수 있었다.[8]

1997년 외환위기로 한국은 경제적 위기를 맞았고, 이어 2000년대 초반에는 이공계 기피 현상이 사회적 신조어로 등장하며 기초과학은 국민의 관심을 받았다. 이공계 위기 담론을 주도한 것은 언론과 과학기술 단체들로, 이들은 이공계인들의 낮은 처우를 개선하자는 데 의견을 같이하고 국가가 좀 더 과학기술에 투자해줄 것을 조직적으로 건의하게 된다. 이공계 위기의 근본적인 이유가 돈 되는 쪽으로만 달려가는 시장 숭배적 분위기라는 분석이 제기되었지만, 당시 과학기술 단체와 언론은 이공계 위기는 국가 위기라는 도식으로 여론을 장악해나갔다.[9]

기초과학이 나아갈 길

앞의 내용은 기초과학원의 역사를 다룬 책《사회 속의 기초과학》 제1장의 내용을 참고해 정리한 것이다. 이 책은 이승만 정권에서 기초과학원이 설립되어 오늘에 이르는 시기까지, 기초과학을 둘러싼 한국 사회의 변화를 중심으로 서술된 과학사 서적이다. 저자들은 기관의 역사를 서술할 때 흔히 나타나는 특정 인물에 대한 칭송 위주의 서술과, 역사적 해석을 배제한 채 사실만을 충실히 모으고 나열하는 백서 형태의 방법 모두를 피했다고 말한다. 하지만 현장에서 연구하는 기초과학자의 시각에서 보면, 이 책은 지난 시절 국가 주도로 이루어져 온 기초과학 정책을 지나치게 중립적으로 기술했다는 인상도 든다. 그건 저자들이 마치 과학계의 역사를 인류학자가 원시부족을 관찰해 연구하듯, 객관적으로 연구할 수 있다고 착각했기 때문인지 모른다.

현장 과학자인 내가 생각하는 한국 기초과학의 문제는 다음과 같다. 첫째, 한국의 기초과학 생태계는 여전히 목적 기초라는 이름의 유령에 사로잡혀 있다. 멀게는 박정희 정권에서 출발한 기초과학에 대한 철학적 오해는, 지금은 틀린 것으로 판명된 버니바 부시의 선형적 발전 과정, 즉 기초과학에 대한 투자가 응용 및 개발로 이어지는 미국식 모델을 따라 하지도 못한 채 이도 저도 아닌 상태로 남아 있다. 한국에서 기초과학은 응용 및 개발을 위한 연구다. 그 때문에 생물학자는 반드시 질병 및 건강과 관련한 연구를 해야만 연구비를 받을 수 있다. 기초 연구를 지원하는 이런 패러다임이 변하지 않는 한, 한국에서 기초 연구는 결코 발전할 수 없다.

둘째, 기초과학 연구를 지원해야 한다는 명분으로 제시된 노벨상 담론이 오히려 한국 기초과학계를 병들게 만들었다. 기초과학 연구의 목적이 노벨상일 수는 없다. 노벨상은 그저 하나의 결과물일 뿐이다. 기초과학 강국은 노벨상이 없어도 여전히 기초과학 강국이다. 한국처럼 국가적으로 노벨상을 목표로 연구비를 집행하는 국가는 없다. 이는 한국 과학기술 정책을 집행하는 관료들과 정치인들이 얼마나 후진적인 사고를 하는지 보여주는 좋은 지표다. 노벨상을 거론하는 기초과학 정책은 모두 폐기해야 한다. 바로 그 노벨상 때문에 기초과학연구원의 첫 단추가 잘못 꿰였고, 지금에 이르렀기 때문이다.

셋째, 기초과학은 스타 플레이어 한 명이 이끌 수 있는 분야가 아니다. 기초과학은 연구 기반시설과 기초과학을 존중하는 문화적 토양이 합쳐졌을 때 그 사회에 깊게 뿌리를 내리고 발전하는 일종의 문화재다. 스타 플레이어 한 명에게 투자한다고 해서 스포츠계가 발전할 수 없는 것처럼, 기초과학을 사회에 뿌리내리는 방식은 스타 과학자 한두 명에게 100억의 연구비를 주는 것일 수 없다. 기초과학연구원 모델은 완전히 새롭게 바뀌어야 한다. 지금과 같은 집행 방식은 사회적 양극화와 비슷한 부익부 빈익빈을 심화시키고, 미래의 기초과학 연구에 오히려 해가 될 수밖에 없다.

그렇다면 기초과학연구원은, 그리고 기초과학연구원을 넘어 한국 기초과학의 생태계는 어떤 방식으로 변화해나가야 할까? 어쩌면 그 중심에는 보통 과학자에 대한 철학적 성찰이 놓여 있는지도 모른다. 기초과학을 한국적으로 정착시키는 방식, 그 핵심은 노벨상도 아니고 경제 발전도 아닌, 과학을 묵묵히 수행해나가는 보통 과학자들에 대한 재발견이다. 한국의 기초과학은 보통 과학자에 대한 성찰을 통해 새롭게 태어날 수 있고, 또 그래야만 한다.

최형섭의 관료주의를 넘어

2016년, 한국과학기술연구원은 건립 비용 3억 원을 들여 박정희 동상을 세운다. 이를 위해 장영실 동상을 외진 곳으로 옮겼고, 기부금을 편법으로 이용했다. 이 동상이 세워진 시기는 당시 대통령이던 박근혜가 연구원을 방문하기 직전이었다. 한국 과학기술계가 여전히 박정희 시대의 패러다임에 갇혀 있음을 보여주는 단적인 예라고 할 수 있다.

박정희 시대에 과학기술 정책을 주도했던 인물들은 유학파 중심의 테크노라트, 즉 기술관료들이었다. 그 중심에는 파이클럽을 주도한 '과학 관료' 최형섭과 산업기술 분야에서 '공업 조직자'로 박정희의 총애를 받은 오원철이 있다. 이 중 최형섭은 현재 한국 과학기술 정책의 대부분을 제도화했다고 해도 과언이 아닐 정도로, 죽을 때까지 한국 과학기술계에 엄청난 영향력을 행사한 인물이다.

최형섭은 일본 와세다대학에서 채광야금학을 공부하고 졸업

후 미국 미네소타대학교에서 화학야금 전공으로 박사학위를 취득했다. 귀국 후 그는 유학파 과학기술인의 친목 모임인 파이클럽을 만들었다. 당시 최고 엘리트들의 모임이었던 파이클럽의 최연장자였던 그는 곧 원자력연구소 소장으로 부임한다. 원자력연구소 소장을 그만두고 잠시 캐나다 앨버타대학교에서 연구를 하던 그는 캐나다의 국가연구회 NRC 모델을 소개하는 글 〈N.R.C.를 중심으로 하는 Canada의 과학기술의 진흥〉(《화학과 공업의 진보》 4권 3호, 1964)을 발표하는데, 이 글이 박정희의 눈에 들게 된다. 이 논문에서 최형섭이 주장한 것은 설립과 운영 비용은 국가가 부담하되 운영은 자율적인 형태인 NRC 모델이 한국에 필요하다는 것이었다.

박정희와 독대한 자리에서 최형섭은 기업과 학계를 연결하는 연구기관의 필요성을 주장했고, 마침 박정희의 미국 방문 시기와 겹친 이 자리의 인연으로 최형섭은 한국과학기술연구원 초대 원장이 된다. 최형섭은 대단한 정치력으로 당시 한국 과학기술계에 필요했던 정책들을 밀어붙였고, 다양한 인맥과 대통령이라는 든든한 배경을 등에 업고 현재 우리가 보고 있는 대부분의 과학기술 관련 제도를 구축했다. 별다른 영향력이 없던 과학기술단체총연합회에 새마을운동에 동참할 것을 권유해 과학기술회관 건립 비용을 마련해준 것도 최형섭이었고, 장관을 마칠 무렵 기초과학에 대한 지원이 부족함을 깨닫고 과학재단을 만든 것도 최형섭이다. 대덕에 연구단지를 만든 것도, 정출연의 형태를 디자인한 것도 최형섭이다.

최형섭은 스스로를 '과학 관료'라고 불렀다. 그가 생각하는 과학 관료는 과학계와 정부를 잇는 다리 역할을 수행하는, 연구자 출신의 관료를 뜻했다. 그는 과학기술처 장관으로 부임하자마자 3대 과학기술 정책 목표로 과학기술 기반 조성 및 강화, 산업기술의 전략적 개발, 과학기술의 풍토 조성을 정하고, 이를 수행하기 위해 과학기술처 기존 구성원 중 지나치게 많은 인문사회학 전공자들을 과학기술 전공자들로 교체한다. 그는 연구자 중심의 과학기술 정책을 일관되게 추진했고, 장관으로 재임한 3년간 모든 국장을 기술직으로 교체했다.[10]

최형섭의 불도저 같은 리더십은 개발도상국 시대의 한국에 당장 필요한 덕목이었을지 모른다. 박정희의 정치적 속내는 기술 개발을 통한 경제 발전이었지만, 그나마 최형섭의 존재가 기초과학에 대한 지원을 제도적으로 지속할 수 있는 계기를 만든 것도 사실이다. 하지만 최형섭이 직조하고 완성시킨 한국형 과학기술 정책의 한계는 너무나 명확하다. 그가 만든 제도들은 모두 개발도상국 시대의 한국 사회에 들어맞는 낡은 관념들로 이루어져 있기 때문이다. 하향식 정책, 관료주의, 수직적 위계, 선택과 집중, 인내와 노력 등 산업화 시대의 모든 도덕적 관념이, 최형섭의《불이 꺼지지 않는 연구소》라는 책에 녹아 있다. 하지만 이제 우리는 21세기 한국 사회가 추구해야 할 과학기술 정책을 준비해야 한다.

최형섭은 개발도상국 시대의 한국에 맞는 과학기술 정책을 만들어 한국 과학기술의 틀을 세웠다. 하지만 그가 창안해낸 한국형 과학기술의 패러다임은 여전히 추격형 연구개발에 머물고 있는 한국 과학기술의 한계를 초래한 원인이기도 하다. 특히 그가 뿌려놓은 과학기술 관료의 씨앗은 이제 거대한 관료주의가 되어 그가 그토록 사랑했던 현장 연구자들을 고통스럽게 만드는 독이 되어가는 중이다. 최형섭의 패러다임이 기초과학 정책을 이끈 결과가 바로 기초과학연구원이라는 기관이다. 하지만 개발도상국 시대의 과학기술 정책으로는 기초과학연구원을 이끌 수 없다.

기초과학 연구소의 조건

한국 사회는 기초과학을 경험해보지 못했다. 정치인과 관료는 기초과학에 관심이 없었고, 경제 발전을 위한 기술 개발이 과학기술 정책의 핵심이었다. 대학이 기초과학의 터전이 되어야 했지만, 박정희 시대 패러다임에 멈춰버린 한국에서 기초 연구는 응용 및 개발을 위한 전초 단계로 인식되었고, 목적 기초 연구라는 해괴한 이름으로 진행된 일련의 기초과학 지원 사업들은 대학 연구자들의 연구 방향을 기초과학도 응용과학도 아닌 애매한 중간 지대로 몰아붙였다. 기초과학연구원은 바로 그런 기초과학의 부재를 우려하던 일군의 과학자들이 시도한 작품이다. 하지만, 그들 또한 기초과학을 위한 조건들을 제대로 이해하지 못했다. 완벽한 제도는 없다. 하지만 잘 작동하는 제도를 만드는 방법은 있다. 그건 바로 역사로부터 배우는 것이다.

과학의 역사를 돌아보면, 기초과학이 크게 융성했던 시간과 장소에는 '학파'라 불리는 일군의 과학자 그룹이 있었다. 학파는 영향력 있는 철학자, 과학자, 예술가 들을 따르는 사람들을 뜻하며, 학파의 영향력은 시간과 공간을 뛰어넘는 경우가 많다. 우리가 잘 아는 학파의 하나로 피타고라스학파가 있는데, 다양한 분과 학문의 뿌리가 되는 기초적 분야들에서는 이런 학파가 새로운 학문을 발전시키고 학문의 방향을 바꾸는 역할을 해온 것이 사실이다. 특히 과학 분야에서는 새로운 기초과학이 등장하고 번성할 때마다 카리스마 있는 과학자의 이름이나 그들이 활동하던 장소의 이름을 딴 학파가 자주 등장했다. 대표적으로 닐스 보어가 이끈 코펜하겐 학파가 있다. 코펜하겐 학파는 양자역학의 중심이었고, 20세기 초 물리학을 이끈 젊은 과학자들로 구성되어 있었다. 유기화학을 혁명적으로 발전시켜 현대 생화학의 원형을 만든 독일의 리비히도 그의 실험실에서 화학자들을 수없이 많이 길러냈고, 하나의 학파를 만들어냈다. 프랑스에는 라플라스 학파가 있었고, 영국 빅토리아 시기에는 케임브리지대학교를 중심으로 하는 생리학 학파가, 현대 영국에는 에든버러를 중심으로 하는 실험물리학 학파가, 20세기 초 미국에서는 모건을 중심으로 하는 초파리 유전학이 학파로 발전했다.[11]

학파가 형성되고 혁명적인 기초과학의 씨앗이 만들어지는 과정이야말로 기초과학 발전을 위해 제도를 구축하려는 이들이 반드시 인지해야 하는 사실이다. 학파는 암묵지의 형태로 지식을 전수하며, 따라서 처음에는 공간의 제약을 받는다. 그래서 대부분의 학파는 처음에 특정 지역을 중심으로 조직되고 발전한다. 물론 보편적 지식을 만들어내는 과학의 특성상, 그렇게 학파를 통해 혁명이 된 기초과학의 발견은 곧 전 세계 과학자들에게 퍼져나가고 새로운 패러다임의 기초가 된다. 하지만 박정희 시대 이후 50년이 지난 한국 과학계엔 학파라 불릴 만한 기초과학의 선도 그룹이 존재하지 않는다. 한국의 기초과학 정책이 학파를 형성할 수 있는 제도적 여건을 단 한 번도 제대로 만들지 못했기 때문이다. 기초과학연구원에서 훗날 세계 기초과학의 판도를 바꿀 학파가 탄생하기를 바란다면, 지금이라도 기초과학연구원을 운영하는 철학과 문화를 바꿔야 한다. 그 변화는 공간, 사람, 그리고 제도의 세 분야에서 모두 이루어져야 한다.

첫째, 기초과학의 혁명적인 발견은 (몇몇 분야를 제외한다면) 기초과학연구원과 같은 방식의 대형 사업단에서 일어나지 않는다. 기초과학의 혁명이 어디에서 일어날 것인지를 예측하는 것은 불가능하다. 하지만 그 혁명이 일어날 확률을 높이는 일은 가능하다. 기초과학의 혁명적인 발견이 한국에서 일어나길 바란다면, 단장 1인에게 과도하게 집중된 거대한 연구단을 소그룹 중심의 다양한 연구단으로 재편해야 한다. 중이온가속기 사업처럼 대규모 연구단이 필요한 연구단은 어쩔 수 없지만, 가속기처럼 거대한 기기와 장비를 요구하지 않는 생물학과 화학 등의 연구단은 소그룹으로 남겨두어야 한다.

둘째, 이렇게 소그룹으로 구성된 연구단의 연구 주제는 최대한 다양해야 한다. 연구 주제의 다양성만이 기초과학의 혁명적 발견을 이끌 확률을 높이는 유일한 방식이기 때문이다. 유행하는 연구 분야에만 집중하고 무시되는 분야는 지원하지 않는 일이야말로 기초과학연구원이 피해야 한다. 하지만 기초과학연구원 연구단의 대부분은 이미 외국에서 유행하는 연구 주제를 남들보다 조금 더 잘 수행했을 뿐이다. 쉽게 말해서, 기초과학연구원의 소그룹 연구단에는 꿀벌을 연구하는 생태학자도 있어야 하고, 개구리를 연구하는 양서류학자도, 까치를 연구하는 진화생물학자도, 고라니를 연구하는 동물학자도 필요하다. 기초과학을 지원한다는 기초과학연구원에서 이런 학자들을 볼 수 없는 이유는, 기초과학연구원의 단장 선발 기준이 출판된 논문에만 기초하고 있기 때문이다. 이미 50~60대에 이른 잘나가는 과학자 중에 미래에 기초과학의 혁명을 이끌 과학자는 없다. 기초과학연구원은 미래를 보고 투자하는 새로운 선발 방식에 소그룹을 접목해서 최대한 다양성을 키우는 방향으로 환골탈태해야 한다. 그리고 이 소그룹들이 모두 한 지붕 아래서 함께 연구할 수 있게 해야 한다.

셋째, 기초과학의 가장 중요한 기지가 될 기초과학연구원에는 수평적인 문화가 자리 잡아야 한다. 박정희와 최형섭이 만든 수직적인 관료주의 문화 속에서 기초과학은 결코 꽃 피울 수 없다. 영국 분자생물학연구소를 성공시킨 맥스 퍼루츠는 관료주의가 연구소 운영의 가장 큰 적이라고 말했다. 한국 과학계의 가장 큰 특징이 관료주의다. 이런 관료주의는 권위주의를 만든다. 대학원생과 연구원이 교수의 갑질을 두려워하는 곳에서는 기초과학의 상상력이 싹틀 수 없다. 그런데 기초과학연구원은 단장 한 명에게 무소불위의 권력을 주고 이런 권위주의를 더 강화해버렸다. 원장에서 일반 연구원으로 내려오는 그 거대한 위계 속에서 기초과학의 혁명적 상상력을 기대해서는 안 된다. 기초과학연구원은 유치한 캠페인이 아니라 제도적 보완을 통해 이 권위주의를 수평적 문화로 바꾸어내야만 한다. 소그룹을 통한 다양성 확보는 권위주의의 약화에 분명히 도움이 될 것이다.

소그룹, 다양성, 보통 과학자를 위한 기초과학

보통 과학자는 현대 사회에서 과학자라는 직업과 정체성으로 살아가는 대부분의 과학자를 말한다. 과학자의 수가 다른 직업에 비해 드물었던 19세기까지도 보통 과학자라는 범주의 과학자는 그다지 많지 않았다. 근대 과학이 탄생한 유럽에서 대부분의 과학자는 귀족 혹은 상류층이었으며, 지금처럼 조직적인 국가적 지원을 받아 연구하지도 않았다. 그 소수의 과학자가 탄생시킨 근대 과학은 진화론, 상대성이론, 양자역학, 전기의 발견, 백신 등의 혁명적인 결과를 만들며 인류의 토대를 변화시켰고, 20세기가 되자 각국은 과학자를 국가적 차원에서 교육하고 관리하기 시작했다. 그렇게 과학은 현대 사회의 가장 필수적인 부분으로 성장했지만, 사회 속에서 과학자의 지위는 과학이 사회에 기여한 것만큼 성장하지 못했다.

20세기 후반 들어 과학의 토대는 크게 변화했다. 대학이 상업화되면서 대학과 연구실의 규모는 증가했지만, 그렇게 증가한 과학자의 수만큼 과학자를 위한 직업 규모는 크게 증가하지 않았다. 과학계의 인력 구조는 점점 거대한 피라미드처럼 변해갔고, 과학계도 자본주의 사회의 모습을 따라 양극화를 겪게 된다. 국가가 과학의 최대 지원 조직이 되면서 기초과학은 점점 응용을 위한 전단계의 성격으로 변해갔고, 다윈이나 아인슈타인처럼 순수한 호기심으로 연구하는 기초과학자들은 사라질 위기에 처했다. 일자리가 부족해지고 연구비 규모에 제약이 오면서 과학계의 경쟁은 가속화되었고, 과학자들은 이기적으로 변해갔다. 예전에는 박사학위 없이도 교수가 되던 과학자들은 박사학위를 취득하고도 비정규직 박사후연구원으로 오랜 기간 일을 해야 겨우 안정적인 일자리를 얻게 되었다.

그런 상황에서 과학 연구는 사명으로서의 직업이 아니라 생존을 위한 직업이 되었다. 이런 상황이 지속되자 대부분의 사회에서 과학자는 의사나 변호사처럼 선호받지 못했고 자연에 대한 순수한 탐구를 꿈꾸는 순진한 과학자가 발붙일 과학계는 사라졌다. 그나마 기초과학이 가끔 보여주는 혁명적인 발견 덕분에 그리고 어쩌면 과학계의 양극화를 부추기는 노벨상 덕분에 선진국들은 기초과학에 대한 장기적인 투자에 어느 정도 동의하고, 그런 사회에서는 기초과학의 가치가 인정되고 있다. 그것이 바로 지난 산업화 시대에는 무시되었던 기초과학에 대한 지원이 기초과학연구원이라는 기관을 통해 재탄생하게 된 이유다.

하지만 이제 현대 사회는 다윈이나 아인슈타인과 같은 한두 명의 천재를 통해 기초과학을 지원할 수 없다. 이미 과학자의 대부분은 보통 과학자들이고, 그들 중에서 혹은 그들 서로의 협력을 통해서만 과학을 수행할 수 있는 연구 환경으로 변화해버렸기 때문이다. 이미 성장할 만큼 성장한 과학계의 인프라를 유지하려면, 뛰어난 한두 명의 천재 과학자가 아니라 보통 과학자의 존재가 필수적이다. 그리고 그들에 대한 섬세한 고려 없이 만들어지는 과학 정책은 결국 보통 과학자 대부분이 과학계를 떠나게 만들고, 그렇게 무너진 과학계의 기저는 결코 다시 채워지지 않을 것이다.

그런 의미에서 기초과학연구원은 잘못 세워진 탑이다. 기초과학을 부흥시키는 이유가 노벨상이라는 것은 유치한 관료주의의 산물이다. 노벨상은 기초과학의 기반, 즉 보통 과학자들의 삶의 기반이 단단한 사회에서만 등장할 수 있는 작은 선물에 불과하다. 그 기반을 만들지 않고 한두 명의 과학자에게 100억의 연구비를 준다고 해서 노벨상 수상자가 갑자기 나오지 않는다. 그리고 설사 노벨상을 받는다 해도 그런 정책으로 기초과학을 지원했던 사회는 계속해서 노벨상을 위한 연구만을 강요하게 될 것이다. 노벨상을 탈 만한 연구자를 기초과학연구원에 데려온다 해서 노벨상이 나오지 않는다. 그리고 그런 연구자가 몇 년 후 노벨상을 탄다고 해도, 그건 한국 사회가 만들어낸 노벨상이 아니다. 진정으로 한국 사회가 노벨상을 원한다면, 기초과학연구원을 보통 과학자를 위한 새로운 공간으로 바꾸어야 한다.

기초과학연구원은 이미 실험을 마치고 제도를 정비하는 단계에 들어섰다. 정부의 색깔이 바뀐다고 해서 정책의 방향마저 그때 그때 바뀌어서는 안 된다. 적어도 그곳에는 한국 사회에서 어렵게 생존해온 기초과학자들의 꿈이 담겨 있기 때문이다. 정부가 기초과학에 대한 새로운 철학을 정립하길 바란다. 그곳에서 보통 과학자들의 꿈이 이루어지길 바란다. 기초과학의 꿈은 노벨상이나 천재 과학자가 아니라 과학자로 평범하게 살아가는 보통 과학자들 속에 존재해야만 한다.

지속 가능한 연구실

나는 사람들이 절망적이고 고립되어 있을 때 주로 표절의 유혹에 넘어가게 된다고 생각합니다. 물론 그렇다고 해서 표절이라는 행동에 덜 죄책감을 느껴야 한다는 말은 아닙니다. 나는 좋은 조언이 표절을 예방할 수 있다고 생각해요. 그런 의미에서, 이 사건은 당신이 조언자로서 실패했다는 명백한 증거입니다.[1]

_ 익명의 레딧 이용자,
  제자의 표절 사태에 대한 지도교수의 해명에 단 댓글

공장형 연구실의 문제

2021년 11월, 서울대학교 어느 교수의 석사학위 과정 학생이 유수의 컴퓨터과학 학회인 'CVPR'에서 발표한 논문이 10여 개 논문을 짜깁기한 표절로 밝혀지며 충격을 준 적이 있다. 이 교수는 문재인 정부 대통령직속위원회인 4차산업혁명위원장을 지냈을 정도로 유명한 국내 인공지능 분야의 최고 권위자다. 게다가 이들이 참가한 'CVPR'은 컴퓨터 비전과 인공지능 연구에서 세계 최고의 학회로 불린다. 그런 최고 학회에서 최고 학자의 제자가 발표한 논문이 어설픈 짜깁기 논문이었다는 점은 충격적이다.

게다가 이 논문은 전체 논문 중 오직 4퍼센트만 선정되는 구두 발표 논문이었다. 즉 심사위원 누구도 이 논문이 짜깁기였다는 사실을 몰랐다는 뜻이다. 인공지능 소프트웨어만 돌려도 알 수 있는 문장 표절을 인공지능 전문가들이 걸러내지 못했다는 사실도 재미있지만, 이런 논문이 무려 4퍼센트의 특별한 논문에 포함되었다는 사실은 경악스럽다. 연구의 진실성만으로 평가되어야 하는 학술논문이 단지 유명한 지도교수의 이름 석 자가 들어갔다는 이유만으로 특별 발표 논문으로 선정될 수 있다는 뜻이기 때문이다.

이 문제는 논문 표절에 대한 조사에 그치는 것이 아니라 그동안 학회가 논문을 선별해온 과정 자체를 완전히 뜯어고쳐야 할 일이었다. 논문 심사위원에게 무료 봉사를 요구해온 수백 년의 관행은 이제 사라질 때가 됐다. 심사비는커녕 아무런 보상조차 받지 못하는 심사위원이 논문을 꼼꼼하게 읽기를 기대하는 것은 게으른 일일 뿐 아니라 불공정을 조장하는 학계의 악습이다.

그 사건에서 가장 놀라운 점 중 하나는 이 교수의 연구실에 무려 51명의 학생이 있다는 사실이었다(그중 박사과정생만 37명이다). 나 역시 박사후연구원 과정을 부부 과학자의 두 연구실이 거의 하나로 합쳐진 소위 '빅랩'에서 경험했지만, 실험실 구성원은 대부분 지도교수의 세밀한 지도가 필요 없이 독립적으로 연구가 가능한 박사후연구원이었고, 박사학위 과정 학생은 4명도 채 되지 않았다. 박사후연구원의 숫자도 두 실험실을 합쳐 20명이 되지 않았고, 5명 정도의 정규직 스태프 과학자들이 실험실에 상주하며 학생과 박사후연구원의 연구를 지원하는 구조였다. 그러니까 실제로 두 교수가 지도하는 박사학위 과정 대학원생은 교수당 2명 정도였던 셈이다. 아마 내가 박사후연구원으로 연구했던 그 실험실이 미국 내에서도 가장 큰 생명과학 연구실에 속할 것이다.

연구실의 적절한 규모에 대한 과학적인 답은 이미 나와 있다. 2015년 영국의 의생명과학 분야 실험실에서 수행된 분석은 실험실 구성원이 일정 규모를 넘어가면 영향력 있는 논문의 출판에 부정적인 영향이 나타남을 입증했다. 출판 논문의 숫자는 실험실 구성원 규모가 10명을 넘어가면 더는 증가하지 않았고, 영향력 있는 연구는 약 10~15명 사이의 실험실에서 등장하는 경우가 가장 많았다. 해당 연구 보고서는 가장 이상적인 연구실 규모는 박사후연구원을 주축으로 구성된 10여 명 안팎이라고 제안한다.[2]

프린스턴대학교의 분자생물학과 학과장인 셜리 틸먼Shirley Tilghman은 하워드휴즈의학연구소 등이 운영하는 의생명과학 온라인

강의 플랫폼 'iBiology'를 통해 '의생명과학 분야의 맬서스적 딜레마'에 대해 이야기한 바 있다.[3] 맬서스의 비극은 식량의 증가가 기하급수적으로 증가하는 인구수를 따라잡지 못하는 암울한 미래를 예측한다. 틸먼 교수가 말하는 의생명과학계의 맬서스적 딜레마란 박사학위자의 숫자는 엄청나게 증가했지만 이들이 안정적으로 연구할 수 있는 자원은 이를 따라잡지 못하는 현상을 가리킨다. 즉 맬서스가 내놓은 암울한 예측은 과학기술이 발전한 덕에 틀리게 되었지만, 과학계 스스로는 맬서스의 딜레마에 빠져버린 것이다.

그나마 자원이 풍족한 미국의 사례를 보자. NIH를 중심으로 의생명과학 분야의 최강국이 될 수 있는 기반을 마련한 1945년 이후 20세기 내내 미국 내에서 의생명과학 분야를 전공한 이들은 역사상 가장 풍요로운 세기를 맞았다. 과학기술 예산은 모든 정부에서 최우선 배정되었고, 과학기술 예산을 두고 국회와 행정부 사이에서 로비를 할 수 있는 국립과학재단NSF의 존재 또한 이런 과학의 세기를 가능하게 했다. 문제는 이 풍요의 세기에 기하급수적으로 증가한 의생명과학 분야 박사학위자의 숫자에 있다. 1980년대 이후 의생명과학 분야 박사학위자는 매년 약 6000명 수준에서 2015년에는 1만 2000명으로 두 배 이상 증가했다. 한국, 일본, 중국, 유럽을 모두 포함하면 증가세는 더욱 가파르다.

이들 박사학위자 모두가 연구직을 선택한다고 가정하면, 연구실 운영을 위한 연구비가 필요하다. 하지만 2000년대 이후 NIH의 연구비는 15년이 넘도록 전혀 증가하지 않았다. 즉 21세기부터 미국의 연구개발비는 폭발적인 증가세를 멈추고 국가 재정의 한계치에 도달한 셈이다. 이는 중국을 제외하고 전 세계 대부분의 국가가 겪고 있는 동일한 현상이라고 봐도 무방하다. 따라서 독일이나 캐나다 같은 국가는 이미 오래전부터 박사학위자의 숫자를 일정 수준 이하로 조정하는 정책을 시행 중이기도 하다. 문제는 미국식 제도를 그대로 따라 하는 한국의 과학기술 정책에 있다. 국내 이공계열 박사학위 취득자 또한 가파르게 늘고 있으며, 한국의 연구개발비 규모는 국민총소득 대비 세계 1위 수준으로, 더 늘리기 어려운 상황이다.[4] 현대 사회에서 과학기술 연구개발비는 대부분 국가 재정에서 충당하는데, 그 규모는 이미 20세기 말 최대치에 도달했다. 정부가 연구개발에 투입할 수 있는 자원에는 분명한 한계가 존재한다.

틸먼 교수는 연구개발비 및 박사학위자를 위한 일자리는 정체된 상황에서 지속적으로 증가하는 박사학위자가 일종의 병목현상을 만들어냈고, 이것이 현재 의생명과학계를 비롯해서 많은 분야에서 벌어지고 있는 고학력자의 비참한 고용 실태를 대변한다고 말한다. 파이프라인의 중간에 쌓인 적체를 해소하지 않고서는 이 문제를 결코 해결할 수 없다는 것이 이 문제를 분석한 대부분의 학자들이 합의한 결론이다.

지속 가능한 실험실로의 변화

공장형 실험실은 이런 맬서스적 딜레마의 최종 도착지다. 연구비가 더 이상 증가하지 못하니 대학의 교수 채용 숫자 역시 증가하지 않는다. 게다가 현재 한국 대학들은 인구절벽으로 인한 재정난과 예산 부족으로 신음하고 있으니 교수 일자리는 절대로 증가할 가능성이 없다. 교수의 숫자가 증가하지 않는다는 말은 연구실 숫자도 증가하지 않는다는 뜻이다. 하지만 대학은 등록금 및 국가지원금 수취를 위해 대학원생을 지속적으로 늘려오고 있다. 이런 상황에서 나타날 수밖에 없는 실험실의 구조는 단 한 명의 교수가 극소수의 연구원으로 실험실을 유지하면서 감당할 수 없는 수의 대학원생을 받아들이는 모습으로 나타난다. 이와 같은 공장형 실험실은 과학계가 겪는 맬서스적 비극의 귀결이다. 이런 구조에서는 제대로 된 교육이 이루어질 수 없다.

서두에 언급한 연구실은 이런 맬서스적 비극의 가장 극단적인 사례다. 이 교수는 무한 경쟁의 과학기술 생태계에서 매우 성공한 생존자이고, 따라서 엄청난 연구비를 수주할 수 있었다. 대학은 연구비를 교수 임용에 쓰기보다 좀 더 쉽게 이익을 낼 수 있는 대학원생에 투자한다. 게다가 BK21 같은 과제에 쉽게 선정될 수 있는 서울대학교에서, 대학원생은 무료로 공급받을 수 있는 인력이다. 이런 상황에서 잘나가는 실험실에 엄청난 숫자의 대학원생이 몰리는 것은 아주 자연스러운 일이다. 학생들의 복지와 정상적인 교육을 위해서는 학교가 연구실 규모에 대한 가이드라인을 제시하고 대학원생이 제대로 된 교육을 받고 있는지 확인해야 하지만, 상업적 이익에 눈이 먼 대학들은 그런 한가한 소리에 귀를 기울이지 않는다. 최고의 대학, 최고의 학회, 최고의 교수에게서 등장한 최악의 표절 사태에서, 한국 교수 사회와 대학이 깨달아야 할 교훈이 바로 여기에 있다.

대안은 무엇일까? 대학원 연구실의 규모와 구조가 지속 가능한 수준으로 변혁되어야 한다. 이런 변혁은 대학과 정부가 의지를 가진다면 충분히 가능한 일이며, 실현된다면 반드시 연구개발 경쟁력의 상승 효과를 만들어낼 묘안이기도 하다. 지속 가능한 연구실을 위한 개혁의 핵심은 다음과 같다.

첫째, 연구실/실험실 인원을 지금보다 훨씬 더 줄여야 한다. 세계 최고의 생명과학 기초 연구소인 HHMI 자넬리아연구소는, 교수 1명당 테크니션을 포함해 오직 5명의 소그룹 연구를 지향한다. 연구를 확장하고 싶다면 공동 연구가 가능한 또 다른 소그룹을 만들라는 것이 자넬리아의 전략이다. 한국 기초과학연구원은 자넬리아와 정확히 반대의 길, 즉 1명의 단장 밑에 100여 명에 가까운 연구원을 몰아주는 구조를 선택했다. 어떤 실험이 과학 경쟁력에 더 좋은 구조인지는 시간이 밝혀줄 것이다.

둘째, 박사후연구원의 급여가 혁신의 중심이 되어야 한다. 지금처럼 교수 일자리 수가 제한된 상황에서 비정규직 박사후연구원의 처우 문제는 심각하다 못해 비참할 정도다. 이들에 대한 처우가 향상되지 않는 한 뛰어난 이공계 인재의 대학원 유입은 기대할 수 없다. 또한 노벨상을 수상하는 연구의 대부분이 바로 이 박사후연구원 시기의 젊은 연구자들에게서 등장한다는 점을 명심해야 한다. 스탠퍼드대학교 및 미국의 주립대학들은 박사후연구원 급여의 하한선을 명시하고, 이들에 대한 처우를 개선하는 데 주력하고 있다.

셋째, 학생은 줄이고 정규직 스태프 연구원의 숫자를 늘려야 한다. 한국의 석박사급 스태프 연구원의 처우는 처참할 정도다. 하지만 이들이 바로 실험실의 문화를 만들고 실험실을 돌아가게 만드는 엔진이다. 한국 과학자 사회는 모든 박사학위자가 교수가 되어야 한다는 편견에서 벗어나 훌륭한 스태프 연구원의 고용을 늘리고, 이들에 대한 정당한 보상을 해야 한다.

넷째, 대학과 연구소는 경험 있는 박사급 연구원을 중심으로, 연구 장비, 시설, 멘토링 등을 한데 모아 제공하는 '코어 퍼실리티'를 통한 연구를 지향해야 한다. 미국식 연구실 운영은 코어 퍼실리티가 아니라 모든 연구실이 각자 필요한 기계를 구매하고 독립적으로 움직이는 방식이다. 하지만 이런 시스템은 맬서스식 비극을 가속화할 뿐이다.

대학과 교수의 자격

셜리 틸먼 교수의 지속 가능한 연구실 대안 중 한국의 교수 사회와 대학이 경청해야 할 부분은 바로 '투명성의 보장'이라는 항목이다. 교수와 대학은 맬서스적 비극에 매몰되고 있는 과학계의 현실을 냉철하게 파악하고, 해당 대학원과 연구실의 현실을 신입생에게 투명하게 공개해야 할 의무가 있다. 예를 들어, 앞서의 연구실에서 논문 표절을 시도한 석사과정 학생은 50명이 넘는 공장형 연구실에 소속되어 있어 교수와의 개인 면담이 불가능할 정도인 데다 각자 알아서 논문을 쓰고 살아남아야 하는 분위기였던 탓에 그런 행동을 저지른 것일지도 모른다.

사건이 터지고 나서 해당 교수는 이 사건을 논하는 레딧 게시판에서 자초지종을 설명했다. 그 레딧 게시판 아래에 어느 네티즌이 답한 글이 인상적이라 번역해본다. 한국 교수 사회의 자성을 촉구한다.

나는 사람들이 절망적이고 고립되어 있을 때 주로 표절의 유혹에 넘어가게 된다고 생각합니다. 물론 그렇다고 해서 표절이라는 행동에 덜 죄책감을 느껴야 한다는 말은 아닙니다. 나는 좋은 조언이 표절을 예방할 수 있다고 생각해요. 그런 의미에서, 이 사건은 당신이 조언자로서 실패했다는 명백한 증거입니다.

금수저의 나쁜 논문

만약 정말 실력 있는 특출난 학생들만 논문을 작성한다면 그 수가 많지 않아야 하고, 이러한 극소수 천재들은 대학 진학 이후에도 계속 학술 연구 활동을 할 확률이 높습니다. 그러나 전체 저자 중 최소 약 70퍼센트가 고교 시절 논문 한 편만을 작성했으며 추가적인 연구 이력을 찾을 수 없었습니다.[1]

_ 강태영·강동현, 〈논문을 쓰는 고등학생들에 대해 알아봅시다〉 중에서

미성년 저자 논문과 셜록의 추적

2017년 11월 21일자 〈국민일보〉 사회면에 〈高1 아들을 논문 공저자로… 서울대 교수의 '끔찍한' 자식 사랑〉이라는 제목의 기사가 실렸다. 기자는 서울대학교 교수가 자녀를 자기 실험실 논문의 공저자로 올려 특혜를 준 사실을 폭로했고, 이 일로 서울대학교는 발칵 뒤집혔다. 후속 취재에서 이 기자는 전혀 생각지도 않았던 사실을 발견하고 깜짝 놀란다. 폭로한 교수의 사례가 특별한 예외가 아니었고, 미성년 자녀를 논문의 저자로 끼워넣는 관행이 생각보다 널리 퍼져 있었던 것이다. 당시 논문 검증을 도왔던 나는 한국의 왜곡된 가족주의가 이미 과학계에도 널리 퍼졌음을 알 수 있었다.

2018년 교육부는 연구윤리 확립을 위한 정책 개선에 활용하기 위해, 전국 대학에 2007년 2월부터 2017년 12월 사이에 발표한 연구물 가운데 미성년 저자 논문을 전수조사하라고 요청했다. 2019년 교육부는 미성년 논문 총 794편을 확인했다고 밝혔지만 연구 부정에 대한 징계 시효는 단 3년으로, 부정이 확인되더라도 시효를 넘기면 중징계가 어려웠다.

2022년 진실탐사그룹 셜록은 〈유나와 예지 이야기〉라는 프로젝트를 통해 교육부가 조사해 발표한 미성년 부정 논문의 저자와 그 부모를 추적했다.[2] 1화에는 용인외고 출신 두 학생의 사례가 소개됐다. 과학고도 아닌 외고생이었던 차유나(가명)는 고등학교 3학년 때 '패혈증 비브리오균'을 연구해 과학인용색인SCI 급 논문에 저자로 이름을 올렸고, 1년 후배 나예지(가명)는 1학년 때 연구를 시작해 석사도 쓰기 힘들다는 논문에 저자로 이름을 올렸다. 이 둘의 논문은 유명 일간지에 소개될 정도로 화제가 됐고, 두 학생은 나란히 의사가 됐다.

서울대학교 연구진실성위원회는 2020년 유나와 예지의 논문을 '연구 부정'이라고 판정했다. 차유나의 아버지였던 서울대학교 농업생명과학대학의 A 교수는 자신의 연구실과 대학원생, 연구원, 동료 교수를 모두 동원해 딸 유나와 그 친구 예지의 논문 '스펙 쌓기'를 도왔다. A 교수는 이 과정에서 모든 과정을 치밀하게 설계했다. 그는 정교수 승진을 준비 중이던 학과의 후배 교수 D에게 자신이 교신저자가 되면 문제가 될 수 있으니 대신 교신저자를 맡아달라고 부탁했다. 이렇게 출판된 논문으로 유나는 A 교수가 실무위원장 및 심사위원으로 있는 학술대회에서 상까지 받는다. 이렇게 쌓은 스펙으로 유나는 고려대학교 생명과학부에서 의과대학에 편입했고, 셜록의 보도 당시 병원에서 레지던트로 근무 중이었다. A 교수는 징계 한번 받지 않고 서울대학교 교수로 재직 중이며 이름을 빌려준 D 교수만 징계를 받았다.

셜록은 〈유나와 예지 이야기〉를 통해 800여 건에 이르는 논문을 모두 추적한다는 목표를 세우고, 교육부를 상대로 정보공개청구 및 행정소송 등 모든 수단을 동원해 진실을 밝히려 했다. 교육부는 '서울대 교수 논문 중 미성년 공저자 부정 논문'을 알려달라는 셜록의 정보공개 청구에 처음은 '개인 사생활 침해'라며 공개를 거부했다가, 계속되는 이의신청에 서울대학교 소속 교수의 미성년 공저자 논문 64건과 연구 부정 판정을 받은 논문 22건을 부분 공개했다.

하지만 교육부는 서울대학교에서 비공개로 할 것을 요청했다며 논문 제목은 공개하지 않았다.[3] 이에 대해 셜록의 박상규 기자는 국민의 세금이라는 공적 자금으로 작성된 논문은 일기가 아니라고 반박했다. 교육부와 서울대학교는 사생활 침해라는 이유를 들어 미성년 저자 부정 논문을 보호하려 했지만, 한국미생물학회는 유나와 예지의 논문 철회를 결정했고, '공정한 사회를 바라는 의사들의 모임'이라는 청년 의사단체는 서울대학교 교수와 딸을 고발하기로 했다. 모두 부정에 눈을 감아도 사회의 누군가는 작은 송곳을 들고 진실이 모두 드러날 때까지 벽을 뚫는다.

논문을 쓰는 고등학생들

강태영(카이스트 경영공학과, 언더스코어 대표), 강동현(당시 시카고대학교 사회학과 소속, 현 연세대학교 사회학과) 두 연구자는 2022년 4월 18일 인터넷을 통해 〈논문을 쓰는 고등학생들에 대해 알아봅시다〉라는 연구를 발표했고, 이 연구를 수정·보완해 2024년 영국의 한 학술지에 정식 게재했다.[4] 이 연구는 2001년부터 2021년 사이에 국내 213개 고등학교 소속으로 작성된 해외 논문을 전수 조사한 것으로, 저자들에 따르면 총 논문 수는 492건, 학생 저자 수는 861명에 달한다.

저자들은 우선 고등학생들이 논문을 쓰는 것 자체를 문제 삼을 의도는 없다고 밝힌다. 한국의 과학고등학교와 영재고등학교 등에서는 R&E라는 제도를 통해 아예 대학 연계 논문 작성 프로그램을 지원하고, 교육부는 청소년 국제학술대회를 개최하기도 한다. 만약 일부 탁월한 학생들이 어린 시절부터 연구에 흥미를 가져 이 논문들을 쓴 것이라면, 이런 학생들은 이후 대학에 진학해서도 논문 작성을 계속하는 경향을 보일 것이다. 이를 알아보기 위해 강태영과 강동현은 마이크로소프트 아카데믹그래프MAG와 국내학술지인용색인KCI 등의 API 형식 데이터를 이용해 국내 6개 영재고등학교, 20개 과학고등학교, 130개 자율형 사립/공립고등학교, 30개 외국어고등학교, 8개 국제(글로벌)고등학교에 더해 서울대학교 진학 랭킹 상위 50에 속한 19개 일반 고등학교를 분석 대상으로 삼았다(총 213개 학교). 이 과정에서 저자들은 교육부 공식 웹사이트와 각 학교의 공식 웹사이트를 확인해 명단을 구축했으며, 이를 토대로 매칭 데이터를 만들었다.

이 분석 결과가 밝혀낸 가장 놀라운 사실은, 전체 저자의 90퍼센트가 논문 출간 이력이 단 1회뿐이라는 점이다. 동명이인 저자 매칭의 오류를 감안하면, 대부분의 학생 저자들은 고등학교 시절 논문 단 한 편을 작성했을 가능성이 높다. 이렇게 작성된 논문은 학생생활기록부 점수의 차별성을 위해 기획된 것일 가능성이 크다. 2014년 교육부가 학생생활기록부에서 논문 등재, 발명 특허, 도서 출간 등의 기재를 금지한 이후 논문의 숫자가 급격히 감소했기 때문이다. 이런 경향은 조사 대상이었던 모든 유형의 고등학교

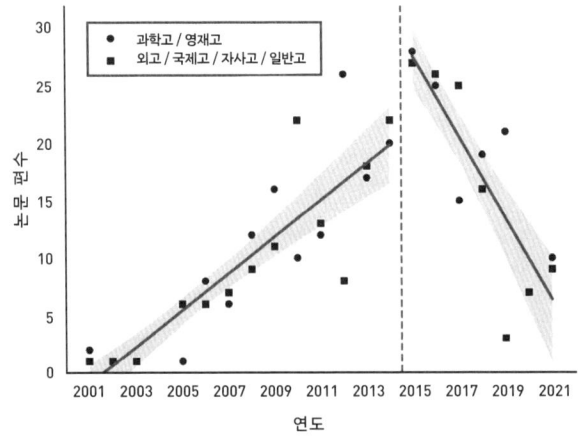

학생생활기록부 논문 기재 금지 발표 전후(2014년) 변화

미성년 저자들의 논문은 연구에 대한 호기심이나 열정이 아니라,
학생생활기록부에 기재해 대학 입시에서 차별성을 가질 목적으로 작성되었다.

들에서 공통적으로 나타났다.

 강태영과 강동현은 미성년 저자의 논문 중 사회적으로 문제가 될 수 있는 유형을 (1) 논문에 거의 기여하지 않았음에도 인맥을 활용하여 부정하게 저자로 등재되는 사례, (2) 입시 전략을 위해 의도적으로 약탈적 저널이나 공신력이 낮은 학술지 학회에 발표한 사례로 구분한다. 이 중 전자는 명확히 비리 행위이나 후자의 경우 정보가 부족한 학생들이 담당 교수의 권유로 아무런 문제의식 없이 참여했을 수 있음을 지적한다. 즉 이러한 부정행위는 오롯이 학생들만이 아닌 어른들의 그릇된 욕망이 투영되어 있는 문제라는 뜻이다.

보통 과학자를 좌절시키는 금수저 논문들

한국은 어린 시절부터 탁월한 학습 능력을 보이는 학생들을 과학기술자로 유인하기 위해 과학고와 영재고 등의 제도를 만든 드문 나라 중 하나다. 1983년 경기과학고등학교로 시작된 과학고등학교는 노벨상을 목표로 설립된 특수목적 고등학교다. 과학영재고등학교는 2000년 영재교육진흥법의 제정으로 만들어진 초중등교육법에 적용을 받지 않는 특수학교로, 극소수가 운영 중이다. 이들 학교가 한국 과학계의 발전에 어떤 기여를 했는지를 분석한 연구는 존재하지 않는다. 하지만 해마다 입시 철이나 국정감사 기간이 돌아오면 과학고등학교 출신 학생의 의과대학 입학을 제한해야 한다는 한심한 이야기가 뉴스를 뒤덮으며 과학고등학교의 존재감을 알리곤 한다. 실제로 과학자 양성을 위해 설립된 과학고등학교는 의대 입학을 위한 수단으로 사용된다는 지적을 자주 받아왔다. 하지만 과학자가 어떻게 탄생하는지에 대한 아무런 고민도 없이 어른들의 잘못된 욕망으로 출발한 과학고등학교에서, 학생들은 국가로부터 장래희망까지 제약당하는 폭력을 아무렇지도 않게 받아들여야 한다. 의약학 계열 대학으로의 진학을 제한하자 과학고등학교 입시 경쟁률이 감소했다. 과학고등학교는 한국 과학 인재 정책의 처참한 실패로 기록되어야 할지 모른다.

고등학생이 해외 학술지에 영어로 논문을 발표하는 일은 세계적으로도 드문 일이다. 누군가 만약 한국 사회에 대한 아무런 정보도 없이 1000명에 가까운 고등학생 저자의 논문 리스트를 보았다면 과학 한국의 미래가 밝다고 분석했을지도 모를 일이다. 하지만 금수저라는 단어로 상징되는 한국의 교육 불평등 속에서 부모를 잘 만나 해외 학술지에 논문을 발표한 한국의 금수저 고등학생들은 대학 진학 이후 다시는 논문을 발표하지 않았다. 게다가 꽤 많은 자금과 노력이 동반되어야 하는 해외 학술지 논문 등재가 대학 입학에 아무런 도움이 되지 않자 이런 유행은 금세 꺼져버렸다. 부모와 선생의 그릇된 욕망은 보통 과학자들이 전심을 다해 한 편이라도 출판하려 애쓰는 과학 논문의 영역까지 침투해 평범한 과학자들의 소중한 논문의 가치를 갈기갈기 찢어놓았고, 그도 모자라 그 금수저 학생의 논문을 출판하기 위해 보통 과학자의 소중한 노동과 시간을 도용하기까지 했다. 지난 십수 년간 한국 사회에서 과학 논문을 매개로 벌어진 '학생-부모-교사-고등학교-대학교'의 미성년 부정 논문 카르텔은 모두 밝혀져야만 한다.

한국 과학자 사회의 불평등에 대하여

더 빨리 성공할수록 미래에 더 큰 성공을 거둘 가능성이 커진다. 우리는 마태효과가 실제 과학계의 연구비 선정 과정에서 작동하는지 알아보기 위해 연구를 수행했다. 우리는 이 연구를 통해 연구비 선정 결과의 문턱 바로 위에 위치하는 과학자들이 문턱 바로 아래 위치하는 과학자들보다 무려 두 배 이상의 누적적 성공을 거둔다는 것을 확인했다. 두 과학자 그룹의 연구비 심사 결과 점수는 거의 비슷했지만, 결국 이런 큰 차이로 나타난 것이다.[1]

_ 테이스 볼 외, 〈과학 연구비에서의 마태효과〉 중에서

계량지표가 초래하는 불평등

과학계에는 엄연히 불평등과 차별이 존재한다. 마틸다의 유리 천장과 마태효과로 인해 나타나는 주변 국가 과학자가 겪는 차별, 그리고 과학계에 만연해 있는 인종차별 등 현대 과학 생태계에서 이런 불평등은 점점 더 심각해지고 있다. 과학계의 양극화와 불평등은 이미 수십 년 전부터 구조적으로 자리 잡았고, 과학 연구는 대학과 정부 그리고 학술지라는 삼각동맹으로 인해 철저하게 비즈니스 논리에 좌지우지되고 있다. 대학의 상업화는 이미 오래된 일이고, 과학 연구가 자본주의적 논리에 잠식되어가고 있다는 것은 과학 생태계에 발을 디딘 과학도가 가장 먼저 배우는 처절한 현실이다.

대학의 상업화가 창조해낸 풍경 중 하나는 평가지표라는 지옥이다. 특히 과학계는 다른 분야들보다 훨씬 일찍 계량적 평가지표를 과학자의 업적 평가에 도입했다. 과학계에서 과학자의 업적은 과학자가 출판한 논문의 수와 해당 논문이 출판된 학술지의 SCI 영향력 지수, 그리고 논문에 실린 저자의 수 등으로 측정된다. 대학이 상업화되고 직업훈련소로 전락하면서 이런 학술지 논문 외에 특허의 수 또한 과학자의 업적을 평가하는 계량적 평가지표로 자리 잡았다. 과학 연구를 계량화하는 이런 시도는 결국 과학계를 소수의 엘리트가 독점하는 양극화로 몰아넣고 있다. 통계에 따르면 약 15퍼센트의 과학자가 전체 논문의 약 50퍼센트를 발표하고, SCI에 속한 저널에 발표된 논문 중 70퍼센트의 논문이 단 한 번 인용된 반면, 0.009퍼센트의 논문만 100회 이상 인용된다.

2017년 울리히 매터 교수는 〈의생명학계의 엘리트에 대하여: 과학적 지식 생산에서의 불평등과 정체상태〉라는 논문을 통해 1985년에서 2015년까지 미국 NIH에서 수행된 연구비 평가와 그 결과를 바탕으로 과학계의 불평등을 분석해냈다.[2] 매터에 따르면 1985년 이후 연구비 불평등은 심각하게 증가했고, 처음부터 연구비 경쟁에서 우위를 차지한 상위 연구자들이 계속해서 그 자리를 지키는 것으로 나타났다. 매터는 이 현상을 '정체', 즉 '계급의 유동성 저하'라고 부른다. 연구비 선정의 결과는 과학기술 정책 과정에서 도입된 경제학자들과 정책 관료들의 계량적 지표와 정확히 일치하는 경향성을 나타내는데, 이런 계량적 지표들의 도입으로 인해 소수의 엘리트가 연구비를 독점하는 결과가 초래된다. 그 엘리트는 단지 과학자 개인이 아니라 특정 연구기관 혹은 연구 분야에 속한 집단을 의미하기도 한다. 의생명과학 분야의 소수 연구자들에게 편중되어 있는 연구비를 고려해볼 때, 이런 불평등의 고착화는 의생명과학 연구의 다양성을 현격하게 떨어뜨린다고 매터는 결론짓는다.

전 세계의 과학 생태계, 특히 의생명과학계는 역사상 유례없는 연구비 공황과 극심한 경쟁으로 몸살을 앓고 있다. 이런 구조적인 문제로 인해 사회가 입는 손해는 심각하다. 과학 생태계의 지나친 상업화는 국민의 세금으로 수행되는 과학 연구의 결과물들을 신뢰할 수 없게 만들고, 상아탑에서의 무한 경쟁은 과학자들의 전문지식과 조언이 필요한 사회적 문제들에서 과학자들을 소외시킨다. 황우석으로 상징되는 연구 성과 부풀리기와 논문 조작, 가짜 학회와 가짜 학술지 논란으로 야기된 연구자들의 도덕적 해이와 연구윤리의 실종은 단순히 과학 생태계의 문제로 끝나지 않는다. 과학 연구에서 벌어지는 부패와 도덕적 해이는 국가의 장기적인 미래 전략에 큰 실패를 안길 수 있고, 그로 인해 국가 간 경쟁에서 한국이 도태되는 결과로 나타날 수도 있다. 또한 불평등과 경쟁으로 교란된 과학 생태계에서 과학자는 사회적인 책임을 완수하는 지식인이 아니라, 이기적인 욕망의 노예로 전락할 수 있다. 그것은 한 국가가 감수해야 하는 큰 손해다.

한국 과학자 사회의 계층화

김명심과 박희제는 2011년 〈한국 과학자의 경력 초기 생산성과 인정의 결정 요인들: 대학원 위신과 지도교수 후광효과의 영향을 중심으로〉라는 논문에서 한국 과학자 사회에서 나타나는 마태효과를 검증했다.[3] 이들에 따르면 한국의 과학자 사회는 생산성과 보상이라는 양 측면에서 고도로 계층화된 사회다. 한국 대학(원)이 지닌 위신의 영향을 중심으로 한국 과학자의 학위 기간과 학위 후 3년이라는 경력 초기의 연구 생산성과 동료 인정의 차이를 낳는 요인들을 살펴보면, 출신 대학원의 위신이 높을수록, 그리고 국내 대학보다 해외 대학 학위자일수록 박사 후 3년간의 생산성이 높고 동료들에게 더 인정을 받는 현상이 나타난다. 특히 한국의 극소수 상위 대학 대학원 출신은 해외 대학 대학원 출신과의 격차가 현저히 줄어들었지만, 국내 기타 대학 대학원 학위자의 생산성과 인정은 크게 뒤처져 현격한 양극화가 진행되었음을 알 수 있다. 저자들에 따르면, 이런 불평등과 양극화의 가장 주요한 요인은 상당 부분 지도교수와의 공동 연구를 통한 후광효과에 기인하고, 이는 국내보다 해외 출신에게서 더욱 크게 나타난다고 한다. 한국 과학자 사회는 해외 대학원, 특히 미국 유학파라는 특수한 맥락에 의해 계층화가 진행되었고, 이로 인해 다양성을 잃고 있는 셈이다.

김명심은 2008년 〈한국 대학 과학자 사회의 계층화 요인 연구〉라는 박사학위 논문을 발표했다. 그는 이 논문의 서두에서 20세기 중반 이후 급격히 진행된 과학 생태계의 계층화에 대해 이렇게 말한다.

사회체계들 중에서도 고도로 합리화된 체계를 가지고 있다고 여겨지는 과학체계 역시 불평등을 형성하고 이를 통해 과학자 사회의 계층화를 생성·유지시키는 기제가 존재한다. 하지만 과학이 가지고 있는 합리적이고 가치중립적인 전통적인 이미지로 인해 과학을 수행하는 과학자들의 사회는 다른 사회 분야들과 달리 고도로 합리화되고 자기 검증이 철저하게 이루어지는 사회라는 믿음이 과학계 내부만이 아니라 일반 대중에게도 일반적으로 받아들여지고 있다. 그렇기 때문에 과학을 수행한 결과에 대한 인정은 과학적 업적 그 자체의 질에 따라 평가되며 어떤 개인적 특성과 사회구조적 영향도 배제

될 것이라고 생각하는 경향이 있다. 과학자 사회에서는 학연이나 성별과 같은 귀속적 특징에 따라 과학적 업적에 대한 평가가 이루어지지 않을 것이며, 귀속적 특징으로 인해 과학자로서의 성공과 실패의 차이가 발생하지 않을 것이라는 믿음이 보편화된 것이다.[4]

김명심은 과학자 사회 또한 계층화와 불평등이라는 근대 사회의 병리현상에서 자유롭지 않을 것이라고 말한다. 김명심의 이 논문은 서구의 경험적 연구들에서 증명된 과학자 사회의 계층화 현상이 우리나라의 과학자 사회에도 존재하는지 확인하고, 만약 한국의 과학자 사회에 계층화 현상이 존재한다면 계층화에 영향을 미친 요인들과 그로 인한 한국 과학자 사회의 특성을 규명하는 것을 목표로 한다. 이미 앞에서 살펴보았듯이, 한국처럼 대학의 서열 체계가 확고한 국가일수록 과학계에서도 마태효과가 더욱 극명하게 나타날 것으로 예상해볼 수 있다. 특히 공동 연구가 일반화되어 있는 현대 과학의 특성 때문에 지도교수와의 공동 연구는 신진 연구자의 생존에 필수적이다.

결론부터 말하자면, 김명심의 연구 결과는 한국 과학자 사회의 뿌리 깊은 계층화를 드러낸다. 특히 흔히 '학계 마피아'라고 말하는 지도교수의 영향력과 대학 서열을 한국 과학자 사회를 병들게 하는 주요 원인으로 지목한다.

따라서 이 연구의 분석 결과는 대학의 서열 체계가 과학자 사회의 계층화에 중요한 영향을 미치고 있다는 가설을 지지한다. 출신 대학에 따라 생산성과 인정의 불평등이 존재할 뿐만 아니라 불평등의 원인이 대학원의 명성이나 지도교수의 후원과 같은 후광효과에 있다고 분석한다. 즉 한국 대학 과학자 사회의 보상 체계는 보편주의보다는 특수주의 요인에 의해 차등적으로 구조화되어 있다고 할 수 있다. 대학의 서열 체계가 고정되어 있는 한국 과학자 사회의 구조 속에서 과학자들은 초기의 구조적 위치로 인해 이후의 생산성과 인정의 차이를 감수하게 된다. 이후에 받게 되는 보상의 범위 역시 제약될 수밖에 없다. 이 문제를 어떻게 해결해 나갈지가 우리 손에 남겨진 중대한 과제다.

한국 과학자 사회의
비과학적 메커니즘

소수의 특정 기관 출신 학자들이 과학 저널들의 편집진을 독점하고 있는 현상은 과학자 사회의 계층화가 생산성 자체의 차이만으로 구조화되는 것이 아니라 그러한 차이를 만들어내는 비과학적인 메커니즘이 존재한다는 것을 시사한다.[1]

_ 김명심, 〈한국 대학 과학자 사회의 계층화 요인 연구〉 중에서

머튼의 보편주의적 규범과 현대의 과학자 사회

18세기의 독일 철학자 게오르크 헤겔은 모든 철학은 그 시대의 아들이라고 말했다. 철학과 사상은 분명 시대정신의 맥락 속에 놓여 있다. 하지만 헤겔의 정의가 자연과학에도 적용될 수 있는지에 대해선 아직 결론이 나지 않았다. 1990년대 과학사회학자와 과학철학자 그리고 과학자 일군은 과학 역시 개인의 주관에 따른 상대주의적 지식인가라는 명제를 두고 치열하게 '과학전쟁'을 벌였지만, 뚜렷한 결론을 얻지 못했다. 자연과학의 내용적 측면, 즉 과학적 이론이 정당화되는 맥락은 분명 시대와 독립적으로 작동하는 것처럼 보인다. 하지만 자연과학을 둘러싼 환경들, 예를 들어 학회, 학술지, 대학, 정부, 연구비 등 과학적 이론이 발견되는 맥락은 시대와 밀접한 연관이 있어 보인다. 과학이 시대와 접점을 맺는 그 맥락을 과학 생태계라고 부를 수 있다.

과학 생태계는 과학자 사회가 놓인 시간과 장소에 따라 판이하게 다른 성격으로 진화한다. 17세기 유럽의 서쪽에서 근대 과학이 발전하던 시기의 과학 생태계와, 19세기 산업혁명과 함께 호흡하던 근대 국가의 과학 생태계는 다르다. 그리고 현재 우리가 경험하고 있는 과학 생태계의 모습은 대부분 20세기 중반 이후 미국에서 형성된 것이다. 정부가 주도하는 연구비 생태계, 그 연구비를 획득하기 위해 경쟁하는 과학자 사회, 경쟁을 위해 과학자의 경력을 계량화하는 대학과 정부, 과학자의 논문이 경력을 증명하는 일종의 화폐가 되어가는 모습, 그리고 이에 발맞춰 등장한 영향력 지수로 서열화된 학술지들, 마지막으로 미친 듯이 출판하지 않으면 도태되는 과학자 사회의 추락까지, 우리가 경험하고 있는 과학 생태계의 모습은 지극히 미국의 자본주의 경제체제를 닮아 있다.

사회학자 김명심은 서구에서 시작된 과학자 사회의 계층화와 불평등이 한국에도 존재하는지 증명하기 위한 연구를 수행했고, 이를 위해 물리학, 화학, 생물학의 3개 과학 분야에서 박사학위를 취득한 350명의 과학자를 대상으로 그들의 인구사회학적 특성과 교육 과정, 생산성, 현재의 지위 등을 조사·분석했다. 김명심은 우리의 현실 세계가 이미 많은 사회적 조건에 의해 불평등하게 구조화되어 있는 사회라고 말한다. 즉 우리 사회의 구성원 모두가 동일한 출발선에 있다는 가정은 역사적·사회적 맥락을 깊이 고려하지 않는 생각일 뿐이라는 말이다. 그는 현대의 과학자 사회가 로버트 머튼이 주장한 '보편주의적 규범'으로는 설명될 수 없다고 주장한다. 머튼은 과학자 사회를 이상화하며 이 사회가 보편주의적 규범을 따른다고 분석했지만, 그는 머튼이 제시한 규범들은 이미 미국이라는 시공간적 맥락을 거치며 훼손되었으며, 현대 사회의 과학자 사회는 '특수주의'라는 규범을 따른다고 주장한다.

로웰 하겐스와 워런 해그스트롬은 과학자의 박사학위 대학이 과학자의 경력에서 상당한 생산성의 차이를 만드는 과정을 분석했다.[2] 미국의 자연과학자 576명을 대상으로 수행한 이 연구에서 상위권 대학에서 교육을 받은 과학자들과 하위권 대학에서 교육 받은 과학자들에게서 계층화와 양극화 현상이 발견되었고, 이 분석은 과학자 사회 내 능력주의의 폐해를 드러내는 계기가 되었다.

즉 과학자 사회 또한 출발선이 동일하지 않은 이들을 동일한 평가 체계로 검증하는 능력주의의 오류에서 자유롭지 않다는 뜻이다. 이 논문은 1967년에 출판되었지만, 과학자 사회는 이들의 주장에 전혀 귀를 기울이지 않은 채 21세기를 맞이했다.

과학자 사회의 비과학성

과학 생태계에 발을 들인 과학도는 얼마 지나지 않아 과학계가 치밀한 엘리트주의로 구성되어 있음을 깨닫게 된다. 과학자를 훈련시키는 과정부터 지식의 생산과 경력의 인정 및 보상에 이르기까지, 과학계는 소수의 엘리트들에 의해 움직이고 있다고 해도 과언이 아니다. 과학자는 노벨상과 하버드대학교라는 상징을 정점으로 피라미드처럼 구조화된 생태계 속에서 자신의 위치를 가늠해야만 한다. 이 치밀한 엘리트의 카르텔을 깨는 일은 거의 불가능한데, 과학자의 경력이 인정받는 모든 통로, 예를 들어 소수의 중요한 저널을 비롯해서 학회의 주요 이사회와 연구비심사재단의 주요 보직까지 모두 이들 소수 엘리트가 독점하고 있기 때문이다. 과학계의 엘리트주의는 사회의 다른 어느 분야보다 구조적이며, 과학자 사회는 이를 당연하게 받아들인다.

문제는 이런 구조화된 엘리트주의가 과연 과학 생태계의 발전에 긍정적이냐는 것이다. 소수의 엘리트를 정점으로 계층화된 생태계가 과학의 건강한 발전에 도움이 된다는 근거란, 17세기 이후 과학 생태계가 그렇게 유지되어왔다는 경험칙 외엔 존재하지 않는다. 하지만 우린 이미 현대 과학자 사회가 겪고 있는 과학 출판의 구조적 모순을 통해 400년이 넘는 학술 출판 시스템과 대학이라는 낡은 시스템에 그 어떤 정당성도 존재하지 않는다는 점을 살펴보았다. 즉 과학 생태계의 엘리트주의는 오래된 시스템이라는 이유만으로는 정당화될 수 없다.

게다가 과학 생태계를 운영하는 과학자 사회는 자연과학이라는 독특한 학문을 수행하는 사람들이다. 그들은 과학적 방법론을 신봉하며, 자연의 비밀을 실험과 이론으로 파헤치는 데 익숙한 직업군이다. 하지만 과학자 사회는 단 한 번도 과학적으로 과학 생태계의 구조적 모순을 들여다볼 생각을 하지 않았다. 즉, 현재 과학 생태계가 겪고 있는 심각한 엘리트주의와 그로 인한 불평등은 다른 대안을 통해 실험되지 않은 비과학적 유산이라는 뜻이다. 과학자 사회는 비과학적인 메커니즘으로 과학 생태계를 운영하는 모순에 처해 있다.

과학자의 박사학위 대학뿐 아니라, 그의 성별, 지도교수의 명성, 나이, 인종, 출신 국가 등의 귀속적 특성들은 아주 분명하고 뚜렷하게 과학자의 경력에 영향을 미친다. 과학자 사회 스스로 네트워킹을 강조하는 현재의 모습이야말로 과학 생태계가 과학자 개인의 능력을 과학적 업적이라는 객관적인 지표만으로는 평가하지 못하고 있음을 인정하는 꼴이다. 익명의 심사자와 권위적인 편집자로 구성된 현재의 논문 심사 제도의 문제에 대해서는 이미 다루었지만, 과학계의 논문 심사 제도가 어느 정도의 수준을 지닌 과학 논문을 평가할 수 있다는 것은 사실이다. 하지만 문제는 이런 과학 논문 심사평가의 공정성이 과학 생태계가 겪고 있는 무한 경쟁으로 인해 왜곡된다는 사실이다. 특히 과학자 사회의 경쟁이 심화될수록, 엘리트주의를 당연한 기조로 삼고 있는 과학자 사회는 소수의 엘리트만을 선택하려는 욕망에 제압당할 수밖에 없다. 과학 생태계에서 드러나는 성차에 대한 연구들은 과학자 사회가 언제든 차별을 정당화할 수 있는 구조를 지니고 있음을 알려준다.

상업화된 한국 과학의 현실

한국의 대학은 인구 절벽과 수도권 편중으로 엄청난 구조적 변화를 겪고 있다. 그리고 이런 변화 이전에 이미 한국 대학들은 미국 대학들이 시작한 연구 중심 대학의 활성화와 학문의 상업화를 통해 정부와 함께 국제 경쟁력이라는 목표를 향해 달려가고 있었다. 대학 간의 경쟁은 심화되었고, 산학연이라는 개념도 교수들 사이에서는 일상어가 되었다. 돈이 되지 않는 과목과 학과는 폐지되거나 통폐합되었고, 그사이 한국 대학에서 기초 학문은 말살되었다. 한국의 대학은 이미 경제적 이익의 추구라는 목표만을 향해 달려나가는 거대한 자본주의적 회사로 변모해 있고, 한국 대학의 과학자 사회 또한 그 맥락 속에서 성장할 수밖에 없다.

김명심은 이런 대학의 상업화가 진행 중인 맥락 속에서 한국 과학자 사회가 머튼이 말한 보편주의적 규범에 대해 어떤 태도를 보이는지 알아보기 위해 설문조사를 실시했다. 이 설문조사의 두 번째 질문은 '국내에서는 연구 주제를 선정할 때 순수 과학적 가치보다 경제적 응용 가능성을 더 중요하게 생각한다'였고, 무려 87.1퍼센트의 과학자가 '그렇다'고 대답했다. 즉 한국 사회에서 연구 중인 대부분의 과학자들은 연구의 경제적 응용 가능성을 당연한 규범으로 받아들이고 있다는 뜻이다. 한국은 군사독재 시기를 거치며 과학기술의 양적 성장을 이루었고, 과학기술이 경제 발전의 도구로 각인되었으므로 과학 연구가 경제적 응용 가능성을 고려해야 한다는 생각에 좀 더 친숙하다. 따라서 세 번째 질문, '개인적인 관심보다 국가 발전에 필요한 연구를 하는 과학자가 더 인정받고 있다'라는 질문에 81.5퍼센트의 과학자가 '그렇다' 혹은 '매우 그렇다'라고 대답한 것은 결코 이상한 일이 아니다.

가장 흥미로운 결과는 네 번째 질문에서 나온다. '연구비가 풍부한 분야로 연구 주제를 바꾸는 것은 비난받을 일이다'라는 질문에 대해 72.9퍼센트의 과학자가 '그렇지 않다' 혹은 '전혀 그렇지 않다'라고 답변했다는 사실은, 연구 주제를 바꾸는 주요 동인이 연구비라는 암묵적인 동의를 드러내는 동시에 한국 사회의 과학자 대부분이 연구비를 따라 논문을 출판하기 급급한 윤리적 태도를 지니고 있음을 알려준다. 한국 과학자 사회는 과학의 상업화라는 세계적인 현상 속에서, 좀 더 극단적으로 상업화된 모습을 보이는 생태계를 창조해냈다.

우리에게 필요한 과학 리더

인간은 언제나 자신에게 주어진 한계를 초월하지 않으면 안 되는 존재입니다. 그렇게 한계를 초월함으로써 우리들은 또 하나의 새로운 한계를 자신에게 설정하지 않으면 안 됩니다.

_ 후베르트 마르클(전 독일 막스플랑크연구회 소장)

동물학자에서 과학 행정가로 변신한
후베르트 마르클

현재 전 세계에 강력한 영향력을 미치고 있는 미국 과학기술 정책의 초석을 놓은 인물은 공학자 버니바 부시[1]다. 전쟁이 끝나고 정부가 과학기술에 왜 투자해야 하는가를 묻는 시어도어 루스벨트 대통령의 질문에 젊은 공학자 부시는 〈과학, 끝없는 프런티어〉라는 보고서로 답한다. 그 보고서에서 부시는 기초과학에 대한 지원이 의료와 산업 등에 사용되는 원천 기술을 발굴하는 중요한 투자라고 대통령을 설득했고, 그의 선형적 발전론은 이후 일본과 한국을 비롯한 여러 국가의 과학기술 정책에 영향을 미쳤다.

물론 버니바 부시의 선형적 발전론은 모든 국가에 동일하게 적용되기 어렵다는 점이 드러났다. 하지만 당시 그의 적극적인 노력이 없었다면 미국은 지금처럼 기초과학의 중흥기를 맞지 못했을 것이 분명하다. 부시는 정치적 영향력으로부터 독립적인 국립과학재단을 세우는 등 과학 행정가로서 뛰어난 역량을 발휘했고, 그의 활약으로 미국의 과학기술자들은 안정적인 환경에서 독립적인 연구 활동을 할 수 있게 되었다. 과학기술자의 정체성을 지닌 채 연구 현장과 정치 그리고 행정을 연결하는 과학 행정가의 역할은 한 사회의 과학기술에 지대한 영향을 미친다.

20세기 중반부터 미국이 전 세계 과학기술을 선도한 건 사실이지만, 독일 또한 전쟁의 상처를 회복하면서 빠르게 예전의 영광을 되찾기 시작했다. 독일의 과학기술 경쟁력을 견인한 국립 연구소들의 존재는 현재 독일 과학기술이 미국과 중국 주도의 과학기술 계에서도 뒤처지지 않게 만드는 핵심 요소다. 특히 막스플랑크연구회는 전쟁 이후부터 지금까지 독일의 기초과학을 지켜낸 독특한 전통과 철학 그리고 문화로 유명하다. 그리고 그 뒤에는 과학 행정가들의 희생이 숨어 있다.

후베르트 마르클Hubert Markl은 독일의 통일이 이루어진 직후 막스플랑크연구회의 총재가 되었고, 통일 이후 위태로울 수도 있었던 막스플랑크연구회의 역할과 기능을 조율해낸 과학자이자 과학 행정가다. 마르클의 이력에서 가장 특이한 점은, 그가 과학기술 정책에서 중요한 역할을 수행한 미국의 버니바 부시나 한국의 최형섭과 달리 공학자가 아니라 기초과학자라는 점이다. 마르클은 1938년 독일 로젠부르크에서 태어나 20세기 초반 독일에 노벨상을 안겨준 동물행동학자 카를 폰 프리슈, 콘라트 로렌츠 등의 영향력 아래서 동물행동학자로 자신의 학문적 진로를 정했다. 박사학위 과정 이후 잠시 미국의 하버드대학교와 록펠러대학교 등에서 연구를 수행했으나, 코넬대학교와 버클리대학교 등의 영입 제안을 고사한 그는 독일 다름슈타트 공과대학에서 교수직을 시작했다.

과학 행정가로 완전히 변신하기 전까지 마르클이 연구했던 주제는 곤충들이 어떻게 감각기관을 통해 의사소통을 하는가였다. 그는 이런 연구들을 통해 동물의 사회성 연구로 점차 영역을 확장해나갔다. 동물행동학이 독일에서 전성기를 구가하던 당시에, 그는 베르트 휠도블러나 에드워드 윌슨과 같은 저명한 동물행동학자들과 함께 동물행동학의 권위 있는 학술지 〈행동생태학과 사회생물학BES〉을 창간하는 등 마흔이 되기 전에 이미 과학자로서 성공 가도를 달리고 있었다.

마르클의 부고를 쓴 휠도블러는, 1986년 마르클이 독일과학재단의 최연소 이사가 되고 이후 다양한 독일 과학 행정기관을 돌며 과학 행정가로 방향을 튼 것을 아쉬워했다. 같은 동물행동학자로 마르클의 동료였던 휠도블러에게는 과학 행정가로 살아가며 마르클이 희생해야만 했던 연구가 가장 중요하게 보였기 때문일 것이다. 물론 대부분의 과학자가 휠도블러 같은 관점과 세계관을 지니고 살아간다. 과학자에게 연구가 삶의 가장 중요한 부분이 되는 것은 어쩌면 당연한 일이다. 하지만 과학자들이 안정적으로 연구를 진행하기 위해서는, 과학 연구의 본질과 중요성을 잘 아는 과학자 사회의 누군가가 과학 연구비와 행정을 다루는 정치의 영역에서 그 소중한 과학을 지키기 위해 자리 잡고 있어야만 한다. 마르클은 그런 자리를 마다하지 않았을 뿐이다.

과학자 사회의 누군가는 과학 행정가의 길을 걸어야만 한다. 우리는 그들을 흔히 과학계의 리더라고 부르고, 한국에도 그런 과학계 리더들이 존재한다. 하지만 과학 행정의 길로 들어서게 되는 목표와 철학에서 마르클과 한국의 과학계 리더들은 크게 다르다. 뒤에서 더 자세히 살펴보겠지만 마르클이 자신의 학문적 성과를 포기하고 독일 과학 행정을 혁신하는 데 헌신한 이유는, 독일의 통일이라는 역사적인 상황에서 과학계의 균형과 안정적인 지원을 위해 과학 현장을 잘 알고 그 현장을 대변할 수 있는 누군가가 필요했기 때문이다. 마르클은 통일 독일의 과학 후속 세대들이 좀 더 안정적이고 창의적인 분위기에서 연구를 지속할 수 있도록 만들겠다는 의지에서 과학 행정에 헌신했다.

반면 한국의 과학계 리더들은 과학계 전체의 이익과 학문 후속 세대를 위해서가 아니라 자신의 정치적 야망을 이루기 위해 과학 행정에 뛰어드는 경우가 태반이다. 따라서 과학계 리더들이 국회에 입성해도 과학계가 바라는 혁신이 이루어지기 힘든 것이다. 더 큰 문제는 그들이 마르클처럼 과학기술자의 정체성에 입각해 행정을 대하지 않고, 과학기술자의 정체성을 그저 도구처럼 이용한다는 데 있다. 마르클은 오직 독일 과학계의 발전을 위해 행정가의 길을 걸었다. 오늘날 한국의 과학계 리더들이 그의 삶에서 배워야할 것은 공익과 헌신이다.

통일 독일의 과학계를 준비하다

마르클이 막스플랑크연구회의 제6대 총재로 임명된 것은 독일이 통일된 지 6년 후인 1996년이었다. 당시 그의 나이는 48세, 한국의 과학계 리더들과 비교하면 어린애 수준의 젊은 과학자가 독일 기초과학의 총책이 된 것이다. 막스플랑크연구회는 '하낙원칙'이라는 철학에 따라 언제나 저명한 과학자에게 운영의 자율권을 맡겼다. 따라서 막스플랑크연구회의 총재 또한 각 연구소 소장들 중에서 선정되는 경우가 대부분이었으며, 이들은 모두 저명한 과학자의 삶을 살아온 사람들이자 막스플랑크연구회 소속의 과학자였다.

하지만 마르클은 막스플랑크연구회의 최초이자 마지막 외부 영입 총재였다. 즉 마르클은 막스플랑크연구회로부터 연구비나 지원을 받은 적이 전혀 없는 외부인이었던 셈이다. 독일에서 막스플랑크연구회의 총재는 절대적인 권한을 지닌다. 그래서 총재의 임기는 6년으로 하되 1회의 연임이 가능하며, 대부분 12년의 임기를 모두 채우고 퇴임한다. 총재는 2만여 명에 달하는 막스플랑크연구회는 물론 연구회 산하의 여러 기관을 모두 경영하는 등 막강한 영향력을 행사한다. 독일 기초과학은 물론 학술계 전반에서 가장 큰 권한을 지닌 직책이라고 해도 과언이 아니다.[1]

연구회 소속의 연구소장들로만 선출되어왔던 총재직에 처음으로 외부에서 총재가 임명된 이유는 무엇일까? 그건 바로 1990년 갑작스레 찾아온 독일의 통일과 관련이 있다. 통일 독일은 서독에 비해 과학기술 인프라가 뒤처져 있던 동독으로 연구회를 확장할 필요가 있었고, 이를 해결하기 위해서는 과학계를 잘 이해하는 것을 넘어 균형 잡힌 정치적 감각을 지니고 과감한 의사결정을 내릴 수 있는 사람이 필요했다. 바로 이 시기에 독일 정부는 나이는 젊지만 그동안 과학 행정가로서 과감한 혁신을 보여온 마르클을 투입하는 묘수를 두었고, 마르클은 연구회 예산의 75퍼센트 이상을 동독 지역에 투입하는 과감한 행정을 통해 통일 독일의 과학계를 준비해나갔다.

적폐를 청산한 과감한 개혁의 칼

2011년 한국에 기초과학연구원이 설립되고 2년이 채 지나지 않았을 때, 서울대학교 생물학과 교수인 이일하는 브릭 게시판을 통해 기초과학연구원이라는 블랙홀 때문에 기초과학 연구비의 씨가 마른다는 주장을 올려 과학계에 큰 파장을 일으켰다. 당시 그의 논리는, 한국에서 나름 괜찮게 연구를 진행해온 기초과학자인 자신조차 기초과학 연구비의 파이를 독식한 기초과학연구원 때문에 실험실을 닫을 지경이라는 호소였다. 한국 기초과학의 진흥을 위해 여러 정권을 거치며 겨우 정착한 기초과학연구원은 단장으로 선출되지 못한 여러 대학 교수들이 격렬히 반발했고, 과학기술부는 그들의 의견들을 조율하느라 우왕좌왕해야만 했다. 그 당시 한국의 기초과학계에는 이런 다양한 의견을 조율하고 강력하게 정부와 과학계를 설득할 리더십이 부재했다. 한 사회의 과학계가 과학 진흥이라는 하나의 목표를 공유하면서도 결국은 자신의 파이가 줄어들 때 어떻게 반응하는지를 적나라하게 보여준 사태였다.

마르클이 막스플랑크연구회의 총재가 된 시기가 바로 한국이 기초과학연구원의 연구비 독점으로 신음하던 때와 비슷한 상황이었다. 즉 독일의 연구비 예산이 크게 증가하지 않은 상황에서 마르클에게는 서독과 동독의 기초과학 기반시설을 균형 있게 발전시켜야만 하는 역할이 주어졌던 것이다. 서독의 과학자들이 정부에 얼마나 크게 반발했을지는 뻔한 일이다. 늘지 않은 예산이 대부분 동독으로 넘어가는 상황에 당장 연구를 수행해야 하는 서독의 과학자들은 크게 반발했고, 마르클은 그들을 설득하고 달래며 개혁을 추진해야만 했다. 그는 총재로 취임하고 나서 동독 과학계를 빠르게 서독과 비슷한 수준으로 만드는 작업에 착수했고, 이를 위해 서독에 위치한 막스플랑크연구회의 낡은 리더십을 개혁하기로 결심했다. 그는 겨우 6년의 재임 기간 동안 전체 연구소장의 3분의 2를 새롭게 위촉했는데, 이 과정에서 연구회 내부의 엄청난 비판을 감내해야 했다. 하지만 그는 새로 위촉된 연구소장 중 44명을 과감하게 구동독 지역에 위촉하면서 흔들리지 않고 통일 독일의 과학계를 준비해나갔다.

이렇게 과감한 개혁의 칼을 든 마르클은 공정한 평가제도를 구축하고 젊은 과학자를 위한 획기적인 기회들을 마련해서 통일 후 독일 과학계가 발전할 수 있는 기틀을 세우는 데 모든 노력을 쏟았다. 그로 인해 독일의 과학계 원로들에게 많은 비난을 받기도 했다. 마르클은 '거친 사람'이라는 악명으로 유명했고, 어떤 토론회에서도 날카로운 논쟁을 하는 데 주저함이 없었다. 70세 생일에 그는 이렇게 회고했다.

> 물론 내가 가끔 날카롭고 조급하다는 걸 알죠. 하지만 막스플랑크연구회에는 정말 할 일이 많았어요.

세계적인 독일 과학계 내부에도 과학 행정을 통해 개혁해야만 하는 적폐는 존재했고, 젊고 거칠고 급진적이었던 과학자 마르클은 과학 현장의 목소리 청취와 통일 독일의 안정이라는 사회적 과제를 모두 포용하며 현재 우리가 보고 있는 독일 기초과학의 위용을 건설했다. 도대체 어떻게 기초과학자로 성장한 인물이 정무적 판단과 끈질긴 설득이 필요한 개혁에 성공할 수 있었을까? 그건 어쩌면 마르클에게 과학자의 정체성 이외에 오랫동안 훈련된 독서와 글쓰기로 단련된 인문적 교양이 녹아 있었기 때문인지도 모른다. 후베르트 마르클이야말로 한국에 필요한 과학 리더일 것이다.

4부

가득 찬　　　과학 만들기

… ②⑧

과학을 위한 과학, SOS

'과학을 위한 과학'은 과학 연구와 연구 생산성을 이해하고 계량화하고 예측하는 것을 목표로 하는 학문으로, 매우 빠르게 발전하고 있다. 이 분야에서 해결해야 하는 문제들은 과학의 전 분야와 밀접한 연관을 맺고 있으며, 따라서 다양한 학문적 배경을 지닌 연구자들의 주목을 받고 있다.[1]

_ 안 젱 외, 〈과학을 위한 과학: 복잡계 시스템으로부터의 전망〉 중에서

과학을 다루려면 더욱 과학적이어야 한다

전 세계 과학 생태계가 급변하기 시작한 것은 이미 오래전 일이다. 박사학위자가 급격히 증가하고 연구 중심 대학이 정부의 지원을 바탕으로 폭증하면서, 현대의 과학자들은 불과 30년 전의 과학자들은 경험조차 하지 못했던 무한 경쟁과 성과 압박에 시달리고 있다. 과학 생태계가 급변하고 있다는 증거들은 곳곳에서 등장했지만, 과학자 사회는 그 변화에 제대로 대응하지 못했다. 가장 근본적인 이유는 현대의 과학 생태계가 정부의 연구비에 완벽하게 종속되어 있다는 것이지만, 더욱 심각한 문제는 현장의 과학을 제대로 이해하지 못하는 정치권력과 과학기술 관료를 설득할 정밀한 통계 자료와 분석이 부족하다는 것이다. 이런 상황에서 수많은 국가가 주먹구구식 과학기술 정책으로 과학 생태계를 더더욱 악화시켜왔다. 과학은 과학적이지 못한 정책 때문에 신음 중이다.

과학 생태계의 변화를 좀 더 과학적으로 추적하려는 과학계의 노력은 2000년대 초반부터 출현하기 시작했다. 이런 흐름의 학문 분야를 '과학을 위한 과학Science of Science(SOS)'이라고 부른다. 현대의 과학 연구는 점점 더 큰 규모의 공동 연구자들로 이루어진 생태계를 향해 진화하고 있으며, 그 결과 파괴적인 혁신을 나타내는 지표는 줄어들고 이미 확립된 연구를 확장하는 지표는 증가하고 있다. 즉 지나치게 큰 규모의 공동 연구단이 과학 연구의 패러다임을 지배하면서 새로운 분야를 창조해낸 혁신적인 연구들은 외면받고, 안정적으로 연구비를 제공받을 수 있는 연구들이 주류를 이루게 된 셈이다. 2018년 링페이 우 등의 학제간 연구팀이 〈네이처〉를 통해 보고한 이 사실은 이미 2007년 노스웨스턴대학교에서 복잡계 연구를 수행하던 일련의 학자들을 통해 〈지식 생산에서 공동 연구의 독점 증가〉라는 논문으로 그 전조가 보고되었다.[2] 이 논문에서 연구진은 약 60년간 출판된 약 2억 편의 논문과 200만 건의 특허를 분석해, 인문학 분야를 제외한 과학기술과 사회과학 전 분야에서 공동 저자로 발표되는 논문의 수가 압도적으로 증가하고 있음을 밝혔다.

만약 이런 과학 생태계의 변화가 즉각적으로 과학기술 정책에 반영되었다면, 과학계는 소규모 연구와 대규모 연구를 균형적으로 조율하는 등 좀 더 과학적인 정책을 통해 더 나은 과학 생태계를 만들어갔을 것이다. 과학은 좀 더 과학적인 근거들에 의해 지원받아야 한다.

SOS의 탄생과 진화

역설적이지만, SOS가 탄생할 수 있었던 배경에는 지난 한 세기 동안 국가와 대학 등이 과학기술 생태계와 연구개발 정책을 효율적으로 관리하기 위해 개발해온 여러 지표들이 놓여 있다. 과학이 상업화되고 거대해지면서 SCI처럼 학술지를 평가하는 지표가 탄생한 것은 물론, 웹오브사이언스WoS 등 학술정보를 전문적으로 다루는 플랫폼들이 폭발적으로 증가했다. 이렇게 누적된 수많은 데이터 세트들은 다른 분야의 데이터를 분석하던 복잡계 연구자, 데이터 과학자, 사회과학자, 경제학자, 물리학자, 수학자, 컴퓨터 엔지니어 등을 불러들였고, 여기에 구글스콜라 등이 제공하는 h-지수 h-index처럼 개별 과학자의 영향력을 측정할 수 있는 데이터 세트가 합쳐졌다. 그 덕에 SOS 분야는 지난 10년간 폭발적으로 성장했다.

SOS가 다루는 분야는 다양하다. 과학 논문, 연구자, 학술지, 대학 등의 영향력을 정밀하게 측정하고, 공동 연구와 논문 인용 패턴의 변화를 모델링하고, 혁신적인 연구개발을 좀 더 정확하게 이해하고, 서로 다른 과학 분야를 정밀하게 분류하고, 향후 과학의 진화를 좀 더 정확하게 예측할 수 있다. 이런 연구들이 누적되면 과학자를 고용하고 그의 연구 영향력을 좀 더 객관적으로 평가할 수 있게 되고 이를 연구비 평가 등에 반영할 수 있게 된다. 즉 논문 수와 SCI 등의 지표로 모든 과학 분야와 연구자를 불공정하게 평가하는 비과학적이고 획일화된 현재 과학 생태계의 관행이 SOS 연구를 통해 좀 더 나아질 수 있다. 또한 폐쇄적이고 공정하지 못한 연구비 평가 역시 빅데이터를 이용한 SOS 연구를 통해 공정성을 담보할 수 있게 된다.

SOS는 복잡계 과학의 진보에 크게 빚지고 있을 뿐 아니라, 고품질의 현실적인 데이터 세트를 통한 분석방법론을 개발함으로써 역으로 복잡계 과학의 발전을 유도하고 있다. 실제로 SOS 분야에서 개발된 방법론이 온라인 정보의 필터링 및 유행 예측 등에서도 사용되고 있다. 예를 들어 논문과 과학자의 영향력을 평가하는 것은 복잡계 네트워크에서 임계노드를 규명하는 문제와 매우 밀접하게 연관된다. 빅데이터로 어떤 주제를 연구할 수 있느냐는 해당 분야에 얼마나 고품질 데이터 세트가 존재하느냐의 여부에 전적으로 의존한다. 과학기술 생태계에는 그런 데이터가 다른 그 어떤 분야보다 풍부하게 존재한다. 문제는 이런 데이터들을 통해 한 국가의 과학기술 생태계를 좀 더 과학적으로 분석하고 그런 과학적 근거를 바탕으로 정책을 수립할 과학적 정치권력이 존재하느냐는 것이다.[3]

한국 과학사회학과 과학기술정책학의 진화가 필요하다

전통적으로 과학 생태계를 분석하고 연구해온 대표적인 두 분야는 과학사회학과 과학기술정책학이다. 과학사회학은 근대 과학의 탄생 이후 과학자 사회가 지식을 생산하는 메커니즘을 연구하기 위해 시작된 분야인데, 흔히 과학지식사회학SSK 혹은 과학기술학STS 등으로 불린다. 문제는 이 과학사회학이라는 분야가 과거 과학 지식의 생산에 부정적인 일군의 인문학자에 의해 주도되었고, 여전히 한국 사회에서는 그들이 주류로 자리 잡고 있다는 것이다. 1990년대 앨런 소칼의 '지적 사기' 스캔들로 야기된 '과학전쟁'에서 과학자, 과학철학자 들은 사회구성주의를 주장하는 과학사회학자들과 전면전을 벌였는데, 그 갈등은 20년이 훨씬 지난 지금도 봉합되지 않았다. 당시 한국에서도 서구 사회의 과학전쟁을 수입한 작은 논쟁이 있었다. 서울대학교 총장을 지낸 물리학자 오세정과 한국 과학사회학계의 원로 사회학자 김환석이 〈교수신문〉에서 벌인 논쟁이 그것이다. 한국 과학사회학의 주류는 여전히 김환석 교수를 중심으로 하는 사회구성주의 사조를 따르며, 이들은 황우석 사태를 기점으로 과학계에 대한 윤리적 성토를 한국 과학사회학의 주요 임무로 삼고 있다.[4]

과학사회학과 함께 한국 과학기술 생태계를 분석하고 이를 정책으로 기획하는 임무를 수행하는 과학 관료들은 대부분 과학기술정책학이라는 학문 분야를 전공으로 삼는다(물론 과학기술정책학을 전공한 이가 과학 관료이면 그나마 다행이고, 대부분의 과학 관련 기관은 경제학이나 행정학 전공자가 수장을 맡거나 기술고시 또는 행정고시 출신이 수장이다). 과학기술 정책을 담당하는 국내의 기관 및 부처는 컨트롤타워 없이 산재되어 있다. 가장 거대한 조직은 과학기술정보통신부인데, 이 부처는 한국의 과학기술 연구개발을 집행하는 중차대한 임무를 띠고 있지만 업무 분야가 이질적인 정보통신부와 동거하면서 업무의 효율성이 지극히 떨어지는 데다, 대부분의 고위 관료가 과학기술계가 아니라 기술고시나 행정고시 출신으로 이루어져 있어 정책에서 언제나 현장과 큰 괴리를 보인다. 한국 과학기술의 미래 전략과 정책을 제시해야 하는 과학기술정책연구원STEPI은 심지어 국무총리실 소속인 데다, 원래 같은 기관이었던 한국과학기술기획평가원KISTEP과 그다지 다르지 않은 임무를 띠고 있어 업무 효율이 떨어진다. 과학기술 연구개발 인프라의 체계적인 구축을 목표로 하는 한국과학기술정보연구원KISTI은 사실상 현장 과학기술자들에게는 어떤 일을 하는지조차 알려지지 않은 기관이다.

유행을 좋아하는 한국에선 한때 '빅데이터'라는 말이 한창 유행했다. 하지만 국가의 근간이자 국가의 미래를 결정하는 과학기술 정책을 관장하는 그 어떤 기관에서도 과학기술 정책을 입안하기 위해 수행한 과학적인 빅데이터 분석을 찾아볼 수 없다. 한국의 과학기술 정책은 여전히 주먹구구식 통계자료를 바탕으로 기획되고 있으며, 그런 자료들마저 현장 과학기술자들의 의견과는 상관 없이 정치인과 관료의 이익에 맞추어 관리된다. 한국의 과학사회학은 윤리학적 조언의 임무에 탐닉하면서 그 어떤 과학적인 분석과 근거도 과학계에 제시하지 못하고 있으며, 한국의 과학기술 정책 기관들은 행정학과 경제학 등을 전공한 관료들에 의해 비과학적인 정책 자료들로 국민 세금을 낭비하고 있다. 한국의 과학사회학과 과학기술 정책은 이제 좀 더 과학적으로 진화해야 한다. 과학기술 정책 분야에 가장 먼저 데이터 과학자들과 빅데이터를 이용한 분석을 도입해야 하며, 이를 통해 수조 원의 연구개발비를 국가의 미래를 위해 효과적으로 사용해야 한다. 한국의 과학사회학과 과학기술 정책은 얼마나 과학적인가. 우리가 반드시 물어야 하는 질문이다.

공동 연구는
과학을 혁신시킬까

우리의 연구 결과는 과학에 투자하는 정부, 기업, 비영리재단들이 다음 사실을 이해할 필요가 있음을 시사한다. 소그룹은 지식의 지평을 확장시키는 파괴적 혁신을 담당하며, 대규모 연구 그룹은 그렇게 확장된 지평을 빠르게 발전키는 특성을 지닌다는 것이다.[1]

_ 링페이 우·다슌 왕·제임스 에번스, 〈큰 팀은 과학기술을 발전시키고, 작은 팀은 파괴적으로 혁신한다〉 중에서

거대 연구단은
정말 과학적 혁신을 이끄는가

2019년, 〈네이처〉에 〈큰 팀은 과학기술을 발전시키고, 작은 팀은 파괴적으로 혁신한다〉라는 제목의 논문이 발표된다. 미국 샌타페이연구소, 노스웨스턴대학교, 시카고대학교의 복잡계 연구자, 공학자, 사회학자가 발표한 이 논문은 1954년부터 2014년까지 60년 동안 발표된 과학 논문 6500만 편을 통해 과연 어떤 형태의 연구 그룹이 과학의 혁신을 이끌었는지를 과학적으로 분석했다.[2] 슈퍼스타 과학자의 죽음과 과학 발전의 관례를 연구한 MIT의 피에르 아줄레이 교수는 링페이 우, 다슌 왕, 제임스 에번스 세 연구자가 발표한 이 기념비적인 논문에 대한 해설에서 이렇게 말한다.

> 소그룹 연구단으로 구성된 과학이 아름답다. 논문의 인용도를 측정하는 새로운 인용 지표를 통해 과학 연구의 그룹 크기와 연구의 영향력 사이의 관계가 재조명되었다. 이 연구는 최근 유행하고 있는 거대 연구단을 통한 과학 연구에 의문을 제기한다.[3]

미국에서 유행하기 시작한 거대 연구단의 흐름은 한국을 비롯한 대부분의 국가에서 연구자들은 물론 과학기술 정책을 주도하는 관료들의 마음을 휘어잡았다. 과학자들이 자발적으로 거대 연구단을 만들기 시작한 것은 비교적 최근의 일이다. 물론 물리학에서 유럽입자물리연구소CERN처럼 거대 연구단이 불가피한 경우는 이전에도 있었고 특히 생물학의 인간유전체계획은 거대 연구단이 필수적으로 기획된 주요 사례로 꼽히지만,[4] 이는 오늘날 과학자들이 자발적으로 거대 연구단을 만드는 경우와는 맥락이 다르다.

현대의 과학자들이 거대 연구단을 조직하거나 참여하는 배경에는 연구비 공황이 있다. 쉽게 말하자면, 현대의 과학자들은 거대 연구단에 어떻게든 참여해야 적은 연구비라도 받을 확률을 높일 수 있는 것이다. 얼마 전부터 한국의 과학자들 사이에서는 '3책 5공'이라는 말이 유행하고 있다. 한 명의 연구자가 연구비를 받을 수 있는 연구 프로젝트 수의 상한선이 3개의 책임연구자, 5개의 공동 연구자로 제한된다는 뜻이다. 이러한 환경 탓에 한국의 젊은 과학자 세대는 어떻게든 과학계 기득권이 장악한 거대 연구 프로젝트에 끼어들어야만 생존할 수 있는 기막힌 상황에 처하게 되었다. 공동 연구는 이제 선택이 아니라 필수가 된 셈이다.

문제는 과연 이런 거대 연구단 중심의 공동 연구가 과학의 혁신적인 발전에 도움이 되느냐는 데 있다. 현대를 사는 많은 과학자가 자신의 연구 주제에는 대단히 과학적인 분석을 시도하면서도, 과학 연구의 여러 관행, 예를 들어 과학 연구비 심사나 과학 논문의 출판 과정이 '과학적'인지는 의문을 제기하지 않는다. 흥미롭게도 현재의 과학 생태계에서 생존한 과학자일수록 기존의 체제를 마치 대단한 과학적 근거라도 있는 것처럼 정당화하는 경향이 강하다. 하지만 500년이 넘은 논문 출판 체계, 아무런 과학적 근거도 없는 연구비 심사 체계, 과학적 사실과 무관한 권위가 논문 출판과 연구비 심사에 개입하는 현재의 정치적이고 불공정한 체제를 알면서도 대부분의 과학자는 이를 바꾸려 하지 않는다. 공동 연구라는 소위 '유행'하는 연구 흐름도 마찬가지다.

거대해질수록 혁신과 멀어진다[5]

과학자들은 오랫동안 논문 인용을 두고 고민해왔다. 과학자의 경력에서 출판 논문의 수가 가장 중요하던 시기를 지나 논문이 출판된 학술지의 영향력 지수가 중요해지더니, 이제는 논문의 인용지수로 경력이 평가되는 시대가 되었다. 과학 분야의 노벨상이 해당 논문의 인용지수를 중요한 평가 기준으로 삼는 데서도 알 수 있듯, 논문 인용은 과학자 사회에서 명예를 넘어 과학적 발견이 확산되는 가장 중요한 정량적 지표임이 분명하다. 하지만 과연 인용은 무엇을 의미할까? 과학자들은 여러 이유로 다른 논문을 인용한다. 먼저 지적인 빚을 갚기 위해 이전 논문을 인용하는 경우가 있다. 반대로 비판하기 위한 인용도 있다. 그리고 거대 학술지 업체들은 자사의 학술지 영향력 지수를 올리기 위해, 자사 학술지 논문의 인용을 저자에게 강요하기도 한다. 논문의 심사위원이 자신의 논문을 인용하라고 하는 경우까지 있다. 과학 분야별로 논문의 영향력을 측정하는 방식도 다양하다. 해당 논문이 몇 회 인용되었는지를 세는 단순한 방법도 있고, 구글스콜라가 제공하는 h-지수와 같은 복합적인 정량적 지표도 있다. 다만 h-지수는 저자의 전체 논문 실적을 평가하는 지표이지만, 그 특성상 가장 많이 인용된 논문의 영향력에 지나치게 좌우되는 한계가 있다.

해당 논문의 혁신성을 정량적으로 측정하기 위해, 링페이 우, 다슌 왕, 제임스 에번스는 특허 분석에서 자주 사용하는 '파괴적 혁신' 지표를 도입했다. 즉 A라는 논문이 인용한 논문들의 목록과 이후 A를 인용하는 후속 논문들이 참고한 논문들의 목록이 얼마나 겹치는가를 측정하는 것이다. 두 목록이 비슷하면 A 논문은 해당 분야에서 '통합적' 성격의 논문이다. 반대로 두 목록이 거의 겹치지 않는다면, A 논문은 분야 '파괴적' 성격의 논문이라고 평가할 수 있다.

이 연구 방법으로 6500만 편의 논문을 분석한 결과, 종설논문이나 헤드라인 논문처럼 자주 인용되는 논문의 경우 파괴적 성격이 약했고 노벨상을 수상한 논문은 파괴성이 크게 나타났다. 더 흥미로운 분석 결과는 연구 그룹의 규모와 파괴적 혁신성 사이의 반비례 관계에서 나왔다. 연구 그룹의 규모가 커질수록 논문의 파괴성은 현저히 떨어지는 것으로 나타났다. 연구 그룹 규모와 논문의 혁신성/파괴성 사이의 상관관계는 논문의 영향력 지수와는 상관없이 강하게 나타났다. 심지어 자연과학 논문뿐 아니라 사회과학 논문에서도 똑같은 반비례 관계가 나타났다. 개별 과학자 3800만여 명이 관계된 논문들을 연구 그룹 규모로 재분석해봐도 똑같은 결과가 나타났다. 즉 좀 더 소규모의 연구 그룹으로 연구해서 발표한 논문이 훨씬 파괴적이었다.[6] 파괴성 척도가 발표된 이후, 많은 연구자들이 실제로 이 척도가 다른 분야에도 존재하는지 분석했고, 다양한 과학 분야에서 파괴성 척도가 재현되었다.[7] 다시 말해 대규모의 공동 연구는 파괴적 혁신을 일으키는 논문을 만들어내지 못할 가능성이 높다.

공동 연구를 강요하는 과학기술 정책은 과학적인가

한국의 과학기술 관료들은 미국에서 만들어진 정책을 무비판적으로 받아들이는 경향이 있다. 그리고 미국의 과학 연구 체제는 점점 더 큰 규모의 거대 연구단에 의해 추진되는 경향이 강하다. 공동 연구 자체에 문제가 있는 것은 아닐 것이다. 하지만 미국의 과학 연구 흐름을 따라야 한다는 강박에 거대 연구단을 꾸려 혁신적인 과학 연구를 하게 만드는 한국의 과학기술 정책에는 문제가 있다. 서두에 소개한 〈네이처〉의 논문은 거대 연구단이 과학에 공헌할 수 있는 일과 소규모 연구 그룹이 할 수 있는 일의 종류가 다르다고 말한다. 가장 큰 차이는 소그룹에서는 파괴적인 혁신이 일어나고, 거대 연구단에서는 그렇게 일어난 혁신을 양적으로 확산한다는 것이다.

  이처럼 소규모 연구 그룹과 거대 연구단은 과학 생태계를 유지하기 위해 각자 하는 일이 다르다. 하지만 지금처럼 대규모 연구가 주를 이루고 거기 참여하는 과학자들이 연구비를 독차지하는 환경이 지속된다면, 과학의 각 분야에서 파괴적 혁신을 찾아보기 어렵게 될 가능성이 높다. 독창적인 분야가 탄생한 미국이나 중국 같은 국가에서 거대 연구단을 통해 해당 분야를 선점해나가는 정책은 가능하고도 이해할 만한 전략이다.[8] 하지만 한국처럼 규모의 경제에서 미국과 중국을 이길 수 없는 국가의 과학 정책은 아닐 것이다. 한국연구재단은 언젠가부터 과학자들이 거대 연구단을 만들어 연구하면 미국처럼 혁신적인 연구 성과를 낼 것이라는 근거 없는 정책을 밀어붙이고 있다. 한국의 과학기술 정책을 기획하고 연구개발비를 집행하는 한국과학기술기획평가원, 과학기술정책연구원, 한국과학기술정보연구원, 한국연구재단이 좀 더 데이터에 근거한 과학적인 정책을 펼치기를 기대한다. 과학을 다루는 한국 과학기술 정책기관들의 보고서를 보면, 아직도 외국 사례를 근거로 한 주먹구구식 정책으로 과학기술을 다루는 경향이 있는 듯하다. 과학을 다루는 정책은 과학보다, 아니 적어도 과학만큼 과학적이어야 한다. '과학을 위한 과학'이 필요한 이유다.

작은 과학이 아름답다

큰 규모의 실험실은 젊은 과학자의 훈련에는 안 좋은 환경일 수 있습니다. 박사후연구원과 박사학위 과정 학생은 마치 공장의 노동자처럼 취급받기 일쑤죠. 게다가 큰 실험실은 연구비를 낭비하기 십상입니다. 투입된 연구비당 연구 생산량을 계산한다면 더더욱 그렇죠.[1]

_브루스 앨버트, 〈성장의 제한: 생물학에선 작은 과학이 좋은 과학입니다〉 중에서

빅랩의 전설

현대 과학의 가장 큰 특징 하나는 거대화된 연구실이다. 물리학은 CERN으로 대변되는 거대화된 가속기를 중심으로, 물리학자와 공학자가 수백 명의 팀을 이뤄 일하는 거대과학의 시대로 접어들었다. 생물학은 인간유전체계획을 기점으로 해서 작게는 지역 중심의, 크게는 전 세계의 네트워크를 이용한 연구팀이 만들어졌다. 이런 변화는 과학자들이 풀어야만 하는 자연의 문제가 복잡해지면서 나타난 어쩔 수 없는 현상이라고 볼 수 있다. 하지만 이 과정에서 실험실의 규모와 연구자의 능력을 동일시하는 현상이 나타났다.

 탁월한 과학자가 큰 규모의 실험실을 운영하는 것을 막을 이유는 없다. 실제로 의생명과학 분야에서는 지난 수십 년간 박사후연구원과 박사학위 과정 학생 수십 명에서 100여 명을 이끄는 초거대 실험실들이 소위 '빅랩'이라 불리며 유행을 주도해왔고, 그 실험실에서 훈련받은 이들이 대학이나 연구소에 더 잘 자리를 잡으면서 일종의 폐쇄적인 네트워크가 형성된 것도 사실이다. 이런 거대화된 실험실과 폐쇄적 네트워크가 전체 과학계의 발전에 도움이 된다면, 이런 형태의 연구를 장려하는 것이 옳을 것이다. 하지만 정말 그럴까?

 미국 NIH는 전 세계 의생명과학자들에게 일종의 표준을 제공하는 기관이다. 20세기 미국이 의생명과학 분야를 비롯해 전 세계 과학의 중심으로 부상하면서, 이 분야의 연구비를 지원하는 NIH

의 정책들은 직간접적으로 전 세계 국가의 해당 분야의 정책에 영향을 미쳐왔다. 특히 NIH의 상향식 연구비 중 핵심인 R01은 미국에서 연구하는 의생명과학자들의 운명을 좌우하는 중요한 연구비 체계로, 이 연구비 체계의 효율성에 대한 다양한 연구들이 수행되고 있다.

2007년에서 2010년까지 수행된 한 연구에서, 2938명의 연구책임자를 14개의 그룹으로 나누어 그들이 받은 연구비의 수준과 그들이 출판한 논문의 영향력 지수의 상관관계를 조사했다. 그 결과, 매년 약 7억 원의 연구비를 받는 그룹이 논문의 양과 질 모두에서 가장 효율적인 것으로 나타났다. 미국, 한국, 일본 등 여러 국가에서 연구비 양극화가 가속화되고 소수의 대규모 실험실들이 등장하면서, 연구자 대부분이 짐작했던 '대규모 실험실은 효율이 낮을 것'이라는 심증이 사실로 확인된 것이다.[2]

의생명과학계에는 박사후연구원은 무조건 큰 실험실로 가야 한다는 말이 있다. 교수로 성공한 대부분의 과학자들이 큰 실험실 출신이기 때문이다. 물론 큰 실험실에서 홈런이 자주 나오는 것은 사실이지만, 홈런을 칠 기회는 많지 않다.[3] 대부분의 과학자는 후배들에게 실험실을 선택할 때 규모보다는 연구의 방향과 목표를 생각하라고 조언하지만, 현실에서 성공하는 과학자들은 대부분 큰 실험실 출신이다. 과학계가 연구비와 논문에 있어서 양극화되었고, 그 구조가 고착화되고 있기 때문이다.

비슷한 연구 결과가 캐나다자연과학공학연구협회NSERC 및 캐나다보건연구소CIHR의 연구비와 논문 출판의 상관관계에서도 나타났다. 캐나다의 NSERC에서 주는 디스커버리 그랜트Discovery Grant는 일종의 기본 연구비와 같은 역할을 한다. NIH와 비슷한 기관인 CIHR은 기초과학보다는 의학과 연관된 분야를 지원하며 NSERC보다 연구비 집행 규모가 더 크다. 2013년 발표된 이 연구에서는 NSERC가 주는 기본 연구비만 받은 연구책임자들과 CIHR 연구비까지 받은 이들을 교차 비교해서 논문의 양과 질을 분석했다. 결과는 분명했다. 연구비가 일정 규모를 넘어가게 되면, 연구비의 규모는 연구의 영향력과는 음의 상관관계를 보여준다. 즉 과학적 영향력이 있는 연구를 지원하기 위해서는 연구단의 규모를 늘릴 게 아니라 연구의 다양성을 증가시키는 방향으로 지원해야 한다는 뜻이다.[4]

2015년의 연구 결과는 의생명과학 분야의 이상적인 실험실 규모를 아주 구체적으로 알려준다.[5] 영국의 연구책임자들을 대상으로 수행된 이 연구에서도 연구원과 학생의 숫자가 일정한 규모를 넘어가면 영향력 있는 논문의 출판에는 부정적 영향을 미친다는 점이 밝혀졌다. 연구진은 398명의 영국 의생명과학 연구책임자를 대상으로 연구실의 규모와 지난 5년간 논문의 양과 질을 교차 비교했고, 다음과 같은 사실을 발견했다.

박사후연구원 1명을 고용하면 5년간 약 3.5편의 논문을 출판할 수 있고, 박사학위 과정 학생 1명은 약 1편의 논문을 출판할 수 있다. 즉 박사후연구원 1명이 박사학위 과정 학생의 3배 정도의 논문을 출판한다는 것이다. 하지만 흥미롭게도 박사후연구원과 학위 과정 학생이 출판하는 논문의 수는 전체 실험실 규모가 10명을 넘어가면 더는 증가하지 않았다. 영향력 있는 연구를 출판할 수 있는 가장 적절한 연구실 규모는 10명에서 15명 사이였다.[6] 즉 가장 이상적인 연구실은 박사후연구원을 주축으로 구성된 10여 명 안팎의 효율적인 네트워크다.[7]

근거 기반 정책이 필요하다

모든 과학계가 의생명과학계와 같을 수는 없다. 하지만 예산과 인력 모두에서 현재 가장 거대한 과학 분야라고 할 수 있는 의생명과학계의 현실을 무시하고 과학기술 정책을 구상할 수는 없다. 의생명과학을 대표하는 생물학자들은 이미 오래전부터 생물학에서는 큰 실험실보다 작은 실험실이 더 효율적이고, 생물학 전체의 발전을 위해서도 작고 다양한 실험실 생태계를 만드는 것이 유리하다는 것을 알고 있었다.[8] 하지만 과학계의 연구비 공황과 수많은 박사학위자의 존재로 인해, 의생명과학계는 부익부 빈익빈의 양극화와 비정규직 박사후연구원들의 희생으로 돌아가는 불공정한 구조를 고착화시켜왔다.

의생명과학계로 대변되는 과학계의 현실은 심각하다. 연구비 경쟁으로 피가 마르고 안정적인 일자리를 찾는 것 자체가 힘들어지는 현실 속에서, 연구자들은 길을 잃고 방황하고 있다. 이런 때일수록 과학기술 정책은 막연한 낙관론이나 장밋빛 희망에 기대지 말고 현실을 직시하며 냉정한 판단을 내려야 한다. 특히 중요한 것은 과학 정책 결정이 정치적 변동에 좌우되어서는 안 된다는 점이다. 근거에 기초한 과학적 방법을 통해 정책의 기반을 구축해야겠다.[9]

근거 기반 정책은 과학계에 가장 어울리는 정책 패러다임이다. 국가의 과학기술 정책을 결정하는 정치인과 과학 관료들은 누구보다 더 과학적인 방식으로 과학계가 처한 문제에 접근해야 한다. 의생명과학 연구의 영향력은 가장 탁월한 소수의 과학자를 지원하는 방식으로 얻어지지 않는다. 몇십 명의 과학자에게 100억 원의 연구비를 지원하는 방식은 과학적 혁신과 가장 동떨어진 낡은 패러다임이다. 연구실의 규모를 줄이고, 기본 연구비를 통해 최대한 다양한 연구를 지원함으로써 여러 연구가 경쟁 대신 긴밀하게 공조할 수 있게 만드는 일, 그것이 한국의 생물학이 장기적으로 혁신을 이룰 수 있는 유일한 방법이다.

이제 과학 논문도 변해야 한다

왜 연구자들은 (돈도 못 받는데도) 자신들의 논문을 엘스비어에 제공할까? 그렇게 해야 하는 압력을 느끼기 때문이다. 엘스비어는 소위 영향력 높은 저널들을 소유하고 있고 연구자가 인지도를 얻기 위해서는 그 저널들에 논문이 게재됐다는 커리어를 만들 필요가 있어서다.

_ 알렉산드라 엘바키얀 (사이허브 창시자)

모든 것이 논문 때문이다

보통 과학자가 살아가야 하는 현대 과학계, 특히 의생명과학 분야는 이미 레드 오션, 즉 시장 포화 상태에 가깝다. 이는 정부와 대학 그리고 학술지 기업이라는 삼각동맹이 지난 20세기 중반부터 만들어낸 기형적인 생태계 때문이다. 이 생태계에서 정부는 과학자를 부속품처럼 관리하면서 국가 경쟁력을 높이려는 욕망을 달성한다. 부분적으로 이러한 정부의 욕망은 대중의 이해를 반영하며, 과학을 경제 발전의 도구로 삼는 프레임은 국민 세금이 대학으로 흘러 들어가는 근거가 된다. 국민 세금으로 지원을 받는 대학은 정부의 욕망을 충족시키며 학위 장사를 통해 자본을 축적한다. 지난 수십 년간 대학은 과학자를 위한 일자리 증가는 고려하지 않은 채 정부의 눈치만 보며 급격하게 대학원의 규모를 키웠고, 그 결과 지금과 같은 피라미드 형태의 인력 구조가 형성됐다. 정부와 대학이 이처럼 심각한 기형적 구조의 물리적 형태를 만들어냈다면, 학술지 시장은 이 기형적 구조를 이용해서 학자들 간의 경쟁을 무한으로 몰아붙이고, 그렇게 서열화된 학술지 사다리를 이용해서 엄청난 수익을 벌어들이고 있다. 이들은 나아가 마치 숙주에 기생하는 기생충처럼 결국 과학계를 고사시키는 악행을 저지르고 있다.

'출판하지 않으면 사라진다.' 과학계에 널리 퍼진 자조적인 농담이다. 과학자들에게 논문은 자신의 경력을 유지해나가는 데 있어 화폐처럼 사용된다. 과학자가 취업하고 제자를 받고 논문을 심사하고 연구비를 신청하고 수주하는 모든 과정에서, 그가 해온 연구의 질은 출판한 논문으로만 평가된다. 자본주의에서 모든 평가의 기준이 돈인 것처럼 과학계에는 언젠가부터 오직 논문으로만 과학자의 질을 평가하는 관행이 자리 잡았다. 하지만 불과 160여 년 전 《종의 기원》을 출판한 찰스 다윈은 논문이 아니라 책으로 인정받은 과학자였다.

현재의 논문 출판 시스템은 350년 이상 된 낡은 시스템이다. 과학 논문은 (분야마다 조금씩 다르긴 하지만) 서론-방법론-결론-토론의 순서로 구성된 약 3만~5만 자의 글자와 몇 장의 그림들로 구성된다. 대부분의 과학자가 논문을 온라인으로 읽는 세상이지만, 여전히 절반 이상의 학술지는 논문을 굳이 종이로 찍어 출판한다. 논문에 글자 수 제한이 있는 이유가 바로 이 때문이다. 하지만 이미 10여 년 전부터 온라인으로만 학술지를 출판하는 곳이 많아졌고, 논문의 글자 수 제한이라는 오래된 관습도 조금씩 사라지고 있다.

논문을 작성하고 나면, 이 초고를 학술지에 제출한다. 예전에는 종이에 인쇄된 논문과 사진으로 인쇄된 그림들을 우편으로 보냈지만, 이제는 이 모든 과정을 온라인으로 한다. 이렇게 논문이 제출되면 논문을 심사할 편집자가 배정된다. 논문 편집자는 과학계의 권위 있는 과학자인 경우가 많은데, 이들은 제출된 논문을 동료심사로 보낼지 혹은 편집자 선에서 게재 거부 판단을 내릴지 결정할 수 있는 권한을 가진다.

만약 동료심사를 받기로 결정되면, 편집자는 해당 분야에서 연구 경험이 있다고 판단되는 두세 명의 심사위원에게 초고를 발송하고 심사를 부탁한다. 심사위원들은 초고를 읽고 이를 평가해 편집자에게 제출하며, 편집자는 이렇게 제출된 평가를 모아 논문을 그대로 게재할지, 심사위원들이 지적한 사항들을 수정한 후 게재할지, 혹은 게재를 거부할지 결정한다. 이런 과정을 모두 거치고 편집자가 게재를 승인하면 논문이 학술지에 출판된다. 이런 과정은 짧게는 3~4개월에서 길게는 1~2년이 걸린다.

알파고가 이세돌을 격파하고, 구글의 인공지능이 유방암과 날씨를 정확하게 예측하고, 블록체인 기술이 나날이 발전해서 중앙화된 시스템을 대체하려는 이 시대에도, 여전히 과학자들은 350년이나 된 이 낡은 체계를 고수하고 있다. 동료심사와 편집자의 권위에 의존하는 논문 평가 체계가 잘 작동하던 시기가 분명히 있었을 것이다. 하지만 과학계를 지탱하는 인력 구조와 경쟁의 구도가 현대에 이르러 완전히 달라지자, 논문 출판 시스템의 문제가 하나둘 드러나고 있다.

낡은 과학 논문 출판의 문제점들

첫 번째 문제는 새로운 지식이 출판되는 데 지나치게 오랜 시간이 걸린다는 점이다. 수많은 과학자에 의해 과학이 빠르게 발전하는 현대에 350년이 넘은 고루한 방식을 적용하고 있으니 이는 당연한 귀결이다. 그래서 물리학과 수학 분야에서는 오래전부터 논문이 학술지에 출판되기 전의 초고를 모든 사람이 볼 수 있는 서버에 보관하는 프리프린트 아카이브를 운영하고 있다. 프리프린트는 동료심사를 건너뛰고 과학자가 자신의 연구 결과를 우선 동료에게 알리는 좋은 방법이지만, 의생명과학계에서는 이런 아카이브를 꺼리는 문화가 만연해 있다. 만약 자신의 연구를 출판 전에 공개한다면 경쟁자 그룹이 연구를 베끼거나 자신보다 먼저 출판할 것이라는 두려움 때문이다. 옛날의 연금술사들처럼, 의생명과학자들은 자신의 연구 결과를 논문 출판 직전까지 동료들에게 숨기는 행태를 보여왔던 것이다. 다행히 의생명과학계에도 bioRxiv라는 프리프린트 서버가 생겨서 점차 그 영향력을 확대해나가고 있다. 적어도 논문 심사 과정에서 지연되는 시간 때문에 과학계 전체가 새로운 발견을 빠르게 받아들이지 못하는 문제는 해결되고 있는 셈이다.

두 번째 문제는 폐쇄적인 동료심사에서 나타나는 불공정 그리고 인센티브 부족이다. 현재의 동료심사 체계는 일종의 명예 보상의 성격으로 운영되는 재능기부 형태다. 편집자가 동료심사를 수행할 심사위원을 선정하면 지정된 심사위원은 심사에 응할지 아닐지 결정하는데, 심사에 응하는 데에 큰 이점은 없다. 기껏해야 남들보다 논문을 먼저 볼 수 있다는 것 정도뿐이다. 하지만 심사에 응하지 않았을 때 심사위원이 받을 수 있는 잠재적 불이익은 존재한다. 그것은 바로 심사를 거부한 심사위원이 차후 해당 학술지에 논문을 게재할 때 해당 학술지가 어떤 불이익을 줄지 모른다는 두려움이다. 바쁜 시간을 쪼개서 인센티브도 없는 심사에 참여하는 과학자들의 심기가 좋을 리 없다. 과학계의 출판 경쟁이 과할 정도로 가속화됨에 따라 심사위원들의 논문에 대한 반응도 점점 거칠어지고 비합리적으로 변하고 있다. 2009년에는 페이스북에 '두 번째 심사위원의 악행을 멈춰야 한다!Reviewer 2 must be stopped!'라는 그룹까지 생겨나기도 했다. 비합리적인 이유로 논문 게재를 거부하는 심사위원이 꼭 한 명은 있다는 방증이다.

심사위원들이 이런 행태를 보이는 가장 근본적인 원인은 동료 심사의 익명성이다. 저자들의 이름은 공개되는데 심사위원은 익명 속에 숨게 되면, 정보의 비대칭과 익명성의 폐해가 고스란히 나타날 수밖에 없다. 익명성이 유지되는 인터넷 공간에 수많은 악플러가 활동하듯이, 익명성이 보장되는 논문 심사위원들도 이름이 공개되었으면 언급조차 못 했을 비합리적인 이유로 논문을 공격하고, 때로는 저자들을 모욕하는 표현까지 쓰고 있다. 이런 문제가 심각해지자 논문 저자와 심사위원 모두를 익명으로 하는 이중맹검 심사를 하는 학술지도 생겨났다. 하지만 이 방법은 불완전한 요식행위에 불과한데, 저자들이 자신의 연구를 소개하는 과정에서 자신의 정체를 공개하지 않는다는 것이 거의 불가능하기 때문이다. 그래서 최근에는 논문 심사를 우선 익명으로 하되, 논문이 출판될 경우 심사위원의 이름을 공개하는 제도도 시행 중이다. 하지만 이 제도 또한 논문 게재가 거부된 경우 불공평한 심사가 이루어진 기록과 그 심사위원의 이름이 공개될 수 없다는 한계를 지닌다. 만약 논문 심사위원의 이름이 처음부터 공개된다면 아무도 심사위원을 맡지 않을 것이라는 의견은 타당하다. 특히 신진 과학자들의 경우 권위 있는 과학자의 논문을 신랄하게 실명으로 비판하기 어려울 것이다. 익명으로 얻는 이익과 손해 중 무엇이 큰지는 과학계가 숙고해서 결정해야 한다.

세 번째 문제 역시 사전 심사 제도와 관련이 있다. 350년이 넘도록 과학자들은 논문을 사전에 평가해서 출판하고 출판된 논문을 완전한 텍스트로 인정하는 관행을 지켜왔다. 즉 과학 논문은 출판되는 순간 수정이 불가능해진다. 컴퓨터 프로그래머들은 오래전부터 지속적인 업데이트를 통해 소프트웨어를 개선해왔다. 윈도든 아래아한글이든 모든 소프트웨어는 판매 후에 지속적인 업데이트를 통해 결함을 보완한다. 하지만 과학 논문은 아니다. 연구 결과가 추후 개선되거나 혹은 재현되지 않는 현상이 나타나도 이미 출판된 논문은 수정이 원천적으로 불가능하다. 2020년에는 2018년 노벨 화학상 수상자인 프랜시스 아널드 교수의 2019년 논문이 재현 불가의 이유로 철회되었다. 이처럼 드물게 재현이 불가능한 논문은 학술지에 의해 철회되기도 한다. 하지만 논문 철회는 드문 일이며, 학술지 입장에서 반길 만한 일도 아니다. 이런 재현성 위기의 배경에는 논문을 사전 검증만 하는 낡은 제도와 연구비 수주를 위한 논문 무한 경쟁의 가속화가 있다. 과장해서 말하자면, 현재의 논문 출판 시스템에서는 심사위원 한두 명만 설득할 수 있다면 결함이 있는 논문도 출판할 수 있다. 이 문제를 해결할 유일한 방법은 프로그래머들이 소프트웨어를 다루듯이 논문을 지속적으로 사후 검증하는 플랫폼을 만드는 것이다.

네 번째 문제는 논문이 출판되는 과정에서 생기는 비용과 이익의 불평등에서 발생한다. 현대 과학계 연구의 대부분은 국민의 세금으로 이루어진다. 하지만 과학자들이 어렵게 출판한 논문의 권리는 학술지에 귀속되며, 국민을 비롯해서 심지어 논문을 출판한 과학자조차 해당 논문을 돈을 내고 봐야 한다. 과학 지식은 공유될수록 진보하는데, 국민의 세금으로 이루어진 연구 결과가 학술지 회사들의 돈벌이를 위해 공개되지 않는 셈이다. 이런 불공정한 논문 유통 시스템을 개선하기 위해 많은 과학자가 비판을 해왔고, 그 결과 최근에는 오픈액세스로 출판하는 학술지가 대세가 되고 있다. 알렉산드라 엘바키얀이라는 과학자이자 해커는 사이허브 SciHub라는 논문 아카이브 서비스를 만들어 대부분의 논문을 무료로 공개하는 시도를 하고 있다. 학술 논문의 파이러트베이 Pirate Bay(세계 최대의 파일 공유 사이트)로 불리는 사이허브의 존재야말로 학술지 회사들이 얼마나 악독하게 장사를 해왔는지 보여주는 방증이다. 특히 현대 대학 도서관 예산의 대부분이 이들 학술지 구독료로 지출된다는 사실을 고려하면, 논문 학술지 시장의 부패가 얼마나 심각한지 예상할 수 있을 것이다.

심지어 논문 저자들은 논문을 싣기 위해 학술지에 게재료를 내야 한다. 내가 신문에 글을 기고하면 게재료를 받지만, 과학 논문은 그게 거꾸로 되어 있는 셈이다. 도대체 어떻게 이런 말도 안 되는 관행이 자리 잡았는지 나로서는 알 수 없는 일이지만 한 가지는 확실하다. 네이처나 엘스비어 등의 거대 학술지 회사들이 만들고 유지해온 이 논문 생태계야말로, 과학계를 썩게 만드는 근본적인 이유 중 하나라는 점이다. 세계 최대 과학 학술지 전문 출판사인 엘스비어의 영업마진율은 40퍼센트를 넘는다. 40퍼센트의 영업마진율은 애플보다 높은 수치다. 과학 학술지 출판사들은 과학자들의 땀과 피를 착취하며, 궁극적으로는 세금을 갈취해왔고, 나아가 과학의 발전에 방해가 되고 있다. 유럽과 미국 정부 등이 세금으로 출판된 논문을 무조건 오픈액세스 학술지에 게재하라고 명령하는 것은 당연하다.

새로운 논문 생태계가 필요하다

앞에서 다룬 문제들 외에도 현행 과학 논문 출판 시스템에는 여러 문제가 있다. 그중 하나는 재현 가능하고 견고한 연구 결과들보다 흐름에 민감하고 유행을 좇는 연구들이 선호된다는 점이다. 논문 출판의 관행을 바로잡지 않으면 과학계는 결국 재현되지 않는 연구 결과들과 무한 경쟁의 순환고리에 빠져 자멸하게 될 것이다. 그동안 과학자들은 오픈액세스 운동 및 프리프린트 서버 구축 등을 통해 과학 논문 출판의 문제점을 해결하려고 노력해왔다. 하지만 여전히 과학자들은 무한 경쟁의 늪에 빠져 허우적거리고 있다. 이제는 정말 새로운 방식으로 과학 지식을 공유할 방법을 찾을 때이다.

과학의 공유와
학문의 발전

오픈액세스 지지자들도 연구 개념의 외연을 확대해야
한다고 주장한다. 학술논문 독자는 특히 인문사회과학의
경우, 교수나 연구자 같은 학계 구성원들뿐만 아니라 세상을
이해하는 데 관심을 가진 모든 대중이어야 한다는 것이다.
결국 과학 출판의 대안적인 수익 모델 개발은 '지식은
누구에게 속하는가?'라는 근본적 질문에 대한 답을 찾는
과정과 다름없다.[1]

_ 자비에 몰레나 (〈알테르나티브 에코노미크〉 기자)

선의의 어두운 면, 오픈액세스

과학기술계에 속한 대부분의 구성원은 현재의 과학 출판에 분명한 문제가 있다는 것을 알고 있다. 엄청난 수익을 창출하는 네이처, 스프링어, 엘스비어 등의 거대 독점 출판사들은 과학자 사회의 커뮤니케이션을 촉진한다는 명분 하나로 지난 세기 동안 과학계의 건강한 발전을 가로막아왔다. 가장 큰 문제는 국민의 세금으로 진행된 연구 결과가 국민에게 무료로 공개되지 않는다는 것이다. 이 문제를 해결하기 위해 등장한 대안이 바로 오픈액세스open access다. 오픈액세스는 2000년 전후에 과학계를 중심으로 시작된 운동으로, 공공재인 과학 지식을 대중에게 돌려주어야 한다는 대의를 가지고 급속도로 확산되었다. 이 문제가 불거진 가장 직접적인 계기는 거대 독점 학술지들이 대학 도서관의 논문 구독료를 급격하게 인상하면서, 대학이 논문을 온라인으로 구독할 수 없는 지경이 되어버린 '간행물 공황'이다. 이 문제 때문에 한국의 카이스트 같은 대학도 몇 달간 온라인 논문 구독을 하지 못하기도 했다.

 이 심각한 문제를 풀기 위해 노벨상을 수상한 과학자들을 중심으로 새로운 학술지인 '과학의 공공도서관'이 설립되었고, 이후 수많은 오픈액세스 학술지가 만들어졌다. 각종 민간 과학 연구 재단을 비롯해 미국과 EU 등의 정부 기구가 연구자들에게 오픈액세스 출판을 강요하면서 어쩔 수 없이 기존 거대 독점 학술지들도 이 대열에 동참하는 분위기다. 이제 대부분의 학술 논문은 오픈액세스를 통해 출판되며, 그 비율도 지속적으로 증가하고 있다. 그런데 최근 오픈액세스는 학술 시장의 부패를 막기는커녕 학술 시장의 건강을 심각하게 위협하고 있다.

그 첫 번째 문제는 논문 게재료의 불공정성이다. 신문이나 잡지에 글을 기고한 작가는 원고 게재료를 받고, 신문이나 잡지는 광고를 판매하거나 독자에게 구독료를 받아 사업을 운영한다. 하지만 학술지 시장에서는 이 과정이 전부 뒤틀려 있다. 학술지들은 논문을 게재해주는 대가로 수백만 원에 달하는 논문 게재료를 요구하고, 이 논문을 읽는 독자에게도 논문 비용을 받는다. 게다가 논문을 심사하는 과정은 동료심사라는 명목으로 무료 봉사의 형태로 이루어지며, 심지어 논문을 처리하는 편집자들조차 대부분 무보수로 봉사하는 방식이다. 한마디로, 지난 20세기 동안 성장한 거대 독점 학술지들은 대동강 물을 판 봉이 김선달처럼 과학계와 정부 그리고 세금을 내는 국민 모두를 상대로 지식 공유를 가로막아온 셈이다. 오픈액세스는 논문의 구독료를 폐지하는 일에는 성공했지만, 거대 독점 학술지의 주요 수입원인 논문 게재료와 논문 심사 과정의 무료 봉사 문제를 해결하지는 못했다.

오픈액세스가 야기한 학술 시장의 두 번째 문제는 범람하는 약탈적 학술지의 등장이다. 오픈액세스는 분명 과학 지식은 인류의 공공재이며 공유되어야 한다는 신념으로 확산된 운동이었지만, 오픈액세스가 확산되고 거대 독점 학술지가 이를 주요 수익원으로 삼으면서 왜곡된 학술 시장의 틈을 타고 약탈적 학술지 시장이 자라나기 시작했다. 약탈적 학술지란 전통적인 학술 시장의 틈으로 들어와 공정한 절차나 심사 없이 돈만 내면 논문을 출판해주고 학회 실적을 제공하는 곳을 말한다. 오픈액세스의 확산과 약탈적 학술지의 확산 시점은 거의 정확하게 겹치는데, 이는 오픈액세스의 비즈니스 모델, 즉 수익 구조가 논문 구독료를 포기하는 대신 논문 게재료를 통해 유지되는 형태이기 때문이다. 약탈적 학술지들은 논문을 조금이라도 쉽게 출판하고 싶어 하던 연구자들의 욕망과 논문 게재료 장사라는 비즈니스 모델을 이용해 삽시간에 전 세계로 퍼져나갔다.

오픈사이언스는 학술 시장의 구세주일까

오픈액세스는 논문 게재료의 불공정을 그대로 놔둔 채 논문 구독료의 완전한 폐지를 통해 학술 시장의 부패를 막으려 했지만, 그 선의는 절반의 성공 혹은 절반의 실패로 남았다. 논문 게재료 문제를 해결하기 위한 여러 논의가 있었고, 그중 일부는 오픈사이언스라는 형태로 논의되고 있다. 오픈사이언스는 온라인의 여러 도구를 이용해 다시 학술지를 탈중앙집권화시키는 방식으로 과학 학술 시장을 정화할 수 있다고 주장하는 연구 개방 운동이다.

과학에서 '공유'는 오래된 연구 규범이다. 과학사회학자 로버트 머튼은 과학 지식의 공유가 과학이 작동하기 위한 중요한 필수조건임을 간파하고, 공유주의를 과학자 사회의 첫 규범으로 꼽았다. 음악이나 미술과 같은 예술작품에는 저작권이 존재하고 예술가의 저작권 보호를 위한 여러 장치가 있지만, 과학에는 저작권이 없다. 지금도 민간 학술지 플랫폼 회사들은 자신들이 과학자들의 저작권 보호를 위해 논문을 오픈액세스로 만들 수 없다고 강변하나, 예술가 개인의 노력으로 만들어지는 예술작품과는 달리 현대의 과학 연구 대부분은 국민의 세금으로 이루어지는 공공재에 가깝다. 예술작품과 달리 인류의 건강과 안녕에 실질적으로 지대한 영향을 미칠 수 있는 과학 지식은 당연히 공유되어야만 한다.

오픈사이언스는 정부 지원으로 창출된 공공 연구의 성과물들을 디지털화된 방식으로 공개하고 공유하는 것이 과학 지식을 공공재로 만드는 첫걸음이라고 주장한다. 그러면서 연구 결과는 오픈액세스를 통해 공개하고, 연구 과정은 오픈데이터OpenData라는 플랫폼을 통해 공개하도록 유도한다. 또 정부가 디지털 플랫폼을 구축하고 이를 운영할 책임을 져야 한다고 주장한다. 하지만 〈네이처〉와 같은 학술지가 영향력 지수를 무기로 여전히 오픈액세스를 받아들이지 않는 상황에서, 연구자들에게 오픈액세스 학술지에만 논문을 투고하라고 강요하는 것은 현실을 무시하는 정책일 수 있다. 게다가 논문을 오픈데이터 형태로 공개하라고 요구하는 것도 연구자가 자발적으로 할 수 있는 동기를 부여할 수 없다면 빛 좋은 개살구가 될 수밖에 없다. 오픈사이언스가 오픈액세스의 과오를 범하지 않으려면, 학술 시장의 부패를 개혁하는 문제에 대한 접근 방식을 현장 중심으로 변화시킬 필요가 있다.

프리프린트, 논문 심사 과정의 문제를 해결하기

전통적인 논문 출판과정은 최소한 몇 달이 넘는 시간이 소모되고, 몇 년이 걸려도 출판되지 못하는 논문도 부지기수다. 특히 영향력 지수가 높은 학술지일수록 논문 심사 과정은 엄격하다 못해 낙타가 바늘구멍 들어가기를 방불케 하며, 논문 심사위원들의 도를 넘는 요구도 왕왕 있다. 현대 과학 연구자들이 논문 심사 과정에 쏟는 에너지는 엄청난데 그 스트레스로 인해 과학계는 물론 사회가 받는 피해도 크다. 특히 전통적인 논문 심사 과정 때문에 새로운 과학 지식이 과학자 사회에 빠르게 공개되지 못하는 것은 큰 문제가 된다. 과학자 사회는 이 문제를 해결하는 멋진 방안을 이미 마련해두고 있다. 그것이 바로 논문을 심사 전에 미리 아카이브에 저장해서 모두에게 공개하는 프리프린트 서버다.

프리프린트 서버는 학술지와는 달리 논문의 내용을 심사하지 않는다. 논문 저자의 신원과 논문의 기본적인 형태가 확인되면 누구나 프리프린트에 심사 전 논문을 공유할 수 있다. 이렇게 공유된 프리프린트는 논문은 아니지만 디지털 개체 식별자DOI를 부여하므로, 혹시 누가 이 프리프린트를 표절하거나 도용해서 논문을 작성하더라도 우선권이 프리프린트를 먼저 출판한 이에게 돌아갈 수 있도록 보장한다. 프리프린트의 역사는 오픈액세스보다 오래되었다. 1960년대 미국 NIH가 의생물학 분야의 논문을 프리프린트로 저장하는 서비스를 개발했지만 많이 사용되지 않아

1967년 중단되었고, 이후 1991년에 물리학과 수학 분야에서 arXiv가 만들어져, 연구자들이 논문 심사 전에 프리프린트에 논문을 저장하는 것이 일종의 관행이 되었다. 1997년에는 경제학 분야에 RePEc이 등장했고, 2013년이 되자 생물학 분야에서도 bioRxiv가 등장했다. 생물학 분야는 프리프린트를 가장 먼저 시작했지만 2013년이 되어서야 일상화된 셈인데, 그 전까지 과도한 경쟁에 내몰린 연구자들이 논문 도용을 우려해 사용을 꺼렸기 때문이다. 하지만 DOI가 부여되고 학술논문 심사 과정의 상황이 갈수록 악화되면서 연구자들은 논문 도용에 대한 두려움보다 논문을 공유하자는 쪽으로 마음을 돌리기 시작했다. 미국이나 캐나다의 여러 연구비 기관이나 대학은 프리프린트를 학술 업적으로 공식 인정하기 위해 노력해왔다. 그 결과 프리프린트에 논문을 등록하는 것이 주요 학술지 게재에 아무런 장벽이 되지 않게 되었다. 이런한 변화 덕분에, 가장 많은 수의 논문이 출판되는 생물학 분야를 포함한 대부분의 과학 분야에서 프리프린트는 연구 결과를 가장 빠르게 공유하는 일상적인 방식으로 빠르게 자리 잡았다.

프리프린트는 학술지와의 저작권 문제 없이 과학 지식을 공유할 수 있는 좋은 제도다. 개별 학술지 중에서는 여전히 프리프린트에 공개된 논문에 대한 게재를 꺼리는 경우가 있지만, 그런 적폐 학술지들은 시대정신의 진행 속에서 서서히 사라지게 될 것이다. 현재의 학술 출판 환경이 가진 문제점을 프리프린트로 모두 해결할 수는 없지만, 과학 지식의 개방과 공유라는 시대정신 속에서 프리프린트는 순항 중이다. 연구 결과를 빠르게 과학자 사회에 배포할 수 있는 좋은 수단이자, 도용 걱정 없는 선점권 부여를 통해 연구에 동기를 부여할 수 있다. 또한 프리프린트로 출판된 논문에 대한 다양한 피드백이 X, 페이스북 등의 소셜미디어를 통해 오가면서 과학자 사회의 커뮤니케이션은 전통적인 학술지를 넘어 확장하고 있다. 프리프린트는 연구비 지원 기관이나 대학 등에 연구를 증빙할 수 있는 좋은 도구로도 작동하며, 학회나 출판사 등이 해당 주제의 논문을 검색하고 저자를 초청하는 용도로도 활용되고 있다. 무엇보다도 프리프린트는 연구의 빠른 공유를 통해 학문 생태계의 건강한 발전에 기여한다.

33

알렉산드라 엘바키얀, 논문 해적 혹은 지식 공유의 화신

학문의 길에 놓인 모든 장벽을 없애기 위하여.

_ 사이허브의 표어

카자흐스탄의 해적,
논문을 무료로 공개하다

2016년 〈네이처〉는 '과학의 진보에 기여한 과학자 10인'을 뽑았다. 알파고의 아버지라 불리는 데미스 허사비스, 중력파 연구를 주관한 가브리엘라 곤살레스 등 쟁쟁한 과학자들 이름과 함께 논문 해적 혹은 지식 공유 활동가로 불리는 알렉산드라 엘바키얀의 이름도 그곳에 있었다. 알렉산드라 엘바키얀, 그는 전 세계 과학자들이 무료로 논문을 읽을 수 있는 '사이허브'라는 사이트를 만든 과학자이자 해커다.

알렉산드라 엘바키얀은 1988년 카자흐스탄에서 태어났다. 그는 어린 시절 러시아와 독일 등에서 컴퓨터 보안과 인간-컴퓨터 인터페이스 HCI 등을 공부했고, 인지신경과학 분야에서도 특히 트랜스휴머니즘에 관심이 많은 대학생이었다. 인간과 컴퓨터의 상호작용에 관심이 많았던 그는 2010년 미국 조지아공과대학교에 '의식의 신경과학'을 공부하러 여름 인턴십을 다녀오기도 했다. 의식의 문제와 트랜스휴머니즘에 관심이 많던 그는 2011년 갑자기 '사이허브'라는 핵티비즘 hacktivism을 시작하게 된다.

간단히 말해서 사이허브는 온라인에서 학술지의 논문을 무료로 다운로드할 수 있게 해주는 서버다. 엘스비어, 스프링거, 네이처 등의 거대 학술 출판사에 구독료를 내야만 다운로드할 수 있던 논문을 모두 무료로 배포하는 사이트인 것이다. 사이허브에는 수천만 개의 연구 논문이 저장되어 있고, 학술지들이 지불 장벽 paywall을 통해 인증 기관 혹은 구독료 지불이 아니면 볼 수 없게 만든 그 논문들을 모두 볼 수 있게 해준다. 바로 그런 이유로 2015년 엘스비어가 엘바키얀을 고소했다. 이에 뉴욕지방법원은 사이허브 폐쇄 결정을 내렸으며 2018년 미국 법원은 사이허브에 480만 달러 배상 명령을 내렸다. 하지만 사이허브는 주소지를 옮기며 여전히 서비스를 지속하고 있다. 엘바키얀은 잠적했고, 현재 어디에 살고 있는지 아무도 모른다.

미국 법원에 의해 명백하게 불법으로 규정된 이 서비스를 이용하는 과학자는 얼마나 될까? 〈사이언스〉에 〈누가 해적질 당한 논문을 다운로드하는가? 모두다!〉라는 도발적인 제목의 기사를 쓴 존 보아넌은 사이허브를 경외할 만한 이타적 행동 혹은 대규모의 범죄 행위라고 표현했다.[1] 사이허브를 이용하는 사람은 하루 수만 명을 넘고, 이용자는 전 세계 모든 곳에 존재한다. 2016년 〈사이언스〉가 연구자 1만 1000명을 대상으로 설문조사를 수행한 결과, 연구자의 88퍼센트가 사이허브의 논문을 이용하는 게 잘못이라고 생각하지 않는다고 답했다. 이들 중 51퍼센트는 논문에 접근할 방법이 없다고 말했고, 23퍼센트는 출판사들만 이익을 보는 구조에 반대하기 때문이라고 대답했다.

엘바키얀, 과학 지식은 공유되어야 한다

2016년 〈사이언스〉와 〈네이처〉가 엘바키얀을 집중적으로 조명하면서 그에 관한 기사가 한국에도 소개되었고, 한국에서도 사이허브 이용자는 급속히 증가하고 있다. 2019년 엘바키얀은 운영 중인 블로그에 '사이허브와 알렉산드라에 대한 기본적인 정보'라는 포스팅을 올렸다.[2] 그가 올린 포스팅을 바탕으로 엘바키얀과 사이허브에 대한 기본적인 정보를 요약해보자.

컴퓨터 프로그래머로 일하던 엘바키얀은 2011년 9월 카자흐스탄 알마티에서 사이허브를 만들었다. 카자흐스탄은 라이브저널 LiveJournal이라는 블로그 기반 논문 작성 플랫폼을 막아놓고 있었는데, 엘바키얀은 어노니마이저anonymizer라는 웹사이트를 통해 이 블로그에 접근할 수 있었다고 한다. 이렇게 라이브저널에 접근하게 되면서 그는 똑같은 아이디어를 과학 연구 논문에 적용하면 어떨까 하는 생각을 하게 됐고, 2~3일 동안 직접 코딩을 해서 초창기 사이허브를 구축했다. 사이허브는 연구자들 사이에서 금세 유명해졌다.

엘바키얀은 12세부터 인터넷을 통해 코딩을 배웠고, 이후 고등학교에서 PHP나 Delphi 같은 프로그래밍 언어를 공부했다. 대학에 들어가서는 정보보안에 관심을 갖고 이를 공부했다. 10년이 넘는 공부는 그를 능숙한 프로그래머로 성장시켰다. 대학에 들어가 그가 선택한 전공은 생물공학이었는데, 생물공학은 생물정보학과 더불어 컴퓨터에 익숙한 전공자들이 생물학과 만나는 중요한 접점이다. 예를 들어 합성생물학은 현재 생물공학의 주요한 분야인데, 이 분야에는 자기 자신을 DIY 생물학자라고 부르는 수많은 해커가 있다. 이들은 자신의 주차장 등에 실험실을 만들고 연구를 한다. 엘바키얀이 생물공학을 선택한 것은 해커이자 생물학에 관심을 가진 사람으로서는 어쩌면 당연한 선택이었는지 모른다.

생물공학을 공부하면서 엘바키얀은 컴퓨터와 정보에도 큰 관심을 갖게 되었고, 이때부터 그는 신경과학 공부를 시작한다. 공부 환경이 열악한 카자흐스탄에서 그는 인터넷 해적 사이트를 통해 신경과학을 다룬 전자책을 무료로 다운로드해 읽었다고 한다. 2010년 러시아, 미국, 독일 등의 연구 실험실에서 생물공학과 신경과학 연구를 수행하던 그는 곧 지루해졌는데, 대부분 연구의 주제가 지나치게 협소했기 때문이다. 그는 글로벌브레인global brain 같은 혁신적인 주제를 연구하고 싶었고, 하버드대학교에서 트랜스휴머니즘 강의를 듣고 곧 카자흐스탄으로 돌아와 프리랜서 웹-프로그래머의 삶을 시작한다. 바로 이 시기부터, 엘바키얀은 사이허브를 본격적으로 구상하고 실현하기 시작한다.

사이허브의 진실, 그리고 누군가는 해야만 하는 일

엘바키얀은 학술지 웹사이트에 대한 접근뿐 아니라 학술지에서 논문을 내려받는 방법에도 관심을 기울였고, 사이허브는 학술지 우회 접근뿐 아니라 다운로드한 논문을 아카이빙하는 플랫폼으로도 발전했다. 사이허브는 이렇게 카자흐스탄의 한 프로그래머이자 과학도가 자신의 필요에 따라서 그리고 다른 사람들에게 도움을 주기 위해서 즉흥적으로 만든 결과물이다. 엘바키얀이 스스로 회고하듯이, 사이허브는 정말 우연히 시작되었고 처음에는 어떤 큰 계획도 없었다. 사이허브가 시작되고 사용자들이 많은 조언을 해주기 시작했고, 그들의 지원과 무료 봉사로 사이허브는 서버를 유지할 수 있었다고 한다.

혹자는 사이허브 뒤에 어노니머스Anonymous 같은 큰 조직이 있을 것이라고 생각하지만, 엘바키얀에 따르면 사이허브는 처음부터 지금까지 개인의 프로젝트였고 여전히 그렇다고 한다. 엘바키얀의 X 계정도 그가 직접 운영하며, 모든 작업은 그를 거쳐서 이루어지고 있다. 하지만 사이허브의 미러사이트를 만들고 돕는 사람들은 있다. 사이허브는 초창기에 창세기도서관Library Genesis이라는 프로젝트와 협업을 했다. 이 프로젝트는 모든 책을 스캔해서 공유하는 프로젝트로, 미국 법원에 의해 금지된 바 있다. 2011년부터 사이허브는 창세기도서관의 서버를 사용했고, 지금은 독립적인 서버를 운영 중이다. 즉 사이허브는 철저하게 자발적으로 시작되었고, 이타적인 사람들의 노력으로 존재하는 셈이다. 사이허브의 배후에는 그 어떤 조직도 정부도 존재하지 않는다.

엘바키얀을 보고 많은 사람이 미국의 프로그래머이자 인터넷 활동가였던 애런 슈워츠를 떠올린다. 애런 슈워츠는 유명한 소셜 뉴스사이트 레딧Reddit의 초기 개발자인데, 학술 저널 데이터베이스인 JSOTR에서 다량의 논문을 내려받은 일로 체포되었다가 26세의 나이로 자살했다. 그는 인터넷 자유를 강력하게 옹호했고, 크리에이티브 커먼즈 라이선스를 창안하는 데 기여했으며, 미국의 지적재산권 보호 강화 법안인 온라인 해적행위 방지법 및 지적재산권법안에 적극적으로 반대한 해커다. 그는 급진적이었지만 우리가 온라인에서 자유롭게 의사를 표현하고 소통하는 행위를 가능하게 만들기 위해 노력한 위대한 해커였다. 엘바키얀은 자신과 애런 슈워츠를 비교하는 질문에 대해 자세한 답을 준비해두었다. 애런 슈워츠가 논문을 해적질해서 불법 공유 시스템인 토렌트에 올리려고 했다면, 사이허브는 사용자가 요구하는 논문을 데이터베이스나 다운로드를 통해 제공하며, 사용자와 엘바키얀에 의해 지속적으로 성장하는 웹 애플리케이션이다. 즉 엘바키얀은 애런 슈워츠가 보여주려고 했던 이상을 현실 속에서 실천하고 있는 것이다.

 엘바키얀의 사이허브는 엘스비어나 네이처 같은 거대 독점 학술지 출판사들에게는 눈엣가시일지 모르지만, 과학 연구를 하고 싶어도 논문을 읽을 수 없던 수백만 과학 연구자에게는 새로운 희망이다. 그래서 엘바키얀에 대해 연구한 어떤 학자는 그가 해야만 하는 일을 했다고 표현했다.[3] 엘바키얀은 짧은 과학자 경력을 통해 연구자들이 논문에 마음대로 접근하지 못한다는 비극적인 사실을 경험했고, 프로그래머로서의 경험과 능력을 그 장벽을 깨는 데 사용했다. 엘바키얀이 말했듯이, 사이허브는 인류의 좋은 아이디어를 공유하도록 돕고 싶었던 꿈의 확장판이었고, 바로 그 공익적 목적의 해킹으로 수십만의 전 세계 연구자는 지금도 과학 논문을 읽고 과학자로 성장할 수 있는 것이다. 엘바키얀의 활동은, 불법이라는 이름만으로 단죄하기에는 복잡한 맥락 속에 놓여 있다.

정치적 해킹, 즉 핵티비즘을 모두 불법으로 치부한다면 인터넷 시대에 우리는 권력의 인터넷 검열 그리고 독점적 자본주의로부터 자신을 지키지 못할지도 모른다. 엘바키얀의 말로 글을 맺는다.

엘스비어가 이들 논문의 창작자가 아니라는 사실을 말씀드리고 싶다. 엘스비어 웹사이트에 등록된 모든 논문은 연구자들이 쓴 것이다. 연구자들은 엘스비어로부터 돈을 받지 않는다. 이는 창작자들이 팔린 만큼 돈을 받는 음악이나 영화 산업과는 완전히 다르다. (…) 왜 연구자들은 (돈도 못 받는데도) 자신들의 논문을 엘스비어에 제공할까? 그렇게 해야 하는 압력을 느끼기 때문이다. 엘스비어는 소위 영향력 높은 저널들을 소유하고 있기 때문이다. 연구자가 인지도를 얻기 위해서는 그 저널들에 논문이 게재됐다는 커리어를 만들 필요가 있어서다.

때 이른 혁명:
프리프린트의 탄생과 좌절

연구 분야가 비슷한 과학자들 간의 자발적인 정보 교환이 가능한 플랫폼을 구축해보려고 합니다.[1]

_ 1961년 NIH의 연구처장 에렛 앨브리턴이
  프랜시스 크릭에게 보낸 편지 중에서

정보교환그룹의 탄생

과학 지식은 보편적이다. 대부분 과학 논문은 누구나 읽고 이해할 수 있는 형태로 교환되어야 한다. 자신이 쓴 논문을 국제적인 학술지를 통해 발표해야 하는 과학기술인은 언제나 국제적인 경쟁과 협업의 환경에서 일한다. 출판된 많은 논문이 10년만 지나도 낡은 것이 되어버리는 현실 속에서 현대 과학계는 정보 교환의 신속성을 매우 중요하게 여기게 되었다. 하지만 전통적인 논문 심사과정의 느린 속도는 이런 과학자들의 요구를 충족시키지 못하게 됐다. 그런 상황에서 프리프린트 혹은 출판 전 논문이라는 형태로 학술지 심사 전의 논문을 지정된 정보 공유 플랫폼을 통해 미리 공유하는 방법이 등장했다. 이미 물리학과 수학, 전산과학에서 광범위하게 사용되던 출판 전 논문 공유 플랫폼은 bioRxiv와 PeerJ 등의 플랫폼을 통해 의생물학에도 급속히 확산 중이다.[2] 1940년대부터 영국의 물리학자 존 데스먼드 버널 등이 과학자들의 논문을 모든 도서관에 보내야 한다는 의견을 피력했고, 이 의견이 진지하게 학회에서 고려되었지만, 제2차 세계대전 이후의 상황에서 버널의 제안은 과학자 사회의 공감을 얻지 못한 채 잊혔다.[3] 그리고 20여 년이 지난 1961년 미국에서 출판 전 논문을 통해 과학자들의 자발적인 지식 공유를 꿈꿨던 과학자들이 등장했다.[4] 그들의 이른 실험은 결국 실패했지만, 출판 전 논문이 과학계에 자리를 잡는 씨앗을 제공했다. 그들은 미국 국립보건원의 일부 과학자들이 모여 시작된 정보교환그룹IEG이다.

1961년 NIH의 연구처장이었던 에렛 앨브리턴은 위스콘신대학교 의과대학의 생화학자 데이비드 그린, 듀크대학교의 생화학자 필립 핸들러와 함께 IEG의 개념을 설계한다. 앨브리턴이 고안한 IEG는 일종의 실험이었는데, 그는 특정 연구 분야들의 자연사, 즉 살아 있는 역사를 구축하고 싶어 했다. IEG는 비슷한 연구 분야의 연구자들이 어떤 형태의 의견이라도 NIH로 보내면, 이를 해당 분야의 모두와 교환할 수 있도록 만드는 우편배송 서비스 비슷한 개념이고, 여기에 드는 모든 비용은 NIH가 부담하는 구조였다. 첫 시작은 해당 분야를 선도하는 연구 책임자들 간의 멤버십으로 이루어졌고, 이후 대학원생 이상이면 누구나 참여할 수 있는 구조로 확장되었다.[5]

IEG에서 교환되는 문서를 메모라고 불렀는데, 이 메모는 학술지의 승인 없이 논문에 인용할 수 없었지만 메모를 작성한 연구자의 아이디어에 선취권을 보장하는 역할을 했다. IEG의 회원들은 과학계에 비공식적인 형태의 정보들이 빠르게 공유되어야 한다는 데 동의했고, 이런 과학 지식의 빠른 공유가 전통적인 출판의 느린 속도를 보완할 수 있다는 점을 인식하고 있었다. 앨브리턴은 각각의 메모 앞장에 "우편으로 국제적 회의를 지속합시다"라고 썼다. IEG는 과학자들이 자발적으로 만든 비공식적 지식 공유의 원시적 플랫폼이었다.

20세기 초중반에 과학자들은 자발적으로 IEG와 비슷한 시도를 해왔다. MIT의 전자공학연구소는 비공식 기술 보고서들을 기관 내에서 공유하고 있었고, 미국화학회의 페트로늄 분과도 출판 전 논문을 공개 회람하고 있었다. 초파리 연구 공동체는 초파리정보서비스Drosophila Information Service라는 이름으로 모두에게 비공식적 정보들을 공유했고, 물리학의 경우 연구소의 도서관을 통해 비공식 문서들이 회람되었다. 하지만 앨브리턴이 만든 IEG는 좀 더 큰 야망을 품고 있었다. IEG는 해당 분야의 연구자 중 정보 구독을 원하는 사람이라면 누구에게나 IEG로 전송된 메모를 전달하고자 했다. 회원 수가 적을 때는 아무런 문제가 없었지만, 1965년 이미 46개 나라 3663명의 연구자들에게 2561개의 메모가 전달되어야 했고, 종이로는 100만 장이 넘는 우편물이 발송되었다. IEG는 인터넷이 일상화되기 전에 시작되었고, 너무 이른 시작은 한계가 되어버렸다. 충분한 기술력이 보장되지 않은 시기에 지나치게 이상적인 실험이 시작되었던 것이다.[6]

　IEG에서 가장 먼저 활성화된 주제는 산화·인산화와 전자전달계를 다루는 생화학자들의 메모였다. 처음엔 32명으로 시작된 그룹은 4년 후엔 386명으로 증가했다. 이 그룹의 좌장이었던 데이비드 그린은 비공식 정보들의 교환으로 인해 해당 분야의 중요한 발전 과정을 연대기순으로 모두가 인지할 수 있다는 점을 항상 강조했다. 데이비드 그린이 IEG의 장점으로 꼽은 것 중 하나는 바로 편향적인 논문 심사자를 만나는 위험을 배제함으로써 학술지 편집자에게 무시당했던 이들에게 탈출구를 제공해줄 수 있다는 것이었다. 발행 과정이 간소화되면 질 낮은 연구들이 넘쳐날 것 같지만, 오히려 지속적인 비공식적 심사 과정 덕분에 메모의 질은 일정 수준으로 유지되었다.

1961년 DNA 이중나선 구조의 발견으로 이미 세계적인 과학자가 된 크릭은 앨브리턴의 초대 메일을 받고 강한 거부 의사를 보냈다. 당대 최고의 과학자였지만, 크릭은 과학자들 간의 출판 전 논문 공유가 왜 과학의 빠르고 건강한 발전에 도움이 되는지 전혀 이해하지 못했다. 1963년 앨브리턴은 당시 유전학 연구에서 두각을 나타내던 시드니 브레너와 자크 모노 등에게도 IEG 초청장을 보냈지만, 브레너는 크릭과 같은 이유로 초청을 거절했다. 하지만 생물학의 다양한 주제로 IEG들이 생겨나면서, 1966년에는 제임스 왓슨과 마셜 니런버그를 좌장으로 한 핵산과 유전자 코드 IEG7이 시작됐다.[7] 유전자 코드는 당시 젊은 생물학자들에게 유행하던 주제였고, 이 그룹에만 1100여 명의 과학자들이 참여하면서 결국 크릭과 브레너도 IEG의 회원이 된다. 그리고 바로 이 그룹에서 크릭은 그의 유명한 코돈-안티코돈의 가설을 처음으로 공개했다.[8] 교환된 메모의 80퍼센트 이상이 논문화되었으며, 냉전으로 적대국이었던 공산주의 국가의 과학자들도 이 국제적 교환에 상당수 참여했다.

혁신을 방해하는 세력들

1960년대는 국가의 지원으로 과학자들의 수가 폭발적으로 증가하면서 다양한 거대 학술 출판사들이 성장한 시기이기도 하다. 바로 이 시기에 거대 학술지의 수익 모델, 바로 각 연구소와 대학의 도서관으로부터 구독료를 받는 방식이 자리 잡는다. 이 시기에는 과학자들의 수가 증가함에 따라 빠른 과학 지식의 교환이 중요한 화두로 대두되었다.[9] 과학자들의 연구는 속도전의 양상을 띠고 있었지만, 학술지의 논문 심사 속도는 여전히 거북이 같았다. 심사위원 및 편집자에게 무료 봉사를 강요하던 관행과 비공개 논문 심사라는 낡은 관습 때문이었다. 도서관 사서들과 과학사가들은 과학자들이 모두 IEG에 가입해야 한다고 주장했고, CERN의 핵물리학자들은 출판 전 논문의 공유를 위한 플랫폼을 기획하고 실천해 물리학 정보교환소PIE가 만들어졌다. PIE는 출판 전 논문을 회원이 아니라 각 도서관에 송부한다는 점에서 IEG와 달랐을 뿐, 이 당시 전 세계의 선도적 과학자들은 모두 출판 전 논문 교환의 필요성을 절감하고 이를 직접 실천해나갔다.

　이렇게 급속히 성장해나가던 출판 전 논문 공유의 혁신은 상업 출판사와 학회의 공격을 받기 시작한다. 1966년 미국면역학회는 이미 자신들의 학회지인 〈면역학회지〉가 존재하는데도 IEG의 면역학 그룹에 모인 600여 명의 면역학자들이 비공식적인 메모를 주고받는 것은 부적절하다고 선언했다. 면역학회의 논리는 IEG가 주고받는 메모가 출판 전 논문인데도 학술지에 실리는 논문과 거의 동일하며, 이는 학술지를 필요 없게 만들 수 있으므로 매우 부적절한 행동이라는 것이었다. 미국면역학회는 투표를 통해 IEG의 면역학 그룹은 폐기되어야 한다고 결론 내린다.[10]

　〈네이처〉는 이 기회에 아예 IEG를 박살내기로 하고, 사설을 통해 핵물리학자들의 IEG인 PIE의 극악하고 계도되지 않은 열정으로 인해 과학자 사회가 위험해 처해 있다고 주장했다."〈네이처〉는 IEG가 학술 정보 사업을 방해하며, 결국은 예산만 낭비할 뿐이라고 공격했다. IEG의 메모는 접근 불가능하고 비영구적이고 문법적 오류로 가득하고 수준이 모두 다르며 제대로 된 심사가 이루어지지 않으니 과학자 사회에 해를 끼친다는 것이다. 공익재단도 아닌 상업 출판사인 네이처는 자사의 〈네이처〉를 비롯한 전통적 학술지만이 철저한 심사를 통과한 논문을 제공하므로 과학자들에게 전통적인 학술지에만 논문을 출판하라고 권유했다.

전통적 학술지만이 연구 논문의 질을 보장할 수 있다는 논리에 따라 〈네이처〉는 IEG의 모든 장점을 싸잡아 힐난했고, 공공기관인 NIH가 학술지 시장을 교란하는 것은 부적절하다는 여론을 조성했다. 〈네이처〉의 사설은 NIH에서 혁명적인 IEG를 만든 70세의 에렛 앨브리턴의 모든 노력을 평가절하했고, NIH가 앨브리턴의 IEG에 에너지를 쓰는 것보다 차라리 학술지 하나를 더 만드는 것이 과학자 사회에 도움을 주는 방법이라고 비꼬았다. 〈사이언스〉의 편집자 필립 아벨슨은 IEG가 정부 보조로 급조된 허울 좋은 상품이며, 아무리 과학 출판의 비효율성에 과학자들이 불만을 갖고 있다고 해도, IEG는 과학계의 규율을 어기는 시도이며 과학 논문의 무결성을 해친다고 힐난했다. IEG에 적대적이었던 것은 〈네이처〉나 〈사이언스〉처럼 이로 인해 사업에 피해를 받는 상업적 학술지만이 아니었다. 학회에서 전문 학술지를 출판하는 편집자들도 학회 회원들이 IEG에 참여할 수 없도록 회칙을 변경했다. 즉 IEG에서 회람된 메모는 자신들의 학술지에 게재할 수 없다는 강력한 경고를 학회 회원들에게 보낸 것이다.

이런 전방위적인 노력으로 NIH는 곧 IEG에 사용되던 앨브리턴의 펀딩을 종료했고, 〈네이처〉에 투고된 IEG를 옹호하는 편지의 대부분은 출판되지 않았다. 그렇게 1967년 2월 IEG가 역사에서 사라지고 나서도 〈네이처〉는 비밀 회동 대학이 끝장났다는 사설을 썼고, 의학 학술지 〈뉴잉글랜드저널오브메디슨NEJM〉은 교양 있는 과학자들은 누구도 IEG를 응원하지 않았을 것이라고 했다. 과학자들의 자유로운 의견 교환을 원했던 앨브리턴과 그린의 꿈은 과학자들의 지식이 자신들의 폐쇄된 양식장에서만 교환되어야 수익을 낼 수 있는 거대 상업 출판사들과 이런 비공식적이고 자유로운 정보의 교환이 자신들의 학술지의 권위에 흠집을 낼 것이라고 두려워한 보수적인 과학자 사회의 학술지 편집자들에 의해 허공으로 사라졌다.

이제는 많은 이들이 〈네이처〉와 〈사이언스〉 등의 상업적 학술지가 창조한 과학 생태계가 건강하지 않다는 것을 알고 있다. 만약 앨브리턴과 그린의 꿈이 성공했다면, 우리는 상업적 학술지들의 횡포에 신음하는 현재의 과학계를 보지 않아도 됐을지 모른다. 과학자 사회는 과학계를 완전히 바꾸어놓았을지도 모를 혁신에 눈을 감았다. arxiv.org가 재등장함으로써 출판 전 논문이 과학자 사회에 다시 돌아오는 1991년까지, 과학계는 상업적 거대 출판사들이 만든 생태계에서 논문 출판의 혁신을 멈추고 신음해야 했다. 과학계는 이 당연한 시스템을 위해 무려 25년을 낭비했던 셈이다. 앞으로 다시는 그런 일이 없어야겠다.

과학 출판의
풍경을 바꾼 사람들

정보교환그룹은 과학 논문 유통에서 소외되어 있는 외국의
연구소와 연구자들에게 특별한 도움을 드리고 있습니다.
정보교환그룹은 실상 해당 연구 분야의 누구에게나 연구
정보를 공유함으로써 동등한 기회를 보장하고자 하는
시도이기 때문입니다.[1]

_ 데이비드 그린이 IEG 1번 방을 소개하는 글에서

정보교환그룹 그 이후

과학 출판의 풍경과 역사는 1961년 앨브리턴과 그린의 IEG가 등장하면서 완전히 바뀔 기회가 있었다. 20세기 중반 DNA 이중나선 구조의 발견으로 신흥 학문으로 부상하던 분자생물학자들과 생화학자들을 중심으로, 세계의 생물학계를 선도하던 유명 과학자들은 IEG를 통해 비공식 문서들을 출판 전 논문 혹은 메모의 형태로 공유했다. 이처럼 빠른 정보 교환은 해당 분야 과학자들 간의 교류와 연구 발전에 크게 기여했다. 그러나 프리프린트를 도입한 이 실험은 〈네이처〉, 〈사이언스〉 등의 거대 학술지와 주요 학술 분야 학회의 보수적인 학술지 편집자들의 공격을 받고 좌절된다. 그리고 프리프린트를 학계에 널리 알린 두 과학자 앨브리턴과 그린의 이름은 역사에서 사라졌다. 지식 그 자체에만 존중을 표하는 과학계의 보수적인 특징은 과학 출판과 정보 공유의 중요성을 간파한 과학자들의 이름을 역사에 새겨넣지 않았다. 보통 과학자는 그렇게 역사에서 사라지곤 한다.

저명 학술지의 편집자들이 IEG의 회원으로 활동하고 있었지만, 〈네이처〉와 〈사이언스〉 편집자들의 날 선 공격과 적대적 의견 때문에, 그리고 결정적으로 NIH에서 IEG를 더는 지원하지 않기로 결정하면서 소수의 그룹만 남기고 IEG는 사라지게 된다. IEG의 회원 94퍼센트는 메모의 교환이 연구 활동에 긍정적인 효과를 주었다고 답했고, 68퍼센트는 메모 덕분에 시간과 연구비를 아낄 수 있었다고 답했다. 앨브리턴이 생각했던 것만큼 격렬한 토론이 벌어지지는 않았지만, 앨브리턴과 함께 이 프로젝트를 설계한 데이비드 그린은 IEG가 과학 지식 공유의 역사에서 가장 혁명적인 혁신이었다고 회고했으며, IEG 폐기는 도살이었다고 분노했다. IEG의 종료에 결정타를 날린 빈의 학술지 회의에서, 그린은 이렇게 항변했다.

여러분이 나열한 이유는 진짜 이유가 아닌 것 같다는 게 제 의견입니다. 오히려 나열된 이유들은 IEG 같은 플랫폼이 학술지에 실리게 될 논문들보다 6개월에서 1년 먼저 유사한 형태의 프리프린트를 연구자들에게 배포하게 되면 학술지의 권위와 선취권이 빼앗길까 두렵다는 뜻이 아닐까요?

IEG의 실험은 그렇게 좌절되었지만, 논문 출판 전에 더 빠르게 과학자들의 연구 결과물을 공유하자는 운동은 1970년대를 거치며 활발하게 논의된다. 다양한 회의를 거쳐 1969년 입자물리학 분야의 학자들이 프리프린트 서비스를 시작했고, 1년도 되지 않아 1600명이 넘는 회원이 모여들었다.[2] 그로부터 20여 년이 지나면서 컴퓨터와 인터넷의 발전으로 정보 교환 비용이 급격히 감소했고, 마침내 1991년 로스앨러모스연구소의 폴 긴스파그의 주도로 arXiv가 창설된다.[3] 국립과학재단이 arXiv를 지원했고, 프리프린트 서비스가 학술지에 전혀 해를 입히지 않는다는 사실이 드러나면서 물리학자들 사이에서 프리프린트는 연구 출판의 일상이 됐다.

선구자들의 혁명을 기억하지 못하던 생물학계에서도 프리프린트를 시작하려는 시도가 등장했다. 1999년 노벨상을 수상한 바이러스학자 해럴드 바머스는 e-바이오메드e-Biomed라는 프리프린트 서비스를 시작한다. 하지만 이번에도 〈뉴잉글랜드저널오브메디슨〉 같은 권위 있는 학술지의 편집자들은 바머스의 시도에 적대적인 입장을 표했다. 학술지 편집자들은 NIH가 e-바이오메드에 어떤 지원도 하지 못하게 로비를 했는데, 그로부터 4개월도 되지 않아 바머스의 시도는 좌절되었다. 하지만 바머스는 포기하지 않고 펍메드센트럴PubMed Central이라는 서비스를 통해 게재된 논문을 무료로 볼 수 있게 만들었고, 1999~2000년에는 팻 브라운, 마이클 아이센 등의 과학자들과 함께 과학의 공공도서관, 즉 'PLoS' 프로젝트를 시작한다. 프리프린트 운동이 오픈액세스 운동으로 이어진 것이다. 하지만 생물학자들이 앨브리턴과 그린의 아이디어를 다시 프리프린트 운동으로 부활시킨 것은 그로부터 14년이 지난 2013년 bioRxiv와 PeerJ 가 탄생하면서부터였다.[4] 이 과정을 주도한 것은 생화학자 론 베일과 초파리 유전학자 레슬리 보셜 등이었고, 이번에는 예전처럼 큰 저항 없이 과학계 전반의 동의를 얻어낼 수 있었다. 학술지 논문의 심사에 드는 시간은 점점 더 길어지고 있었고, 오픈액세스 운동의 확산으로 인해 프리프린트에 대한 저항감도 사라졌기 때문이었다. 그렇게 1961년 앨브리턴과 그린이 꿈꿨던 프리프린트 프로젝트는 생물학계에 다시 자리 잡게 된다.

연구와 사회적 실천의 균형, 데이비드 그린

데이비드 그린은 효소학과 생체운동학 분야에서 저명한 생화학자였다. 그는 1910년 뉴욕 브루클린에서 태어나 공립학교를 다녔다. 뉴욕주립대학교 의과대학에 입학했으나 의학에 별 흥미를 느끼지 못하다가 1931년 여름 우즈홀에서 생물학 교수들을 돕는 연구조교를 하면서 효소학 연구에 흥미를 갖게 되었고, 석사학위를 마치고 영국으로 건너가 케임브리지대학교의 프레더릭 홉킨스 밑에서 박사학위를 시작한다. 홉킨스는 1920년대 영국 케임브리지에서 생화학연구소장으로 근무했으며, 동물의 영양을 연구해 비타민과 같은 부영양소의 존재를 밝혔고, 근육 수축과 세포 내 호흡 등의 업적으로 1929년 노벨 생리의학상을 수상한 인물이다.

20세기 중반까지도 미국의 우수한 대학원생들은 유럽으로 박사학위를 받으러 가는 것을 당연하게 여겼고, 그린도 당시 생화학의 중심지라고 할 수 있는 영국 케임브리지의 생화학연구소에서 홉킨스의 지도를 받으며 효소학 연구에 매진했다. 케임브리지에서 8년의 연구를 마치고 하버드대학교 의과대학에 자리를 잡은 그는 효소를 분리하고 세포 내에서 그 기능을 알아내는 연구를 지속했다. 이후 그린은 컬럼비아대학교를 거쳐 위스콘신대학교 의과대학에서 연구자로 생을 마감했다.[5]

미국과학자협회는 회원의 부고를 '회상록'이라는 형태로 잘 정리해둔다. 보통 해당 과학자를 가장 잘 알고 있는 제자나 동료가 정리하는데, 이렇게 정리된 한 과학자의 일생은 두고두고 과학사가들의 참고자료가 된다. 그린의 생애도 그의 제자들에 의해 회상록으로 기록되어 있는데, 이 회상록엔 그린의 IEG 활동에 대한 언급이 전혀 없다.[6]

과학자의 업적을 그의 논문이나 학술상 등으로 국한하는 것은 장점도 있고 단점도 있다. 예를 들어 노벨 화학상과 노벨 평화상을 모두 받은 라이너스 폴링의 생애를 단백질 구조의 발견으로만 기술한다면, 그 기록은 반쪽짜리에 불과할 것이다. 또 《중국의 과학과 문명》이라는 책 덕분에 한국에 과학사가로만 알려진 조지프 니덤의 생애에서 영국 케임브리지대학교 생화학연구소의 경력을 제외한다면 그 또한 반쪽짜리 회상록이 되고 만다.

그린의 회상록을 쓴 제자는 정확히 그런 실수를 저지르고 말았다. 그린의 생애에서 IEG를 아예 제외해버린 것이다. 가끔 이런 상황을 마주할 때면 과학자들의 편협함과 상아탑 근성에 치가 떨리곤 한다. 한 과학자가 과학계의 건강한 발전을 위해 좋은 일을 했다면, 그 과학자는 그 실천으로 기억되어도 괜찮다. 그린은 분명 홉킨스의 실험실에서 조지프 니덤과 조우했을 것이고, 당시 열정적이고 과학 이외의 여러 사회적 실천을 중시하던 과학자들이 모여 있던 그곳에서 그린이 IEG를 추진하게 된 동기가 생겨났을지도 모를 일인데, 이에 대한 기록은 존재하지 않는다. 기록하지 않으면 사라지게 된다.

데이비드 그린은 논문 외에도 〈사이언티픽 아메리칸〉을 통해 자신의 연구를 대중이 읽을 수 있는 글의 형태로 남겨두었다. 파지그룹의 리더였던 막스 델브뤼크는 과학자들은 세상으로부터 은거하기 위해 그의 작업보다 더 나은 방법을 찾을 수 없으며, 세상과 연결되기 위해서도 또한 그렇다는 말을 한 적이 있다. 데이비드 그린처럼 평생 한 분야에 천착한 과학자가 현장성이 풍부한 에세이의 형태로 과학 활동을 대중에게 전달하는 것이 과학 대중화의 진정한 의미일 것이다. 한국의 과학 대중화도 그런 방식으로 변화해야 하며, 그러기 위해선 과학계를 둘러싼 관료주의와 형식주의의 억압이 사라질 필요가 있다. 데이비드 그린이라는 과학자의 삶은 자신의 연구와 과학자의 사회적 실천의 균형점을 보여주는 좋은 사례다.

잊힌 과학자 에렛 앨브리턴

1964년과 1965년 두 번에 걸쳐, 생화학자 데이비드 그린은 〈사이언스〉에 IEG를 홍보하는 편지를 보낸다. 여기에서 그는 에렛 앨브리턴을 언급한다.[7]

1961년 초반에 에렛 앨브리턴의 주도로 첫 번째 IEG1이 실험적으로 시작되었습니다. 주제는 주로 전자전달계와 산화 인산화에 대한 것입니다. 이 실험의 전제는 특정 분야 과학자들의 정보 교환이 점점 비효율적으로 변해가고 있으며, 그 비효율성이 해당 분야의 발전을 가로막는다는 것이었습니다. IEG는 특정 과학 분야의 정보 교환을 최대한 효율적으로 만들기 위해 설계되었습니다. 지난 4년 동안의

경험을 통해 이제 IEG의 성과를 평가할 때가 된 것 같습니다.[8]

그린의 말처럼, IEG라는 아이디어를 생각해내고 실현시킨 사람은 미국 NIH의 나이 많은 연구행정 직원 에렛 앨브리턴이었다. 하지만 에렛 앨브리턴에 대해 우리가 알 수 있는 사실은 많지 않다. 앨브리턴은 켄터키주 메이필드에서 1890년 12월 14일 태어나 1984년 5월 4일 생애를 마쳤다. 얼마 남아 있지 않은 기록에 따르면, 그는 1916년 미주리대학교에서 학부를 마치고 이후 존스홉킨스대학교에서 의학 박사학위를 취득했다. 1917~1918년에 툴레인대학교에서 해부학 강사로 재직하다가, 1921~1922년에는 헨리포드병원에서 인턴으로 근무했고, 1924~1926년에 버펄로대학교 의과대학 생리학 교실에서 조교수 생활을 했다. 1926~1932년에는 록펠러재단의 지원 아래 방콕 정부의학대학에서 생리학, 약학 및 생화학 교수로 근무했고, 이후 1932~1951년에 조지워싱턴대학교 의과대학에서 생리학 분과의 행정관을 지냈다. 이후 1956년까지 같은 학교에서 생리학 정교수로 재직하다가 미국 NIH의 연구비 담당 부서장으로 임명되어 이후 1967년까지 국가연구비와 연구 관련 행정을 총괄하는 역할을 수행했다. 1949년에서 1954년까지는 국립연구협의회의 사무총장으로 생물데이터 핸드북 시리즈를 출판하는 데 공헌했고, 당시 그의 주도로 출판된 책 몇 권이 기록으로 남아 있다.[9]

그의 이력에서 독특한 점은, 1926년부터 6년간 방콕의 정부의과대학에서 교수로 근무했다는 사실이다. 지금은 마히돌대학교로 이름이 바뀐 시리라즈병원 생화학과 홈페이지에는 앨브리턴에 대한 기록이 남아 있다.[10] 1920년대 태국 정부는 병원과 의학 교육을 현대화해야 한다고 생각했고, 마침 록펠러재단이 이 사업에 돈을 투자하기로 결정한다. 이 사업의 결과로 록펠러재단은 앨브리턴을 태국으로 파견하고, 그는 거기서 6년 동안 태국 의과대학 교육체계를 다듬고 생리학 교육 커리큘럼을 만들었다고 한다. 그는 생리학, 약학, 생화학 분야를 모두 의과대학 교육 편제에 집어넣었는데, 거기서 그치지 않고 생리학 실험실을 열어 대학에서 실험 교육을 할 수 있는 기반을 조성했다. 그가 남긴 업적을 이어받아 시리라즈병원은 생화학을 중심으로 발전하게 된다.

앨브리턴이 쓴 글은 많이 남아 있지 않다. 그가 의사이자 생리학자로 살아간 궤적을 보면 이해가 가는 일이다. 그는 의사로 시작해서 생리학 연구자로도 경력을 쌓았지만, 이후 방콕 등에서 의과대학 교육체계를 정비하고 국립보건원에서도 연구비 행정과 연구체계 관리 등의 행정 업무를 주로 담당했다. 일반적인 과학자들처럼 연구 논문과 자신의 이름으로 된 책을 남기는 대신 연구에 도움이 되는 행정 업무 문서들을 만들고 핸드북을 편집하는 일에 매진했을 것이다. 다행히 그가 미국 NIH에서 연구비 관리 행정 업무를 수행할 때 남긴 글이 인터넷에 남아 있다.

이 글은 1967년 '생물공학과 인적 자원'을 주제로 열린 워크숍에 그가 패널로 참석해 남긴 일종의 발제에 대한 코멘트이다. 여기서 그는 생물공학이라는 분야를 마치 새로운 분과인 것처럼 주장하는 고웬이라는 발표자에게, 그의 연구 경력에 비춰볼 때 생리학 연구는 언제나 몇몇 생물공학자들이 주도했고 그들은 항상 연구에 참여하고 있었는데, 이제 와서 새로운 생물공학이라고 주장한다면 도대체 뭐가 추가되었기 때문이냐고 묻는다. 생물공학이라고 말할 때, 생명과학은 생물공학에 의해 어떤 도움을 받게 될 것인지를 명확히 해야 한다고 주장하면서 그는 19세기의 생리학자 클로드 베르나르를 예로 들어 설명한다.

> 생리학자들은 항상성 개념을 만든 클로드 베르나르 이래로 되먹임 시스템을 연구해왔습니다만, 지금처럼 분자 수준의 측정을 할 수는 없었습니다. 제 생각에는 공학자들이 필요한 곳이 바로 이 부분입니다. 생물학자들이 오랫동안 연구해온 시스템을 더 정교하게 측정함으로써 생물학이 큰 경쟁력을 갖게 만들어주는 일을 한다면, 공학 학위를 가진 학자도 과학자로 훈련시킬 수 있게 될 것입니다.

그가 하고 싶었던 말을 어렴풋하게 짐작할 수 있지만, 이 토론문은 그다지 명징하게 쓰인 글은 아니다. 그는 아마도 생물공학의 중요성과 역할에 대한 워크숍에서 생리학자로 살아온 자신의 경험을 보태 생물공학과 생명과학이 어떻게 조화롭게 실험실에서 만나야 하는지를 이야기하고 싶었던 것으로 보인다. 그리고 되먹임 시스템이라는 공학의 주제를 생리학이 오래전부터 다루고 있었다는 점을 생물공학자들에게 알려주기 위해 클로드 베르나르를 소환한 것이다. 그는 오늘날의 생물공학은 클로드 베르나르가 연구했던 그 항상성의 되먹임 시스템을 더 정밀하고 정교하게 연구함으로써 생물학에 기여하고, 또 공학 학위를 가진 사람도 생물학자로 훈련받을 수 있음을 강조했다. 클로드 베르나르는 생리학을 의학으로부터 독립시켜 과학으로 만든 인물이며, 생리학 연구자들에게 물리학과 화학처럼 엄밀함을 추구하도록 독려한 위대한 과학자다(클로드 베르나르의 생리학에 대해서는 나의 책《플라이룸》의 3장에 자세히 실려 있다). 앨브리턴은 자신의 정체성을 늘 생리학자라고 생각했고, 생리학을 근대 과학으로 완성시킨 선배의 이론과 이름을 정확히 알고 있는 과학자였다.

앨브리턴에 대해 우리가 알 수 있는 사실은 많지 않다. 하지만 그는 연구자의 정체성으로 행정 업무를 통해 프리프린트라는 혁신적인 출판 도구를 설계했고, 당대의 유명한 과학자들에게 왜 프리프린트가 필요한지 충분히 인식시켜 훗날 프리프린트를 향한 운동의 씨앗을 심었다. 앨브리턴과 그린의 IEG를 소개하는 논문을 쓴 매슈 콥은 글의 마지막을 앨브리턴에게 헌사했다. 그 문장으로 글을 마친다.

우리가 현재 경험하고 있는 디지털 문화는 앨브리턴이 IEG의 메모들을 개개의 회원들에게 우편으로 발송하면서 꾸었던 꿈보다 훨씬 멀리 가 있다. 하지만 그는 이미 반세기 전에 지식을 공개적으로 회람하고 토론하는 것의 중요성을 간파한 과학자였다. 그의 이름과 야망은 잊혔을지 모르지만, 그는 분명 우리가 사는 세계를 인정할 것이다."

과학 출판의 새로운 미래

과학은 풍부한 학술적 토론을 통해 진보한다. 디지털 도구 덕에 온라인으로 과학자들이 토론을 나눌 수 있게 되었다. 열린 학술 출판의 미래를 그려보려면, 우리는 현재의 종이 출판 학술 시스템의 유산이 지닌 핵심적인 특징, 예를 들어 논문 유료화와 출판 전 편집자의 선택 등에 대한 대안을 생각해봐야만 한다.[1]

_ 보디 스턴·에린 오셰이, 〈생명과학 학술 출판의 미래를 위한 제언〉 중에서

오픈액세스와 프리프린트 너머

오픈액세스는 누구나 과학 출판물에 평등하게 접근할 수 있는 길을 열었지만, 과학계의 고질적인 문제가 되어버린 논문의 화폐화 현상, 즉 과다한 경쟁으로 과학자들이 논문의 노예가 되어버리고, 내용이 아니라 학술지의 영향력 지수를 통해 평가받는 불공정성을 개선하지 못했다. 오픈액세스는 공공재로서의 과학 지식을 구현하려 했지만, 과학 출판이 지니고 있던 더 본질적인 문제는 해결하지 못했거나 더 악화시켰다. 특히 오픈액세스 학술지 이후에 더욱 심각해진 가짜 학회와 가짜 논문의 문제는, 오픈액세스가 과학 학술 출판의 정답이 아님을 보여주는 좋은 증거다.

프리프린트 혹은 출판 전 논문은 학술지 심사에 걸리는 시간을 절약해 동료들에게 연구의 결과를 즉각 알릴 수 있는 시스템을 제공한다. 그 결과 과학자 사회의 각 전문 분야는 해당 분야의 최첨단 지식을 지연 없이 바로바로 자신의 연구에 적용할 수 있게 되었고, 이를 통해 학술지들도 프리프린트가 빠르게 발전하는 과학 지식을 다루는 시스템임을 인정하게 되었다. 이제 프리프린트는 대부분의 과학 분야를 넘어 인문사회과학 분야에서도 일반적인 학술 출판의 경로로 자리 잡았다. 하지만 프리프린트 역시 학술 출판의 고질적인 문제였던 장기간의 심사 과정에 대한 잠정적인 보완책일 뿐, 과학 출판이 보여주는 본질적인 문제의 핵심을 개선하지는 못했다. 오픈액세스와 프리프린트가 모두 비껴간 과학 출판의 본질적인 악화 원인은 바로 현재의 논문 심사 제도에 있다.

사전 심사 제도가 야기하는 구조적 문제들

현재 과학자 사회가 채택하고 있는 학술 출판 과정은 '심사 후 출판'이라는 단계를 따른다. 대부분의 과학자는 이 과정이 어떻게 작동하는지 잘 알고 있다. 출판 전 소수로 구성된 익명의 심사위원들에게 논문을 평가받고, 편집자 1인을 통해 논문의 게재가 결정되는 현재의 과학 학술 출판 시스템은 350년 동안 변하지 않은 낡은 전통이다. 과학자 사회의 규모가 크지 않던 시기에 개발된 심사 후 출판 시스템은 과학자 사회의 규모가 기하급수적으로 커지면서 심각한 문제들을 일으켰다.

현재의 시스템에서 과학자들은 공정한 심사를 받기 위해 학술지를 고르는 일에 많은 노력을 기울여야 한다. 연구자가 연구보다 학술지를 고르고 심사 과정의 위험을 줄이는 일에 시간을 쏟을수록, 연구의 기회비용은 커지고 연구비는 낭비된다. 특히 이 과정에서 과학자들 간의 바람직하지 않은 정치적 행위들이 생겨나게 되는데, 이는 현재의 논문 심사 제도가 지극히 폐쇄적으로 운영되기 때문이다. 논문 심사 과정에 개입하는 정치적 행위는 이후 연구 기관이 연구자를 평가하는 일에 대한 개입으로 이어지며, 이로 인해 과학자들의 행동양식은 변화하게 된다. 과다 경쟁으로 적자생존의 생태계가 되어버린 과학자 사회의 핵심에는 폐쇄적인 논문 심사 제도가 놓여 있다. 이 문제야말로 낡은 과학 출판이 내포하고 있는 위험의 본질이며, 이 문제를 풀어내는 것이야말로 과학 출판을 넘어 과학계 전체의 건강한 발전을 만들어내는 길인 셈이다.

폐쇄적인 심사 후 출판 시스템은 과학자 사회의 규모가 커지면서 불공정한 정치적 개입을 유발했고, 이런 관행들 때문에 과학자들의 행동양식도 더욱 이기적이고 비윤리적으로 변해왔다. 이와 같은 과학 출판의 가장 모순적이고 극명한 예는, 과학자들이 논문의 내용이 아니라 논문이 실린 학술지로 연구자를 평가하는 현재 과학계의 평가 체계로 나타난다. 즉 현대의 과학자들은 무엇을 출판했는지보다 어디에 출판했는지를 더 중요시한다. 게다가 과학자들이 학술지를 고르는 일에 목숨을 걸게 되면서 학술지를 평가하는 지표들도 개발되었고, 이런 지표들 중 하나인 SCI 임팩트 팩터는 과학자 경력의 모든 단계에서 가장 중요한 평가 기준으로 굳어졌다.

과학자의 고용, 승진, 연구비 수주 등 모든 방면에 영향을 미치는 임팩트 팩터의 정당성에 대한 의문이 수없이 제기되어왔음에도[2] 여전히 과학자 사회는 연구자의 논문 내용보다 그 논문이 실린 학술지를 주요 평가 기준으로 삼는다. 누군가를 능력이 아니라 출신으로 평가하는 세상은 불공평하다. 하지만 과학자들은 이런 평가 체계를 당연하다는 듯 받아들이고 있다. 물론 임팩트 팩터를 사용하는 연구기관들도 변명할 근거가 있다. 너무나 많은 과학자가 존재하고, 이들을 모두 논문의 내용으로 평가하기에는 무리가 따르기 때문이다. 또 한 가지 이유는 과학의 연구 주제가 지나치게 세분화되어 연구의 내용을 제대로 평가하는 것이 점점 어려워진다는 것이다. 하지만 중요한 것은 그런 변명이 아니다. 우리가 임팩트 팩터를 통해 배워야 하는 것은 과학자들이 선택한 이 기형적인 평가 체계가 과학을 점점 더 잘못된 방향으로 밀어붙이고 있다는 사실이다. 학술지에 대한 평가로 논문을 평가하는 일은 중지되어야 한다. 그리고 학술지 수준으로 엄격한 심사 과정을 제공하는 대안적 시스템을 확보해야 한다.

현재의 심사 후 출판 시스템이 야기하는 더 중요한 문제 중 하나는 폐쇄적인 심사 과정을 거쳐 출판된 논문을 과학자 사회가 개선할 여지가 전혀 없다는 것이다. 즉 이미 출판된 논문에서 문제가 발견되면 편집자와 학술지의 폐쇄적인 심사 과정을 통해 논문을 철회하거나 유지하는 결정만이 가능하다. 따라서 연구자들은 오류가 존재하는 논문이라도 정치적 개입을 통해 폐쇄적 사전 심사만 통과하면 자신의 경력이 될 것임을 믿어 의심치 않게 되고, 그로 인해 영향력 지수가 큰 학술지의 수많은 논문이 지금도 매일 철회되고 있다. 특히 의학계의 논문에서 드러난 재현성 문제는 현재의 폐쇄적인 과학 학술 출판 시스템이 야기한 최악의 현상이다. 재현되지 않는 과학은 과학이 아니라는 점을 과학자들 모두가 알고 있지만, 불공정한 평가 체계가 폐쇄적인 심사 과정만 통과하면 된다는 사고를 양산하며 그들의 양심을 변질시키는 것이다.

사전 심사 제도를 폐기해야 한다

위에서 기술한 문제들 외에도 현재의 폐쇄적인 사전 심사 제도는 과학자 사회의 문화 자체를 변화시키고 있다. 그런 변화의 가장 근본적인 원인은 바로 학술지가 심사 과정을 과학자 사회에 공개하지 않기 때문이며, 이로 인해 과학자들은 심사의 과정보다는 심사의 결과에만 집착하게 된다. 결과만이 중요해지는 세상의 결말이 무엇인지는 우리도 잘 알고 있다. 과정이 공정하지 않은 세상에서 부자는 더 큰 부자가 되고 가난은 대물림된다. 과학계는 정확히 그런 불공평한 생태계를 만들어놓았다.

영향력 지수에서 우위를 점한 네이처나 엘스비어 등의 몇몇 거대 독점 출판사들은 학술지의 위계질서를 유지하기 위해 점점 더 적은 숫자의 논문을 출판하고 있다. 거대 독점 출판사가 과학계에 어떤 횡포를 부리는지는 이미 잘 알려져 있지만, 철저히 기업의 이익을 위해 움직이는 이들 출판사 탓에 과학계는 점점 더 불공정한 시스템을 향해 과학자들을 몰아붙이고 있다. 과학자들은 거대 독점 출판사의 문제를 뻔히 알면서도, 살아남기 위해 이들이 운영하는 학술지에 논문을 내고자 대부분의 시간을 보내고 있다.

폐쇄적인 사전 심사 제도와 이익만을 추구하는 거대 독점 출판사들이 만들어낸 왜곡된 과학 출판 생태계는, 과학자들의 행동양식마저 완전히 변질시켜버렸다. 영향력 지수가 높은 학술지에 논문을 내야만 살아남게 된 과학자들 대부분은 연구의 목표를 그런 학술지에 논문을 내는 것으로 수정하게 되고, 이들에게는 제대로 과학 연구를 수행하는 것보다 좋은 학술지에 논문을 내는 것이 더 중요해진다. 이런 과다 경쟁 환경은 연구자들이 자신의 연구를 과대 포장하게 만들고, 자신이 좋아하는 연구 주제가 아니라 학술지가 선호하는 연구 주제를 선택하게 만든다. 현재 대부분의 의생명과학자들이 암이나 치매 혹은 신약 개발이나 줄기세포 등을 연구하는 것은 결코 우연이 아니다.

과학 출판을 위한 세 가지 제언

과학 출판은 반드시 변해야 한다. 그 작업은 지난 350년 동안 유지된 카르텔을 파괴하는 일인 동시에 앞으로 과학자들이 더 나은 연구를 통해 과학을 진보시켜 인류에 기여할 수 있게 만드는 일이기도 하다. 새로운 합의를 이루지 못한다면 과학자 사회는 무너지게 될 것이다. 현재의 과학 생태계는 결코 지속 가능하지 않기 때문이다.

과학자라면 대부분 바람직한 학술 출판 시스템을 머릿속에 구상할 수 있을 것이다. 구체적이진 않아도, 이상적인 과학 출판은 심사 과정이 공정하고, 논문의 내용으로 평가받을 수 있으며, 연구의 결과가 과학자 사회와 지속적인 상호작용을 할 수 있는 구조일 것이다. 그런 시스템을 구축하기 위해서 가장 먼저 바꾸어야 하는 것은 '심사 후 출판' 시스템을 '출판 후 심사' 시스템으로 교체하는 것이다. 2019년 HHMI의 연구자인 보디 스턴과 에린 오셰이는 생명과학 분야의 학술 출판을 혁신하기 위해 다음과 같은 세

가지 제언을 했다.[3]

첫째, 동료심사 제도를 완전히 바꾸어야 한다. 동료심사는 해당 논문이 학술적으로 과학 생태계에 더 크게 기여할 수 있는 방향으로 변혁되어야 한다. 이를 위해 필요한 요소들은 '투명성', '학술지의 독립성', 그리고 '심사자들 간의 의견 교환'이다. 현재의 동료심사는 무보수로 이루어지고, 해당 논문을 좀 더 건설적으로 학문에 기여하게 만들어주기보다는 논문의 약점을 들춰내 게재를 거부할 명분을 찾는 작업을 목표로 한다. 과학자들은 스스로 심사위원이면서도 더는 학술지 심사위원의 평가를 신뢰하지 않게 되었다. 동료심사 제도는 크게 개선되어야 한다. 특히 동료심사가 학문에 기여하는 방향으로 바뀌기 위해선 동료심사의 인센티브 문제가 해결되어야만 한다.

둘째, 출판의 결정권이 편집자에서 저자에게로 넘어가야 한다. 과학자 개개인의 독립성은 과학자 공동체의 매우 중요한 문화로 여겨지고, 현재 과학자 한 명이 실험실을 운영하는 시스템은 이를 상징적으로 반영한다. 하지만 과학자들은 출판에서만큼은 독립적일 수 없는데, 학술지가 권위를 부여한 편집자에게 출판 결정권을 강제로 위임해야 하기 때문이다. 과학자 개인의 독립성은 출판 과정까지 연결되어야 한다. 출판의 의사결정권을 편집자에서 저자로 옮기는 것은 디지털 시대에는 어려운 일이 아니며, 이미 프리프린트에서는 그런 일이 이루어졌다. 학술지들은 프리프린트를 비판하면서 논문의 질이 최소한도 유지되지 않을 것이라고 했지만, 이미 오픈액세스와 프리프린트의 역사는 저자들에게 출판

결정권이 돌아가도 논문의 질이 어느 정도 유지됨을 증명해왔다. 논문 출판의 의사결정권을 저자에게 돌리는 것은 과학 출판 혁신의 가장 핵심적인 주제 중 하나다.

셋째, 논문에 대한 큐레이션을 출판 전에서 출판 후로 바꿔야 한다. 앞에서 언급한 동료심사 제도와 출판 결정권의 문제가 해결되려면, 학술 논문은 출판 후에 지속적인 평가를 통해 학계에서 그 가치가 평가될 수 있어야 한다. 이 시스템에서는 저자들이 언제 무엇을 출판할지 결정하고, 이후 동료심사 보고서가 출판된다. 동료심사위원은 다양한 방식으로 선택될 수 있고, 이 과정을 거친 심사보고서는 논문과 함께 출판된다. 출판 이후 논문은 지속적으로 전문 분야 동료들에 의해 사후에 평가될 수 있어야 하며, 이런 방식으로 논문은 개선될 수 있다. 디지털 세계에서 종이 학술지를 통해 논문을 출판하고 사후평가를 제한하는 방식은 낙후된 시스템을 억지로 유지하려는 고집일 뿐이다.

이 세 가지 제언은 모두 학술 출판이 디지털화된 온라인으로 이동한다는 점을 전제로 할 때만 가능한 일이다. 특히 디지털화된 온라인 세계에선 블록체인 같은 탈중앙 시스템을 통해 동료심사의 인센티브 문제와 연구자에 대한 공정한 평가의 문제 등을 해결할 수 있다.

과학 논문은 사후평가를 통해 과학에 더 크게 이바지할 수 있다. 사전평가 제도를 사후평가 제도로 바꾸는 일은 가능하며, 이제 남은 것은 과학자들의 결심뿐이다. 우리에겐 과학 출판을 완벽하게 혁신할 기술이 존재하며, 지난 350년의 낡은 출판을 바꿔 과학자와 인류 모두가 과학 지식의 진보로부터 도움을 받을 수 있게 할 의무가 있다.

출판 플랫폼의 설계도

동료심사를 투명하게 변혁하고, 출판의 결정권을 편집자에서 저자로 옮기고, 논문의 큐레이션을 출판 전에서 출판 후로 바꾸고, 논문이 출판되는 모든 과정을 온라인으로 옮기는 일은 더 나은 과학을 위해 꼭 필요한 개혁들이다. 하지만 이런 개혁을 수행하기 위해서는 전 세계 과학자들의 잠재적 합의체가 필요하며, 이를 구현하기 위한 명확한 청사진이 마련되어야 한다. 최근 전 세계의 진보적인 과학자들이 여러 매체와 학술지를 통해 과학 출판의 변화에 대해 다양한 의견을 내는 것은 환영할 만한 일이다. 왜곡된 학술 출판이 건강해질 수 있는 플랫폼은 어떤 모습일까?[4]

저자가 출판의 결정권을 갖는 출판 플랫폼은 이미 존재한다. 앞에서 살펴본 것처럼, 생명과학자들은 오래전부터 프리프린트를 통해 저자가 출판의 결정권을 갖는 학술 유통을 시도하고 있다. 프리프린트는 이미 과학 전 분야에서 시도되고 있는 저자 중심의 출판 플랫폼이다.

오픈액세스는 곧 학술지 시장의 거대한 표준이 될 것으로 보인다. 오픈액세스 덕에 출판되는 논문의 분량은 더 이상 문제가 되지 않으며, 출판의 비용도 낮아지고 있다. 하지만 여전히 저자들은 논문 출판을 위해 비용을 지출해야 하고, 오픈액세스 또한 여전히 출판 전 큐레이션을 중심으로 운영되고 있다. 출판 후 큐레이션으로 전환하면 논문 출판 비용은 훨씬 낮아지게 될 것이다. 왜냐하면 플랫폼에 출판된 대부분의 논문은 큐레이션이 필요 없을 것이기 때문이다. 세부 전공 분야의 전문가들은 이미 프리프린트를 통해 해당 논문의 질을 평가했을 것이고, 이를 통해 해당 논문은 연구자 동료들에게 자연스럽게 평가되는 과정을 거치게 된다.

HHMI 재단의 과학자 보디 스턴과 에린 오셰이는 다양한 서비스 제공자들이 새로운 학술 출판의 각 단계들을 담당하는 플랫폼의 형태를 제안한다. 프리프린트에서 논문의 단계별 버전을 아카이빙하는 서비스부터, 동료심사를 대행하는 서비스, 출판 후 큐레이션을 담당하는 서비스 등 각 서비스 제공자들이 공정 경쟁을 통해 서비스의 품질을 올릴 수 있다면, 결국 효율 대비 성능이 가장 좋은 학술 출판 플랫폼이 탄생하게 될 것이라는 주장이다.

서비스 제공자들이 서비스 비용을 받아 이런 형태의 새로운 학술 출판 플랫폼을 스스로 운영할 수 있게 될 때까지 연구비 지원 기관들이 그들의 모험적 시도를 지원해야 한다는 의견이 과학자들 사이에서 지배적이었고, 이에 따라 유럽의 웰컴트러스트, 미국의 빌-멀린다게이츠재단, 찬-저커버그재단 등이 이런 출판 실험을 지원 중이다.[5]

학술지가 원한다면, 특정 학술지는 이런 종류의 플랫폼으로 진화해갈 수도 있다. 예를 들어, HHMI 재단이 출판하는 〈이라이프

eLife〉라는 학술지는 편집자 역할을 두고 다양한 실험을 수행 중이다. 학술지 〈F1000리서치F1000Research〉는 저자가 직접 심사위원을 선택하며, 〈바이오버레이Bioverlay〉는 편집자가 프리프린트들 중에서 동료심사할 논문을 선택한다. 연구자들이 직접 프리프린트들 중에서 심사할 논문을 고르는 플랫폼도 가능하며[6] 이런 다양한 실험들은 언젠가 과학자 사회의 출판 문화를 완전히 바꾸게 될 것이다.

디지털 시대의 학술지

전통적인 학회의 학술지 서비스는 전문 분야의 독자들을 표적으로 논문을 큐레이션해왔고, 그들은 앞에서 언급한 새로운 출판 플랫폼이 성장할수록 지금과 비슷한 역할을 수행할 주체가 될 수 있다. 하지만 전통적인 학술지들은 기존의 사전 심사 제도 아래서와 달리, 플랫폼에 올라온 다양한 출판물들을 사후에 큐레이션하는 역할을 수행하게 된다. 큐레이션은 좀 더 다층적인 주체들, 예를 들어 학술지의 편집자 혹은 특정 분야에 관심을 지닌 다양한 개인 혹은 그룹에 의해 일어날 수 있으며(〈F1000리서치〉는 이미 그런 큐레이션을 진행 중이다), 이와 같은 다층적인 큐레이션은 전통적인 방식에 의해서는 제대로 평가받을 수 없는 창의적인 연구들에 좀 더 많은 기회를 제공하게 될 것이다. 또한 지금처럼 논문을 출판하거나 철회하는 행동만이 가능한 경직된 출판 방식은 긍적적이거나 부정적인 큐레이션으로 좀 더 유연하게 바뀔 수 있고, 이런 변화는 과학자들의 논문에 더 활력을 불어넣게 될 것이다.

이런 방식의 사후출판 큐레이션 플랫폼은 실제로 어떻게 작동할까? 예를 들어, 몇 달에 한 번씩 전문가들로 구성된 다양한 분야의 위원회에서 크라우드소싱 방식으로 세부 분야의 논문들을 추천하고, 다층적인 지표들을 종합해서 과학계에 의미심장한 논문들을 선정한다. 이렇게 선정된 논문들은 소셜미디어에서 사용되는 '태그'의 형식으로 특별한 배지를 얻게 되고, 사전 심사 제도에 의해서 출판이 결정되던 때보다 훨씬 더 유연하고 열린 방식으로 건강한 평가를 받을 수 있게 된다.

스턴, 오세이와 비슷한 시기에 출판 후 큐레이션을 중심으로 하는 새로운 학술 플랫폼의 모습을 제시한 안드레아 발라베니와 다비데 다노비는 좀 더 급진적인 형태의 과학 학술 플랫폼을 제안한다.[7] 그들 역시 현재의 동료심사 제도는 지속 가능성이 없다고 생각하는데, 익명성으로 인한 정치적 행위의 개입과 유인책의 부족으로 심사의 질이 떨어지기 때문이다. 재능기부로 이루어지는 사전 심사 제도는 결코 지속 가능하지 않다. 이런 제도 아래서 심사는 불공정해지며, 저자와 편집자 모두 불행해진다.

발라베니와 다노비가 제안하는 급진적인 플랫폼에선 국제 공조로 만들어진 중앙 저장소가 존재하고, 연구자, 연구기관, 편집자, 학술지, 연구재단 등은 모두 이 저장고에 접근해서 논문, 연구비, 취업, 승진 등에 대한 평가를 진행할 수 있다. 이 플랫폼에서 과학자들은 데이터와 아이디어를 자유롭게 출판할 수 있다. 스타

일과 포맷에는 아무런 제한이 없으며, 동료평가를 받을 것인지 말 것인지도 선택할 수 있다. 하지만 논문은 반드시 출판 후에 심사 과정을 통해 노출되어야 한다. 이런 종류의 사후심사에 참여하는 사람들은 저자가 제안한 연구자들일 수도 있고, 연구비나 시상 등을 위해 심사하는 사람들일 수도 있고, 그냥 자신의 연구 주제와 관련해 관심을 가진 과학자일 수도 있다.

이 플랫폼을 통해 동료평가는 완전히 투명해진다. 심사위원들이 누군지 공개되고 그들의 반응과 코멘트도 모두 기록된다. 심사위원에 대한 신뢰는 자연스럽게 형성되며, 공정하고 정확한 코멘트와 추천을 통해 심사의 인센티브가 자연스럽게 생겨난다. 논문은 버전업을 통해 계속 업데이트된다. 각각의 버전은 온라인에 남게 되며, DOI를 부여받고, 동료는 물론 대중에게서도 코멘트를 받을 수 있게 된다. 이 시스템에서는 논문 철회라는 개념은 존재하지 않는다. 물론 이런 시도가 이상적으로 보일 수 있다. 하지만 과학계는 더는 과학의 성과를 왜곡하는 시스템에 안주하기보다는 과학과 사회에 봉사할 수 있는 건강한 플랫폼을 실험해야 한다.

인센티브와 비즈니스 모델

서로 다른 두 그룹이 제안한 새로운 과학 출판 플랫폼의 모습은 닮아 있다. 하지만 출판 후 큐레이션을 중심으로 하는 새로운 과학 출판 플랫폼은 몇 가지 변화를 반드시 수반해야 한다. 그 첫 번째 문제가 위에서도 짧게 지적된 동료심사라는 과정을 현재의 무료 봉사에서 인센티브 제도로 변화시키는 것이다. 현재처럼 과학자들이 동료심사에 시달리는 모습은 과학 출판의 공정성을 해치는 주요 원인이 되고 있다.[8] 새로운 플랫폼에서는 지금처럼 특정 시기의 과학자들에게 동료심사가 몰릴 필요 없이 다층적인 사후 큐레이션이 가능해지고, 이러한 사후 큐레이션 과정 자체가 과학자들 간의 공동 연구와 상호작용의 배경이 되는 것은 물론, 이런 자발적인 큐레이션 과정 전체가 과학자의 승진 및 평가와 관계된 인센티브로 작동할 수 있게 된다. 과학 논문의 최소한의 질을 유지하는 동료심사 제도를 건강하게 유지하는 비즈니스 모델은 필요하며, 과거 퍼블론스Publons와 같은 온라인 플랫폼 등에서 그랬던 것처럼 기업들의 경쟁을 통해 과학자들이 자발적으로 자기 분야의 연구를 평가하는 일에 뛰어들 수 있게 만들어야만 한다.

이런 일이 가능하려면, 현재처럼 학술지의 영향력 지수인 임팩트 팩터를 통해 연구자를 평가하는 시스템이 개선되어야 한다. 새로운 플랫폼에서 제공하는 '태그' 혹은 '배지'와 같은 지표는, 해당 논문이 동료들에게 어떤 평가를 받고 있는지를 확인하는 대안적인 지표가 될 수 있다. 다양한 형태의 배지가 가능하며, 이처럼 다양한 측면의 평가를 상징하는 배지들을 통해, 앞으로 연구자의 논문은 학술지의 영향력이 아니라 논문의 내용을 통해 평가받을 수 있게 될 것이다.

과학자들은 논문이라는 화폐를 통해 평가받고 있으며, 따라서 현재의 학술 출판 체계를 변화시키는 것은 이미 성공한 과학자들의 저항을 불러올 것이다. 하지만 현재와 같은 과학계의 출판 시스템이 과학계 전체에 도움이 되지 않음이 판명된 이상 변화는 필연적이다. 여기서 제안된 플랫폼의 초창기에 몇몇 논문은 덜 완성되어 보일 수 있고, 가독성이 떨어질 수도 있다. 정보의 대홍수로 인해서 사전 출판으로 걸러지지 못한 정보가 넘쳐날 수도 있다. 하지만 궁극적으로 이 시스템에는 인센티브를 받는 심사위원이 존재하게 될 것이고, 그들로 인해 공정해진 출판 심사는 과학 출판의 패러다임을 긍정적인 방향으로 전진시킬 것이다.

우리가 가지고 있는 현재의 시스템은 이미 저질 학술지들의 홍수로 오염되었다. 현재의 과학자 평가 시스템이 오류투성이이기 때문이다. 우리가 걱정하는 것과는 달리 가장 훌륭한 연구는 집단지성에 의해 걸러질 것이다. 과학자들의 논문은 결코 현재보다 더 수준이 낮아지지 않을 것이다. 과학계가 이 새로운 시스템으로 얻을 수 있는 이익이 손해보다 크다. 350년이나 된 낡은 과학 출판과 평가 체계를 실험적으로 혁신해보려는 노력이 계속된다면, 우리는 디지털 시대에 가장 적합한 새로운 과학 출판의 모습을 곧 마주하게 될 것이다. 과학 지식이 진보하는 것처럼, 과학 출판과 평가 체계도 진보해야 한다.

37

커먼즈로서의
과학 지식

오늘날 무한한 양의 지식이 우리의 발굴을 기다리고 있다. 미래 지식을 발견하는 것은 공동의 이익을 구현하는 길이며 지식은 우리가 미래 세대에 넘겨주어야 할 보물이다.[1]

_ 엘리너 오스트롬(정치학자)

커먼즈, 공동 자원과 지식 생태계

커먼즈commons는 근대 이전 평범한 사람들이 공동으로 이용하고 관리하던 마을의 숲, 하천, 우물, 앞바다, 공동 목장 등을 뜻하는 영어 표현이다. 하지만 단지 공동체가 관리하는 자원만을 뜻하는 것이 아니라 공동체 모두가 사용하는 자원을 지속 가능하게 돌보기 위한 사회 체계 전체를 뜻한다.[2] 커먼즈에는 한계가 존재하지 않는다. 어떤 공동체가 자원을 집단적인 방식으로, 균등한 접근 및 사용 그리고 지속 가능성에 특별히 초점을 두어 관리하고 싶다고 결정할 때마다 커먼즈가 탄생하기 때문이다. 커먼즈의 역사는 인류의 역사만큼 오래되었다. 하지만 산업이 발달하고 인류의 대부분이 도시로 이주하면서 커먼즈는 약화되었다. 현대 사회에서 커먼즈는 사적인 시장 수익에 따라 상업화되었으며 이로 인해 전통적인 커먼즈는 강탈당했다. 주변에서 볼 수 있는 커먼즈 강탈의 예는 유전자에 특허를 출원하는 거대 제약사, 창조성과 문화의 창조적인 변용變用을 제약하는 과도한 저작권법, 물과 토지의 사유화, 개방된 인터넷을 폐쇄된 시장으로 바꾸는 행위 등이다.

고전적인 커먼즈는 작은 규모의 자원에 집중되어 있었지만, 인터넷과 디지털 기술의 발달은 새로운 형태의 커먼즈를 출현시켰다. 새롭게 탄생한 커먼즈 중에서도, 인류 전체가 전 지구적 수준에서 인터넷을 통해 디지털화된 정보로 함께 사용하게 된 인공의 자원이 바로 지식 커먼즈 혹은 지식 공동 자원이다. 2009년 노벨 경제학상을 수상한 엘리너 오스트롬은 《지식의 공유》라는 책을 통해 지식을 하나의 복합적 생태계로 보는 새로운 방법, 즉 지식을 인간 집단이 공유함으로써 사회적 딜레마를 해결하는 하나의 공동 자원으로 보는 방법을 소개한다. 우리가 이미 살펴보았던 지식의 오픈액세스 운동이나, 연구 공동체 중심의 아카이브 운동, 오픈 소프트웨어 운동은 모두 지식과 정보의 사유화와 상품화를 반대하는 커먼즈 운동의 일환으로 볼 수 있다.

인문학과 자연과학, 서로 다른 커먼즈의 필요성

오스트롬은 지식 생태계 전반을 커먼즈로 관리해야 한다고 주장했지만, 지식에는 다양한 층위와 범주가 존재한다. 예를 들어 학자들이 공인된 전문가 네트워크를 중심으로 생산해내는 논문과 인터넷 게시판 혹은 소셜네트워크에 흘러넘치는 지식의 층위는 다르다. 이를 위해 지식이란 무엇인지 정의할 필요는 없을 것이다. 하지만 과학 지식을 커먼즈화하는 문제를 제안하기 위해 인문학과 자연과학 지식의 범주가 다르다는 점은 분명히 하고 싶다. 오스트롬이 지식 생태계를 커먼즈로 다루면서 염두에 둔 지식의 형태 혹은 지식 공동체는 자신이 경험하고 참여한 경제학자 혹은 사회과학자들의 네트워크였을 가능성이 크다. 하지만 인문학, 사회과학 그리고 자연과학으로 나뉘는 지식 생태계의 범주들이 생산하는 지식의 유통 형태는 해당 학문들의 특성을 닮아 서로 확연하게 다른 양상을 띤다.

인문학 지식 생태계의 학술 정보는 대부분 해당 국가의 언어로 출판되고 유통되며, 인문학 학술 정보가 혹여 다른 언어로 번역된다 하더라도 그 정확한 의미까지 완벽하게 번역될 수 없다. 인문학이 다루는 문화적 특수성은 인문학을 지역성 혹은 특수성을 지닌 지식으로 범주화한다. 자연과학 지식 생태계는 인문학과 정반대의 상황에 놓여 있다. 자연과학 학술 정보는 대부분 영어라는 언어를 통해 생산 및 유통되며, 자연과학의 특성인 보편성을 따라 세계의 모든 과학자에게 동일한 의미로 해석 및 공유된다. 따라서 자연과학의 지식 생태계는 일반성을 지닌 지식으로 범주화된다. 오스트롬이 속해 있던 사회과학의 지식 생태계는 인문학과 자연과학의 중간 혹은 완전히 다른 제3지대 어딘가에 속해 있다. 예를 들어 영국 사회를 다루는 사회학 논문이 한국 사회에 일반론으로 적용되기는 어려우며, 따라서 모든 사회학 논문이 모든 언어로 번역되어 유통될 필요도 없고, 그런 일이 일어나지도 않는다. 경제학 논문들은 자연과학과 비슷한 방식으로 영어를 공용어로 유통되기도 하지만, 거의 대부분의 논문을 영어로 작성해 유통하는 자연과학자들과 달리 경제학자들은 영어로 발표하는 논문과 한국어로 발표하는 논문에 구분을 둔다. 이는 해당 학문의 전문가들이 권위를 인정하는 학술지가 한국어로 된 학술지인지 혹은 영어로 된 학술지인지를 분석해보면 자연스럽게 드러난다.

  여기서 이 문제를 자세히 다룰 필요는 없겠지만, 과학 지식 생태계는 인문학 지식 생태계와 지식의 보편성이라는 측면에서 서로 다른 유통 플랫폼을 보유하고 있다. 과학 지식은 전 세계적으로 유통되어야 하지만 인문학은 그렇지 않다. 사회과학은 그 중간 어딘가에 놓여 있다. 따라서 지식을 공유하고 커먼즈로 만든다고 할 때, 서로 다른 범주에 속한 지식 생태계의 특성을 반드시 고려해야 한다. 과학 지식을 커먼즈로 만드는 운동에는 전 지구적인 협업이 필요하며, 그 커먼즈는 필수적으로 인터넷과 디지털을 기본으로 해야 한다. 하지만 인문학 지식을 커먼즈로 만드는 운동은 해당 언어를 공유하는 사회가 커먼즈의 범위가 된다. 예를 들어 2019년에 결성된 '지식공유연대'의 활동은 인문사회과학 중심의 오픈액세스 운동으로 정의할 수 있다. 이 운동에 자연과학자들이 참여하지 않는 이유는, 자연과학의 경우 지구적인 단위에서 이미 오픈액세스 운동이 펼쳐지고 있으며, 오픈액세스가 가장 먼저 등장한 학문 분야가 자연과학이기 때문이다. 따라서 한국의 지식공유연대 운동은 인문사회과학 중심의 오픈액세스 운동으로 정의하는 것이 맞다.

우리나라에서도 몇 해 전부터 오픈사이언스에 대한 다양한 논의가 봇물 터지듯 일고 있다.[3] 이들 논의는 대부분 2013년 미국 오바마 정부의 오픈액세스 정책에 기반을 둔 과학기술 정책국 메모를 기반으로 한다. 오바마 정부는 공공의 자원이 투입된 연구 성과는 모두 디지털 형태로 공개해 누구나 열람 및 활용할 수 있게 해야 한다는 정책을 추진했고, 이를 바탕으로 정부의 연구비가 투입된 모든 연구는 향후 오픈액세스를 기본으로 하는 학술지에 출판하거나 공공에 공개해야 함을 분명히 했다. 이러한 미국 정부의 공공 액세스 정책은 유럽과 일본 등으로 퍼져나갔으며, 한국은 이러한 조류에서 뒤처졌다.

미국은 오래전부터 이 정책을 이행해나가기 위해 국가과학기술위원회NSTC 산하에 과학위원회를 구성하고, 2016년 이미 5개 정부 부처와 6개 정부 기관이 참여한 활동의 결과로 정책 보고서를 제출했다. 이 정책 보고서의 제목은 〈국제적 과학 협력을 통해 연방정부가 지원한 과학 연구 데이터와 연구 결과에 대한 접근성을 높이기 위한 원칙들〉로, 이미 그 제목에 과학 지식의 국제적 협력이라는 방침을 분명히 밝히고 있다. 즉 이미 과학 지식을 커먼즈로 만들려는 노력은 과학 연구의 중심인 미국을 중심으로 국제적 연대가 이루어지고 있으며, 한국은 여기에 적극적으로 참여하는 것만으로도 충분한 역할을 수행할 수 있으리라 생각한다. 그런 의미에서 한국의 오픈사이언스 논의들이 제안하고 있는 한국적 오픈사이언스 운동은 자연과학 지식이 지니고 있는 보편성의 원리와 자연과학에서 영어가 지식의 공용어로 사용되고 있는 현실을 무시한 행정의 낭비로 그칠 가능성이 크다. 대부분의 보고서와 논문은 미국과 유럽의 오픈사이언스 논의를 나열하는 수준이며[4] 기본적으로 자연과학 지식과 인문사회과학 지식의 범주를 혼동하고 있다. 한국적 오픈사이언스 운동은 불가능하며, 한국 정부는 인문사회과학 분야의 오픈액세스 운동에 몰두해야 한다. 자연과학 분야에서는 이미 미국과 유럽 등이 표준화를 위해 플랫폼을 만들기 시작했으며, 한국 정부는 그 표준을 잘 따르는 것만으로도 큰 기여를 하게 될 것이다.

과학자들은 과학 지식을
커먼즈로 만들어낼 수 있을까

미국이 과학 지식 생태계에서 독보적인 위치를 점유하고 있기는 하지만, 과학 지식 생태계를 커먼즈로 만드는 작업의 주체는 국가가 아니라 과학 지식을 생산하고 이를 공동으로 관리·유지해야 하는 전 세계의 과학자들이어야 한다. 한 국가가 중앙집권적으로 과학 지식 커먼즈를 관리한다면, 이를 커먼즈라고 부를 수 없다. 즉 오픈사이언스 운동은 과학 지식 생태계를 커먼즈로 만드는 것에 초점을 맞추어야 하며, 커먼즈 운동의 원칙을 지켜나갈 때에만 성공할 수 있다. 여기서 우리는 과연 세계의 과학자 공동체가 지식 생태계를 커먼즈로 만들 준비가 되었는지 물어야 한다. 몇몇 거대 학술지에 지식 공유 생태계를 점령당하고 과학 지식의 상업화와 불합리한 유통 시스템에 잠식당한 과학자 공동체는 과학 지식을 커먼즈화하기 위해 어떤 방식으로 노력해야 하는지 반드시 고민해야 한다.

엘리너 오스트롬은 《지식의 공유》에서 공동체가 커먼즈를 만들어내는 데 필요한 조건들을 간략하게 명시했다.

공유 자원을 특정 집단이 자율적으로 관리하기 위해서는 강력한 집합적 행동과 자율적 지배구조가 필요할 뿐만 아니라, 이해 주체들 차원에서 높은 수준의 사회 자본을 보유하고 있어야 한다.

여기서 '집합적 행동'이란 두 명 이상의 개인이 특정 성과를 얻어내기 위해 자발적인 노력을 경주하는 행위를 뜻한다. 즉 과학 지식을 커먼즈로 만들기 위해서는 과학자 공동체의 누군가가 다른 과학자들과 함께 자발적인 운동을 시작해야 한다. 과학자들은 자발적으로 'PLoS'를 시작해서 과학 학술지에서 오픈액세스를 기본적인 형태로 만들었으며, 각종 프리프린트 서버를 만들어 논문이 출판되기 전에 과학자 공동체가 논문에 접근할 수 있게 했다. 즉 전 세계의 과학자 공동체는 집합적 행동을 시행할 준비가 되어 있다.

'자율적 지배구조'란 집합적 행동에 '지식과 의지, 그리고 일관성 있는 제도적 원칙'을 제공하는 체계를 뜻하는 말이다. 바로 여기에서 국가의 간섭이 최소화되어야 하는 이유가 도출된다. 과학자 공동체가 과학 지식을 커먼즈의 형태로 유지하려면 국가의 통제는 최소화되어야 한다. 과학 지식 커먼즈를 자율적 지배구조로 만들기 위한 구조의 한 가지 대안으로 블록체인을 들 수 있다. 중앙집권화된 신뢰 제공 체계에서 탈피해 분산화된 신뢰 제공 체계를 제공하는 블록체인은 과학 지식 커먼즈에 자율적 지배구조를 제공해주는 강력한 플랫폼이 될 수 있다.

'사회적 자본' 혹은 '사회 자본'이란 사람들이 서로를 위해 어떤 행동을 하게 만드는 네트워크의 모든 잠재적 가치를 말한다. 사회적 자본은 한 개인에게는 없지만, 그 개인이 참여하고 있는 사회적 관계를 통해 다른 사람들이 가지고 있는 자원을 동원할 수 있는 능력을 뜻한다. 따라서 사회적 자본은 개인이나 물리적 생산시설에 존재하는 것이 아니라, 오직 사회적 관계 내에 존재하는 일종의 도덕적 자원이기도 하다. 즉 사회적 자본은 사용할수록 늘어나는 특징을 보인다.[5] 사회 자본은 다른 유형의 자본만큼 측정하기가 쉽지 않지만, 사회 자본이 많은 사회일수록 각종 거래 비용을 절감하는 효과가 발생하며 이를 통해 사회 전반의 경쟁력이 증가하게 된다. 예를 들어, 사회적 자본이 많은 공동체에서는 어떤 물건의 거래가 간단한 계약서와 영수증만으로 완료될 수 있지만, 사회적 자본이 적은 공동체에서는 각종 서류와 보증 및 담보 등을 요구하게 될 것이고, 이로 인해 거래 비용과 사회적 비용이 상승해 사회의 경쟁력이 떨어지게 된다. 사회 자본은 결국 한 사회가 보유하고 있는 신뢰의 정도를 달리 부르는 말이다. 세계적인 과학자 사회는 얼마나 높은 수준의 사회적 자본을 보유하고 있을까 고민해봐야 한다. 과학자들은 논문 출판과 연구비 평가 등에서 얼마나 상대방을 신뢰하는가? 과학자 사회는 과학 지식을 커먼즈화할 수 있을 정도의 사회 자본을 보유하고 있을까? 현재 과학자 공동체가 보여주는 지표들에 따르면 그렇지 않다.

커먼즈 운동에서 흔히 공유되는 규범 중에는 "커머닝commoning 없이 커먼즈 없다"라는 말이 있다. 커머닝이란 공동체의 이익을 위해 자원 관리를 돕는 각종 사회적 실천과 규범들을 뜻한다. 모든 커먼즈에는 서로 다른 커머닝이 존재한다. 오래전 과학사회학자 로버트 머튼은 과학자 사회를 관찰하며 CUDOS라는 규범들을 제시했다. 지금은 많이 퇴색됐지만, 과거 머튼이 연구하던 과학자 사회에는 공유주의communism, 보편주의universalism, 무사무욕disinterestedness, 조직적 회의주의organized skepticism와 같은 규범들이 존재했다. 하지만 현대 사회에 CUDOS는 PLACE로 왜곡되었다. 공유주의는 독점주의Proprietary로, 보편주의는 국소적 지식 생산 양식Localism으로, 조직적 회의주의는 권위주의Authority로, 무사무욕은 위임된 목표달성Commissioned으로, 그리고 창의적 지식 생산자는 과학자가 아니라 해당 분야의 문제해결 전문가Expert로 변화했다. 과학 지식의 커먼즈 운동은 과학자 사회가 잃어버린 규범들을 되찾는 문제와 밀접하게 연결되어 있다.

과학 지식을 커먼즈로 만들기 위해서는 국가가 지시하는 형태가 아닌, 과학자 공동체가 아래로부터 참여하는 방식으로 연대해야 한다. 따라서 과학 지식을 건강하게 공유하고 유통하는 커먼즈 운동은 결국 전 세계 과학자들의 자발적인 연대로 나타날 수밖에 없다. 1946년 7월 이렌 졸리오퀴리를 회장으로 결성된 세계과학노동자연맹은 〈과학자 헌장〉을 의결하고 과학의 국제적 성격을 분명히 했다. 하지만 이후 세계 과학자 공동체는 그 헌장에 담긴 의미들을 실천하는 데 게을렀고, 결국 황폐화된 과학 연구 환경 속에 놓이게 되었다. 과학 지식을 커먼즈로 만든다는 것은 새로운 세계 과학자들의 연대를 구축한다는 뜻이기도 하다.

보통 과학자가
과학을 지탱한다

엘리트 스포츠는 국민에게 희망과 용기를 주는 것은 물론이고 국위 선양의 첨병으로서 국민에게 기여하는 정서적 효과가 매우 크다. 그러나 한편으로 생활체육과 사회체육의 발전을 가로막는 장애물로 지목되기도 한다.[1]

_ 김정효·남궁영효, 〈엘리트 스포츠에 대한 문화철학적 고찰〉
  중에서

불평등과 중산층,
위기의 기원과 해법

한국에서 스포츠와 과학이 공유하는 정서가 있다. 두 분야 모두 4년마다 열리는 올림픽과 월드컵 그리고 매년 10월 발표되는 노벨상 시즌에 잠시 언론의 집중적인 조명을 받지만, 그 행사가 끝나는 즉시 무관심의 긴 터널에 진입한다는 것이다. 그 외에도 두 분야 모두 극단적인 엘리트 중심의 분야라는 공통점이 있다. 우리는 손흥민, 김연아, 박태환 등 스포츠 엘리트의 이름만을 기억하며, 마찬가지로 뉴턴, 아인슈타인, 다윈과 같은 과학 영웅의 이름만이 역사에 기록된다. 두 분야 모두 엘리트를 영웅으로 미화하며, 이들은 해당 분야를 넘어 국가의 영웅으로까지 추앙된다.

엘리트 스포츠가 국가주의 이데올로기 속에서 탄생했음은 잘 알려져 있지만, 우리에게 익숙한 위대한 과학자들의 영웅 서사 또한 19세기와 20세기를 거치며 국가주의 이데올로기로 각색되었다는 점은 널리 알려지지 않았다.[2] 엘리트 스포츠를 통한 국민 통제가 국가 권력에 의해 치밀하게 기획된 것이라면, 과학 영웅주의 과학사는 과학자 사회에 의해 스스로 만들어진 것이라는 차이가 있다. 노벨상이라는 피라미드의 꼭짓점을 상징으로 하는 영웅주의는 과학계 스스로 만들어낸 문화인 셈이다. 20세기는 과학의 영웅주의가 잘 작동한 세기였다. 하지만 엘리트주의에 기반한 과학자 사회의 문화와 여러 제도는 이제 과학 생태계 전체에 균열을 만들며 위기를 드러내고 있다.

경쟁을 제도적으로 보장하는 자본주의 체제 아래서 모든 분야는 승자에게 큰 보상을 제공할 수밖에 없다. 스포츠는 올림픽 금메달로, 예술 분야는 각종 경연대회의 상으로 승자에게 비교할 수 없을 정도의 큰 우위를 약속한다. 과학에도 노벨상을 비롯한 각종 상이 존재하지만, 실제로 과학계의 경쟁은 눈에 보이는 트로피 아래에서 작동한다. 현대의 과학자 사회는 궁극적으로 연구비를 두고 경쟁하며, 연구비 경쟁은 결국 논문 실적으로 귀결된다. 누가 더 많은, 그리고 더 좋은 논문을 출판했느냐가 결국 얼마나 많은 연구비를 가져가느냐를 결정하고, 더 많은 연구비를 가져간 연구자가 더 많은 논문을 출판하는 일종의 양극화 체제가 만들어진다.

건강한 경쟁은 과학의 진보에 도움이 된다. 문제는 현재 과학자 사회가 겪고 있는 경쟁이 희소 자원을 두고 무한 경쟁을 펼치는 생존 투쟁에 가깝다는 점이다. 이는 20세기를 거치며 상업화된 대학에서 지나치게 많은 과학자가 수요와 공급의 고려 없이 생산된 바람에 발생한 문제다. 일자리의 증가보다 지나치게 많이 생산된 과학자는 과도한 경쟁과 더불어 부익부 빈익빈의 양극화를 가져왔고, 생존을 위한 경쟁에 노출된 과학 생태계는 데이터 조작, 논문 출판을 둘러싼 정치적 암투, 연구비를 둘러싼 불공정 등의 위기를 겪게 되었다. 그렇게 과학 생태계는 위기에 처하게 되었다.

경제학자 토마 피케티는, 세계적으로 상위 1퍼센트의 인구가 하위 50퍼센트 전체와 동일한 규모의 부를 소유하고 있음을 밝혔다. 세계은행의 수석 경제학자 브랑코 밀라노비치는 소득 격차가 크게 벌어지면 사회 안정성이 무너진다고 경고한다. 영국의 전염

병학자 리처드 윌킨슨은 불평등은 사회 자본을 무너뜨림으로써 사회를 불안과 분쟁에 취약한 상태로 만든다고 경고했다. 피케티는 불평등 심화가 사회 내 경제적·사회적·정치적 취약성을 만들어내는데, 이것이 약화될 기미가 거의 보이지 않는 데 우려를 표한다.

과학 생태계가 맞닥뜨린 상황은 전 세계에서 벌어지고 있는 사회적 양극화와 닮아 있다. 경쟁이 심화될수록 논문과 연구비를 둘러싼 양극화는 심각해지고, 이렇게 심화된 불평등은 과학 생태계의 건강한 발전을 저해할 정도의 위기로 나타나고 있다. 유명 과학자의 논문 조작과 연구비 부정, 교수들의 권위주의와 학생에 대한 인권침해, 과학자들의 가짜 학회 참석과 교수들의 논문 저자 등재를 둘러싼 각종 비리는 심각한 불평등과 양극화가 과학 생태계에 미친 구조적 영향으로 인해 나타나는 현상들이다. 과학계의 구조적 불평등이 해소되지 않는다면, 이런 총체적 부정부패 행위들은 과학 생태계에서 결코 사라지지 않을 것이다.

피케티와 경제학자들이 경고한 불평등은 사회의 불안정성으로 이어진다. 불평등으로 인한 사회 위기를 극복하는 유일한 방법은 중산층을 두텁게 만드는 것이다. 정치인도 경제학자도 모두 알고 있는 이 단순한 대안이 실현되지 않는 이유는 불평등한 양극화 사회에서 큰 이익을 취하는 해당 사회의 기득권들이 제도를 이용해 중산층이 두터운 사회로의 전환을 방해하기 때문이다. 흥미로운 것은 기득권에 해당하는 이들이 정치를 장악하고 정책을 결정한다는 점이다. 과학 생태계에서도 똑같은 일이 벌어진다.

왜곡된 체제에서 이미 성공한 엘리트 과학자들이 자신들에게 유리한 정책과 제도로 불평등을 고착화시키는 것이다. 보통 과학자의 연구와 삶이 계속해서 악화될 수밖에 없는 구조적 이유는 기득권에 의한 전 세계적 정치의 부패가 끊이지 않는 이유와 크게 다르지 않다.

4할 타자의 멸종과 보통 과학자

작고한 고생물학자 스티븐 제이 굴드는 미국 프로야구의 열렬한 팬이기도 했고, 미국 야구에서 4할 타자가 사라진 이유에 대한 논문을 쓴 적도 있다. 그의 책《풀하우스》는 야구에서 4할 타자가 사라진 이유를 통해, 진화의 역사에서 인류의 탄생과 같은 큰 도약이 자주 일어나지 않는 이유를 설명해낸다. 야구에서 괴물 같은 4할 타자가 사라지는 이유는 타자의 실력이 하락했거나 투수의 실력이 향상되었기 때문이 아니라, 야구 선수들의 수준이 전체적으로 상승했기 때문이라는 것이 굴드가 야구 통계를 통해 도달한 결론이었다. 즉 야구가 프로리그가 되고 선수들의 수준이 전체적으로 상승하게 되면, 괴물처럼 튀는 4할 타자는 나타날 확률이 줄어들 수밖에 없다는 것이다.

굴드의 4할 타자 가설은 진화의 역사에서 드물게 나타나는 도약을 설명하는 비유이지만, 한 분야가 전문화되고 경쟁을 통해 발전하면서 나타날 수밖에 없는 하나의 법칙으로 받아들여지기도 한다. 육상과 수영에서 엄청난 기록이 더는 나타나지 않는 이유도, 프로복싱에서 엄청난 괴물 선수가 등장하지 않는 이유도, 나아가 과학계에서 뉴턴이나 아인슈타인 같은 엄청난 영웅이 나타나지 않는 이유도, 굴드의 4할 타자 가설로 설명할 수 있다. 지난 수백 년 동안 엄청난 전문화를 통해 과학자 전체의 수준이 크게 상승한 과학 생태계에서, 아인슈타인과 같은 4할 타자의 등장은 불가능한 일이라고 가정해도 크게 틀린 말은 아닐 것이다.

실제로 현대 과학계는 갈수록 공동 연구 체제를 선호하고 있다. 과학자 혼자 엄청난 문제를 해결하는 일은 점점 더 어려워지고 있으며, 대부분의 연구는 공동 연구를 통해 수행되고 있다. 4할 타자가 사라진 과학 생태계에서 99퍼센트의 과학자는 모두 보통 과학자일 수밖에 없다. 이런 상황에서 억지로 4할 타자를 찾으려 애쓰는 논문 출판과 연구비 지원 시스템은 실패할 수밖에 없다. 과학은 더는 소수의 영웅에 의해 진보할 수 없으며, 과학의 영웅은 이제 나타날 수도, 나타난다 해도 혼자서는 과학을 진보시킬 수도 없다. 즉 모든 과학자는 보통 과학자이며, 과학은 영웅이 아니라 보통 과학자들의 협력 네트워크를 통해 진보하는 체제로 변화될 수밖에 없는 것이다.

굴드가 4할 타자론을 주장했던 책 《풀하우스》의 핵심 주장은, 진화는 진보가 아니라 다양성의 증가라는 명제였다. 과학 생태계에서 더는 4할 타자가 불가능하다면, 과학 생태계의 진화 또한 다양성의 증가를 추구하는 것이 자연스러운 일이 될 것이다. 과학을 지원하는 제도와 정책 그리고 논문 출판과 연구비 지원 시스템은 모두 이런 고려 속에서 다시 짜여야만 한다.

계급투쟁의 과학

마르크스는 부르주아, 즉 사회적·정치적·경제적 입지를 가진 상류사회를 구성하는 사람들이 봉건사회를 무너뜨리는 혁신의 주체였다고 평가했다. 즉 자본주의 체제가 만들어낸 상업 자본가 계층이 각종 기술적 혁신을 통해 근대 사회로의 이행을 만들어냈다고 평가한 셈이다. 하지만 봉건사회를 타파한 이 상류층은 자본주의 체제하에서 하층민들을 착취했고, 결국 봉건귀족과 크게 다를 바 없는 행태를 보여주었다. 마르크스는 프롤레타리아라는 무산계급이 결국 불평등한 체제를 타도하고 역사의 주체가 되는 것만이 그가 완벽한 이상향으로 상정한 공산주의 사회로 가는 방법이라고 생각했다. 기득권 엘리트가 불평등을 심화시키고, 심화된 불평등이 사회를 불안정하게 만들고, 사회의 혼란이 결국 기득권의 타파로 이어지는 계급투쟁의 순환이, 마르크스가 생각한 사회 불평등이 해소되는 방법이었다.

하지만 우리는 이미 프롤레타리아 독재가 가져온 폭력과 야만의 퇴행을 경험했고, 마르크스식의 계급투쟁이 실제로 존재한다고 하더라도, 그것을 해소하는 방식이 프롤레타리아의 직접 혁명이 아닐 수 있다는 역사적 실험 결과를 가지고 있다. 사회의 경제적 불평등을 직시하고 기득권 엘리트와 무산계급의 필연적인 충돌을 분석한 마르크스의 통찰은 위대하지만, 불평등의 해소가 단지 혁명으로 이루어질 것이라 본 그의 예측은 순진하기 짝이 없었다. 사회의 불평등은 자본주의적 경쟁도, 공산주의적 혁명도 아닌 어딘가의 중간 영역에서 그 해결책이 찾아지게 될 것이다.

과학 생태계는 어떻게 될까? 점점 더 심각해져만 가는 무한 경쟁 속에서, 불평등이 고착화되고 소수의 과학 엘리트가 독점해버린 과학 생태계를 다시 건강하게 만드는 방법이 과연 마르크스가 이야기하듯 프롤레타리아, 즉 보통 과학자의 독재를 통한 혁명 외에는 없을까? 혁명을 통해서는 아닐지라도 노동조합을 통해 노동자가 권리를 보장받은 역사를 우리는 알고 있다. 이것이 보통 과학자들에게도 적용되는 법칙임은 분명해 보인다. 과학자들은 자신의 권리와 과학 생태계의 건강, 나아가 과학을 통해 사회가 받을 수 있는 혜택의 극대화를 위해서 연대할 필요가 있다. 마르크스는 부르주아의 부상이 필연적으로 프롤레타리아 혁명을 가져올 수밖에 없는 이유를 이렇게 설명했다.

> 부르주아가 싫든 좋든 촉진하지 않을 수 없는 공업의 진보는 경쟁에 의한 노동자들의 고립 대신 연합에 의한 그들의 혁명적 단결을 가져온다. 이처럼 대공업의 발전과 더불어 부르주아가 생산물을 생산하고 점유하는 기반 자체가 부르주아의 발밑에서 무너져간다. 부르주아는 다른 무엇보다도 자신의 무덤을 파는 일꾼을 생산하는 셈이다. 부르주아의 멸망과 프롤레타리아의 승리는 다 같이 피할 수 없는 일이다.

보통 과학자들의 연대는 피할 수 없는 일이 될 것이다. 그 연대가 실패한 혁명으로 이어지게 될지, 성공한 혁신이 될지는 모르지만, 보통 과학자는 반드시 연대하게 될 것이다. 과학이 지닌 합리성의 힘이 마르크스주의가 실패한 지점에서 성공의 좁은 길을 찾아낼 수 있기를 바란다.

나가며

그래도
과학자를 꿈꾸는
이들에게

가끔 페이스북에 들어가면 〈네이처〉와 〈사이언스〉에 논문을 출판한 한국 과학자 동료들의 소식이 들린다. 사촌이 땅을 사도 배가 아프다는데, 그런 소식에 아무렇지 않다고 한다면 거짓말일 것이다. 분명히 몇 년 전까지, 소위 잘나가는 동료 과학자들이 SNS로 전하는 화려한 성공담에 발끈했던 것이 사실이다. 아내는 그런 남편을 너무나 잘 아는지 콤플렉스 갖지 말고 현실을 인정하라는 냉정한 조언을 해주곤 했다.

그런데 언젠가부터 그런 감정이 씻긴 듯 사라졌다. 이젠 〈사이언스〉에 논문을 내고 전 세계 학회를 도는 동료 과학자의 포스팅을 봐도 아무런 감흥이 없다. 이제는 그 화려한 과학자들의 삶에 내 과학을 대비하지도, 비교하지도 않는다. 그들과 비교하지 않아도 내 과학은 이미 충분히 아름답다는 확신을 갖게 되었기 때문인지도 모른다.

과학자로 그다지 성공적이지 않은, 겨우 입에 풀칠이나 하듯 살아온 삶을 위로하기 위해서였을까. 언젠가부터 보통 과학자란 무엇인지 그 개념이 궁금해졌다. 거창하게는 마르크스와 엥겔스의 공산주의 선언부터 자본주의와 사회주의 체제 속에서 살아가는 평범한 생활인들을 과학자의 삶에 빗대 사유했고, 금메달을 따야만 인정받는 스포츠 선수처럼 혹은 엄청난 팬덤을 가져야만 유명해지는 엔터테이너들처럼 스타 과학자만 찾는 과학계의 현실을 스포츠/엔터테인먼트 산업에 비유해보려 노력하기도 했다. 어쩌다 보니 결국은 이전에 하던 이야기들의 후속편 같은 글로 가득 채워버리고 말았지만, 그래도 이 책은 보통 과학자로 겨우겨우 살아온 내 삶에 대한 이야기이긴 하다. 유명하고 잘나가는 과학자들에 가려 잘 보이진 않지만 분명 나 같은 과학자들이 대다수일 것이라는 생각으로, 논문 읽고 쓸 시간을 아껴 겨우겨우 책을 마무리할 수 있었다.

과학은 꿈꾸는 것이 아니다. 과학을 꿈꾸었던 적이 분명히 있었다. 초등학생 시절, 산에 가서 벌레 잡을 생각만 하면 그렇게나 가슴이 뛰곤 했다. 고등학교 시절에는 바다에 사는 돌고래만 생각하면 가슴이 뛰었고, 막상 대학의 생물학과에 진학하고 나선 리처드 도킨스의 《이기적 유전자》만 생각하면 흥분해서 잠을 이룰 수 없었다. 대학원에 진학하고부터는 과학이 꿈이 아닌 현실이라는 것이 분명해졌다. 실험 결과는 항상 엉망진창이었고, 교수와의 관계는 언제나 껄끄러웠으며, 연구를 생각해도 전혀 가슴이 뛰지 않았다. 그렇게 8년 반을 대학원생으로 보내고 정말 진지하게 과학자를 관둘 생각도 했다. 하지만 우연히 만난 초파리 행동유전학을 경험한 뒤 다시 어린 시절처럼 가슴이 뛰기 시작했다. 그렇게 초파리와 사랑에 빠졌지만 그것도 잠시, 캐나다에서 교수 생활을 하게 되면서 다시 과학은 현실로 다가왔다. 나에게 연구비를 주는 기관은 없었고, 학생들은 물론 동료 누구도 나의 과학을 이해하지 못했다. 하루하루는 고통이었고, 건강은 악화되었고, 생활도 형편없었다. 가족의 따뜻한 위로가 있어 버텼지만, 과학은 나에게 아무런 위로도 되지 않았다.

그러다 지푸라기라도 잡는 심정으로 중국에 건너와 꺼져가던 연구의 불씨를 다시 살렸다. 이번에는 꿀벌이 내 가슴을 뛰게 했다.

인류가 유일하게 인정하고 사랑하고 보호하려는 곤충, 꿀벌에 대한 연구는 어린 시절 개미와 꿀벌을 보며 곤충학자가 되기로 다짐했던 그 꼬마의 꿈이기도 했다. 그렇게 다시 꿈을 꾸었고, 다시 현실을 만나는 일상을 반복하고 있다. 과학자를 꿈꾸는 이들에게 어떤 말을 해주어야 한다면, 다음과 같이 짧게 이야기해주고 말겠다.

"과학자가 되겠다는 결심은, 신부나 수녀 혹은 스님이 되기로 결심하는 것과 같습니다. 경제적 부는 주어지지 않을 것이며, 과학에 대한 추구 속에서 느끼는 만족만이 자신을 위로하게 될 것입니다. 과학과 종교는 극단에 놓인 것 같아 보이지만 과학자와 종교인의 삶은 비슷합니다. 현대를 살아가는 과학자 대부분이 행복하지 않은 이유는 20세기의 어느 순간, 우리 과학자들이 과학의 본질에 대한 통찰을 잃어버렸기 때문인지 모릅니다. 유럽의 수도승이자 과학자였던 멘델처럼, 어쩌면 과학자의 본질은 과학에 대한 순수한 추구인지도 모릅니다. 하지만 노벨상과 1등만 기억하는 세상 속에서 저는 여러분에게 그런 기대를 하지 않고 할 수도 없습니다. 보통 과학자일 뿐인 저는 그저 제가 살아왔고 또 생각하는 대로 그렇게 과학자로의 삶을 살다 죽겠습니다. 여러분은 여러분이 생각하시는 대로의 삶을 사시면 됩니다. 이 책을 여기까지 읽어내신 모든 분을 존경합니다. 모두 귓가에 햇살을 받으며 석양까지 행복한 여행을 마치고 난 후엔, 웃으며 떠났던 것처럼 다시 돌아와 마침내 평안하셨으면 좋겠습니다."

주

들어가며

1) 김명진. (2005). 영화 속에 나타난 과학기술 이미지. 〈한국과학기술학회 강연/강좌자료〉, 65-81.
2) https://www.quora.com/How-many-scientists-exist-worldwide
3) Simonton, D. K. (2013). After Einstein: Scientific Genius is Extinct. *Nature*, 493(7434), 602.

1부 기울어진 운동장의 과학

1 핵산 영웅들과 왜곡된 집단기억

1) Shermer, M. (1990). Darwin, Freud, and the Myth of the Hero in Science. *Knowledge*, 11(3), 280-301.
2) Olby, R. (2003a). Quiet Debut for the Double Helix. *Nature*, 421(6921), 402405. doi:10.1038/nature01397; Olby, R. (2003b). Why Celebrate the Golden Jubilee of the Double Helix? *Endeavour*, 27(2), 8084. doi:10.1016/S0160-9327(03)00062-0.
3) 한수영. (2016). 은유로서의 DNA: 유전자 담론에 대한 인문학적 성찰. 〈인문연구〉, (76), 297-320.
4) de Chadarevian, S. (2003). The Making of an Icon. *Science*, 300, 255-257. doi:10.1126/science.1081133a

2 엘리트 과학자는 과학에 도움이 되는가

1) "당신이 엘리트가 아니라면, 그건 당신 잘못이 아닙니다." 2021년 8월 19일. 〈한겨레〉. https://www.hani.co.kr/arti/international/international_general/1008231.html
2) 통계로 본 대한민국 불평등… "건강하고 행복한 나라로" 2022년 1월 10일. 〈연합뉴스〉. https://www.yna.co.kr/view/AKR20220110112600005
3) Katz, Y., Matter, U. (2020). Metrics of Inequality: The Concentration of Resources in the US Biomedical Elite. Science as Culture, 29(4), 475-502.
4) 위의 글.
5) Zhi, Q., Meng, T. (2016). Funding Allocation, Inequality, and Scientific Research Output: an Empirical Study Based on the Life Science Sector of Natural Science Foundation of China. Scientometrics, 106(2), 603-628.
6) Wadman, M. (2010). Study Says Middle Sized Labs Do Best. Nature, 468(7327), 356-357.
7) Fortin, J. M., Currie, D. J. (2013). Big Science Vs. Little Science: How Scientific Impact Scales With Funding. PLoS One, 8: e65263.
8) Katz, Y., Matter, U. 앞의 글.

3 마태효과와 과학자 사회의 불평등

1) 스타 교수 연봉 100만 달러, 초임 연구원 5만 달러 "불평등이 과학 기반 허문다"… '양극화' 자성론. 2016년 10월 9일. 〈이코미조선〉. http://economy.chosun.com/client/news/view.php?boardName=C05&t_num=10533
2) Merton, R. K. (1968). The Matthew Effect in Science: The Reward and Communication Systems of Science are Considered. Science, 159(3810), 56-63.
3) 조혜선. (2007). 마태효과: 한국 과학자 사회의 누적이익. 〈한국 사회학〉, 41(6), 112-141에서 재인용.
4) Crane, D. (1965). Scientists at Major and Minor Universities: A Study of Productivity and Recognition. American Sociological Review, 699-714.
5) Xie, Y. (2014). Undemocracy: Inequalities in Science. Science, 344(6186), 809-810.

6) https://www.nature.com/nature/volumes/537/issues/7621
7) 스타 교수 연봉 100만 달러, 초임 연구원 5만 달러 "불평등이 과학 기반 허문다"… '양극화' 자성론. 앞의 글.

4 마틸다의 유리천장

1) https://www.cbc.ca/news/health/cihr-gender-bias-1.5009611
2) Subramani, G., Saksena, M. Investigating gender disparities in patent citations reveals untapped potential. *Nat Biotechnol* 43, 1613-1617 (2025). https://doi.org/10.1038/s41587-025-02837-z
3) Gage, M. J. (1883). Woman as an Inventor. The *North American Review*, 136(318), 478-489.

5 주변 국가의 과학자가 마주하는 어려움

1) 전승봉. (2016). 마태효과, 그리고 글로벌 지식 생산체계에서의 누적 이익: 한국 사회과학 저발전에 대한 함의. 〈사회과학 연구〉, 24(2), 74-118.
2) Long, J. S., Allison, P. D., McGinnis, R. (1979). Entrance Into the Academic Career. *American Sociological Review*, 816-830.
3) 전승봉. 앞의 글.
4) Descarries, Francine. (2003). The Hegemony of the English Language in the Academy: The Damaging Impact of the Sociocultural and Linguistic Barriers on the Development of Feminist Sociological Knowledge, Theories and Strategies. *Current Sociology*, 51, No. 6, 625-636.
5) 김종영. (2010). 미국대학의 글로벌 헤게모니의 일상적 체화: 미국 대학원에서의 한국 학생들의 유학경험. 〈경제와 사회〉, 237-264; 강정인. (2004). 《서구중심주의를 넘어서》. 아카넷; 조희연. (2006). 우리 안의 보편성: 지적 학문적 주체화로 가는 창. 신정완 등 (편). 《우리 안의 보편성: 학문주체화의 새로운 모색》, 서울: 한울아카데미.
6) Van Noorden, R., Perkel, J. M. (2023). AI and Science: What 1,600 Researchers Think. *Nature*, 621(7980), 672-675; Liao, Z., Zhang, C. (2024). Generative AI Makes for Better Scientific Writing but Beware the Pitfalls. *Nature*, 631(8021), 505-505; Kacena, M. A., Plotkin, L. I., Fehrenbacher, J. C. (2024). The Use of Artificial Intelligence in Writing Scientific Review Articles. *Current Osteoporosis Reports*, 22(1), 115-121.
7) Hadan, H., Wang, D. M., Mogavi, R. H., Tu, J., Zhang-Kennedy, L., & Nacke, L. E. (2024). The great AI witch hunt: Reviewers' perception and

(Mis) conception of generative AI in research writing. *Computers in Human Behavior: Artificial Humans*, 2(2), 100095.

6 과학계의 인종차별

1) Tomkins, A., Zhang, M., Heavlin, W. D. (2017). Reviewer Bias in Single-Versus Double-Blind Peer Review. *Proc. Natl. Acad. Sci.* 114: 12708.
2) Milkman, K. L., Akinola, M., Chugh, D. (2012). Temporal Distance and Discrimination: An Audit Study in Academia. *Psychological Science*, 23(7), 710-717.
3) Bertrand, M., Mullainathan, S. (2003). Employers' Replies to Racial Names. Summary of NBER Working Paper 9873. https://www.nber.org/digest/sep03/w9873.html
4) https://blogs.scientificamerican.com/voices/racial-and-ethnic-disparities-in-nih-funding; https://journals.plos.org/plosone/article?id=10.1371/journal.pone.0205929; https://www.nature.com/news/nih-to-probe-racial-disparity-in-grant-awards-1.15740; https://www.sciencemag.org/careers/2018/11/publication-history-helps-explain-racial-disparity-nih-funding; https://journals.plos.org/plosone/article?id=10.1371/journal.pone.0205929
5) Oh S. S., Galanter J., Thakur N., Pino-Yanes M., Barcelo N. E., et al. (2015). Diversity in Clinical and Biomedical Research: A Promise Yet to Be Fulfilled. *PLOS Medicine*, 12(12): e1001918. https://doi.org/10.1371/journal.pmed.1001918

7 연구비 공황을 넘어서는 법

1) Ballabeni, A., Danovi, D. (2018). Advocating a Radical Change in Science Policies and New Models to Secure Freedom and Efficiency in Funding and Communication. *The Freedom of Scientific Research: Bridging the Gap Between Science and Society*.
2) Daniels, R. J. (2015). A Generation at Risk: Young Investigators and the Future of the Biomedical Workforce. *Proceedings of the National Academy of Sciences of the United States of America*, 112.2: 31318; Nicholson, J. M., Ioannidis, J. P. (2010). Research Grants: Conform and be Funded. *Nature*, 492.7427: 346; Fang, F. C., Casadevall, A. (2009). NIH Peer Review Reform Change We Need, or Lipstick on a Pig?. *In-*

fection and Immunity, 77.3: 92932; Kirwan Institute (2014). State of the Science: Implicit Bias Review.
3) Ballabeni, A., Danovi, D. 앞의 글.
4) Ballabeni, A., Hemenway, D., Scita, G. (2016). Time to Tackle the Incumbency Advantage in Science. *EMBO reports*, 17(9), 1254-1256.
5) Fortin J. M., Currie D. J. (2013) Big Science vs. Little Science: How Scientific Impact Scales with Funding. *PLoS One*, 8: e65263; Wadman M. (2010) Study Says Middle Sized Labs Do Best. *Nature*, 468: 356357; Woolston C. (2015) Bigger Is Not Better When It Comes to Lab Size. *Nature*, 518: 141.
6) Ballabeni, A., Hemenway, D., Scita, G. 앞의 글.
7) https://www.vox.com/future-perfect/2019/1/18/18183939/science-funding-grant-lotteries-research
8) Fang, F. C., Casadevall A. (2009) NIH Peer Review Reform-Change We Need, or Lipstick on a Pig? *Infection and Immunity*, 77.3: 929932; Nicholson, J. M., Ioannidis J. P. (2012). Research Grants: Conform and be Funded. *Nature* 492: 3436; Staats. C. (2014). State of the Science: Implicit Bias Review 2014. Kirwan Institute; Danthi, N. S., Wu. C. O., DiMichele, D. M., Hoots, W. K., Lauer, M. S. (2015). Citation Impact of NHLBI R01 Grants Funded Through the American Recovery and Reinvestment Act as Compared to R01 Grants Funded Through a Standard Payline. *Circ Res* 116: 784788; Gallo, S. A., Carpenter, A. S., Irwin, D., McPartland, C. D., Travis, J., Reynders, S., Thompson, L. A., Glisson, S. R. (2014). The Validation of Peer Review Through Research Impact Measures and the Implications for Funding Strategies. *PLoS One*, 9: e106474.
9) 기본 연구비 개념에 대해서는 Ballabeni, A., Danovi, D.의 앞의 글을 참고했다.
10) 금민. (2010). 기본소득의 정치철학적 정당성: 실질적 자유, 민주주의, 공화국의 이념에서 바라본 기본소득. 〈진보평론〉, (45), 157-204.

8 능력에 의한 평가는 과연 공정한가

1) 성열관. (2015). 메리토크라시에서 데모크라시로: 마이클 영Michael Young의 논의를 중심으로. 〈교육학연구〉, 53, 55-79.
2) 이시철. (2020). 메리토크라시, 현대적 쟁점. 〈2020년 한국행정연구원 공공리더십 세미나 자료집〉.

3) 박남기. (2016). 실력주의사회에 대한 신화 해체. 〈교육학연구〉, 54, 63-95.
4) https://www.theguardian.com/politics/2001/jun/29/comment(https://m.blog.naver.com/3sang4/221703052849의 번역을 인용함)

9 과학의 도덕경제와 보이지 않는 과학자

1) Daston, L. (1995). The Moral Economy of Science. *Osiris*, 10, 2-24. http://www.jstor.org/stable/301910
2) Thompson, E. P. (1971). The Moral Economy of the English Crowd in the Eighteenth Century. *Past and Present*, 76136.
3) 홍민. (2005). 북한체제의 도덕경제적 성격과 변화 동학. 〈진보평론〉, 4372.
4) 과학의 역사에서 도덕경제가 작동한 방식을 더 공부하고 싶다면 아래의 논문들을 참고하라. Daston, L. 앞의 글; Atkinson-Grosjean, J., Fairley, C. (2009). Moral Economies in Science: From Ideal to Pragmatic. *Minerva*, 47(June), 147170. doi:10.1007/s11024-009-9121-7.

2부 과학을 지탱하는 보통 사람들

10 루구이전, 니덤의 조수 혹은 스승

1) Li, L. A. (2018). Invisible Bodies: Lu Gwei-Djen and the Specter of Translation. *Asian Medicine*, 13(1-2), 33-68.
2) 위의 글.
3) Winchester, S., Winchester, S. (2008). *The Man Who Loved China: The Fantastic Story of the Eccentric Scientist who Unlocked the Mysteries of the Middle Kingdom*. New York: Harper. 이 책은 2019년 사이언스북스에서 《중국을 사랑한 남자》라는 제목으로 번역되었다.
4) Gaze, R. M. (1982). Gwei-Djen Lu and Needham Joseph: Celestial lancets: A History and Rationale of Acupuncture and Moxa. xxi, 427 pp. Cambridge, etc: Cambridge University Press, 1980. 45. *Bulletin of the School of Oriental and African Studies*, 45(1), 199-200.
5) Gwei-Djen, L., Needham, J. (1979). A Scientific Basis for Acupuncture?

This Ancient Chinese Medical Practice May be Based on Physiological Mechanisms. *The Sciences*, 19(5), 6-10.
6) Hesketh, R. (2012). A Great Adventure: From Quantitative Metabolism to the Revelation of Chinese Science. *Biochemical Journal*, 2012, 1-4.
7) Li, L. A. 앞의 글.

11 조 힌 치오, 염색체와 매카시즘

1) McManus, Rich (1997), Photographer, Prisoner, Polyglot: NIDDK's Tjio Ends Distinguished Scientific Career, *The NIH Record*, 46 (3).
2) Joe Hin Tjio, Albert Levan. (1956). The Chromosome Number of Man. *Hereditas*, 42(1-2), 1-6.
3) Painter, T. S. (1923). Studies in Mammalian Spermatogenesis. II. The Spermatogenesis of Man. *J. Exp. Zool.* 37, 291336.
4) Painter, T. S. (1921). The Y-Chromosome in Mammals. *Science*, 53(1378), 503-504.
5) Gartler, S. M. (2006). The Chromosome Number in Humans: a Brief History. *Nature Reviews Genetics*, 7(8), 655.

12 페니실린의 뒤에서

1) 현원복. (1991). 어려움을 이긴 과학자 이야기 (21)-최초로 항생제를 발견한 뒤보스. 〈과학과 기술〉, 24(10), 23-26.
2) Diggins, F. W. (1999). The True History of the Discovery of Penicillin, with Refutation of the Misinformation in the Literature. *British journal of Biomedical Science*, 56(2), 83.
3) 송성수. (2008). 우연은 준비된 사람에게만 주어진다-알렉산더 플레밍. 〈기계저널〉 48(9), 29-32.
4) 현원복. 앞의 글.
5) 유정식. (2016). 공학은 과학만큼 중요하다. 〈월간 샘터〉, 557, 48-49.

13 과학에 미친 부자, 매슈 볼턴

1) 홍성욱. (1994). 과학과 기술의 상호작용: 지식으로서의 기술과 실천으로서의 과학. 〈창작과비평〉, 22(4), 329-350.
2) 만월회의 과학과 산업에 대한 융합적 관심에 대해서는 다음 논문을 참고하라. Schofield, R. E. (1957). The Industrial Orientation of Science in the Lunar Society of Birmingham. *Isis*, 48(4), 408-415.

3) 매슈 볼턴에 대한 책으로는 다음이 있다. Dickinson, H. W. (2010). *Matthew Boulton*. Cambridge University Press.
4) 이 장을 쓰는 데 다음 논문의 도움을 많이 받았다. Baggott, S. (2016). Was Matthew Boulton a Scientist? Operating between the Abstract and the Entrepreneurial. *Matthew Boulton*, 69-83. Routledge.
5) Sydney Ross. (1962). Scientist: The Story of a Word, *Annals of Science*, 18, 6585.
6) 현대 사회에서도 과학과 기술의 경계는 모호하다. 다음 논문을 참고하라. 홍성욱. 앞의 글.
7) 김용관에 대해서는 다음 논문을 참고하라. 임종태. (1995). 김용관의 발명학회와 1930년대 과학운동. 〈한국과학사학회지〉, 17(2), 89-133.

14 보이지 않는 기술자

1) Hooper, B. 1983. Technicians are Scientists, too. *New Scientist*, 18 July, 54.
2) 이정동. (2015). 《축적의 시간》, 지식노마드.
3) Shapin, S. (1989). The Invisible Technician. *American Scientist*, 77(6), 554-563.
4) 보일의 실험실에 대한 더 자세한 논의는 Shapin. S.의 위의 글을 참조하라.
5) 이 문제와 관련하여 다음 기사를 읽어볼 만하다. '테크니션 몰락' 한국 과학계… "기술공황 올 것" 2022년 5월 23일. 대덕넷. https://www.hellodd.com/news/articleView.html?idxno=53220
6) Tansey, E. M. (2008). Keeping the Culture Alive: The Laboratory Technician in Mid-twentieth-century British Medical Research. *Notes and Records of the Royal Society*, 62(1), 77-95.
7) 김동주. (2018). 찰스 S. 퍼스와 마이클 폴라니의 회의론과 믿음belief에 대한 비교 연구. 〈기호학 연구〉 54, 7-36.
8) 다음 논문을 참고했다. 신범석. (2018). 암묵지暗黙知의 학습적 가치. 〈휴먼웨어연구〉, 1(1), 25-54.

15 프라운호퍼와 한국 기술자의 몰락

1) 2020년 정부출연연구기관 예산 4조8712억 확정… 4.2% 늘어나. 2019년 12월 30일. 〈동아사이언스〉. https://www.dongascience.com/news.php?idx=33237
2) 가장 부자 출연연 어디? … 별별 통계로 본 과학계. 2016년 1월 6일. 〈대덕

넷〉. https://www.hellodd.com/news/articleView.html?idxno=56536
3) 과학기술 경쟁력의 추락과 불안한 미래. 2022년 6월 7일. 〈더칼럼니스트〉. https://www.thecolumnist.kr/news/articleView.html?idxno=1074
4) 정선양. (2020). 독일 프라운호퍼연구회의 성공 요인과 한국에의 시사점. 〈국제지역연구〉, 24(4), 109-135.
5) 1200도 불꽃 자유자재로… 과학 한국 우리 손에 달려. 2016년 1월 31일. 〈한겨레〉 https://www.hankookilbo.com/News/Read/201601310923980279
6) 위의 글.

16 요거트와 노벨상

1) https://galileospendulum.org/2016/10/03/dethroning-the-nobel-prize
2) Barrangou, R., Fremaux, C., Deveau, H., Richards, M., Boyaval, P., Moineau, S., ... & Horvath, P. (2007). CRISPR Provides Acquired Resistance Against Viruses in Prokaryotes. Science, 315(5819), 1709-1712.
3) Horvath, P., Barrangou, R. (2010). CRISPR/Cas, the Immune System of Bacteria and Archaea. Science, 327(5962), 167-170.
4) Cohen, J. (2017). How the Battle Lines over CRISPR Were Drawn. Science, 2.

17 학계를 떠나는 과학자들

1) https://twitter.com/lisa_gunaydin/status/1510706607012790279
2) 주상영. (2015). 피케티 이론으로 본 한국의 분배 문제. 〈경제 발전연구〉, 21, 21-76.
3) https://georgewatson.me/blog/science/2021/07/09/why-i-m-leaving-academia
4) https://www.imperial.ac.uk/news/179895/to-academic-question-postdocs
5) https://georgewatson.me/blog/science/2021/07/09/why-i-m-leaving-academia
6) https://finance.yahoo.com/news/even-a-phd-couldn-t-keep-this-man-off-food-stamps.html
7) http://www.bostonglobe.com/metro/2014/10/04/glut-postdoc-researchers-stirs-quiet-crisis-science/HWxyErx9RNIW17khv0MWTN/

story.html
8) https://www.economist.com/christmas-specials/2010/12/16/the-disposable-academic
9) http://www.theatlantic.com/business/archive/2013/02/the-phd-bust-americas-awful-market-for-young-scientists-in-7-charts/273339
10) http://www.bls.gov/ooh/education-training-and-library/librarians.htm

18 과학의 재현성 위기

1) Karl Popper. (1959/2002). *The Logic of Scientific Discovery*, 23-24.
2) Begley, C. G., Ellis, L. M. (2012). Raise Standards for Preclinical Cancer Research. *Nature*, 483(7391), 531-533.
3) Baker, M. (2015). Irreproducible Biology Research Costs Put at $28 Billion per Year. *Nature*, 533; Freedman, L. P., Cockburn, I. M., Simcoe, T. S. (2015). The Economics of Reproducibility in Preclinical Research. *PLoS biology*, 13(6), e1002165.
4) Prinz, F., Schlange, T., Asadullah, K. (2011). Believe It or Not: How Much Can We Rely on Published Data on Potential Drug Rargets?. *Nature Reviews Drug Discovery*, 10(9), 712-712.
5) Kaiser, Jocelyn. (2015). The Cancer Test. *Science*, 348(6241), 1411-1413.
6) https://www.cos.io/rpcb; https://elifesciences.org/collections/9b1e83d1/reproducibility-project-cancer-biology
7) https://www.cos.io/initiatives/registered-reports?hsLang=en
8) 그 논문들은 여기서 볼 수 있다. https://elifesciences.org/collections/9b1e83d1/reproducibility-project-cancer-biology
9) https://www.cos.io/rpcb
10) Baker, M. (2016). Reproducibility Crisis. *Nature*, 533(26), 353-66.
11) 김빛나, 최준원, 고현석. (2017). 심리학 연구에서 재현성 위기의 현황과 원인 및 대안 모색에 대한 개관. 〈한국심리학회지〉 36(3), 359-396.
12) 암 정복한다는 신약, 세상에 나오지 못하는 이유. 2017년 5월 10일. 〈동아사이언스〉. https://www.dongascience.com/news.php?idx=18006
13) M. Serra-Garcia & U. Gneezy. (2021). Nonreplicable Publications are Cited More Than Replicable Ones. *Sci Adv*. 2021 May 21;7(21): eabd1705. doi: 10.1126/sciadv.abd1705.

14) 재현되지 않는 연구 논문이 가장 자주 인용된다. 2021년 7월 28일. 〈월간 암〉. https://www.cancerline.co.kr/html/23739.html
15) 김재호. (2021). 연구윤리 측면에서 연구 재현성에 대한 논란과 대응. BRIC View 2021-T35. https://www.ibric.org/myboard/read.php?Board=report&id=3913

19 초파리 행동유전학자 애덤의 통계학

1) 한상기. (2015). 구획 문제는 죽었는가?. 〈철학논총〉, 79, 347-370.
2) 조재근. (2013). 20세기 전반기 통계학사에 대한 연구: 통계적 검정과 심리학을 중심으로. 〈한국수학사학회지〉, 26(4), 277-299.
3) 위의 글. 279.
4) Benjamin, D. et al.. (2017). Redefine Statistical Significance, Preprint on PsyArXiv http://osf.io/preprints/psyarxiv/mky9j
5) https://www.tandfonline.com/toc/utas20/73/sup1?nav=tocList
6) Claridge-Chang, A., Assam, P. N. (2016). Estimation Statistics Should Replace Significance Testing. Nature Methods, 13(2), 108-109.
7) 이 문서는 이후 정식으로 논문이 된다. Ho, J., Tumkaya, T., Aryal, S., Choi, H., Claridge-Chang, A. (2019). Moving Beyond P Values: Data Analysis with Estimation Graphics. Nature Methods, 16(7), 565-566.

3부 한국 과학 마주 보기

20 비정규직 보통 과학자의 삶

1) "나는 1년 계약직 과학자입니다" ①. 2016년 4월 30일. 〈동아사이언스〉. http://dongascience.donga.com/news.php?idx=11782

21 맬서스의 비극, 그리고 과학기술인협회

1) 김기윤. (2006). "과학자scientist"의 역사와 현대사회 속에서의 과학자. 〈BioWave〉, 8(7): 2. https://www.ibric.org/s.do?vqPrvjiwVU
2) 이공계 위기 논란 속 갈 데 없는 박사들 늘어. 2009년 3월 23일. 〈교수신문〉. http://www.kyosu.net/news/articleView.html?idxno=17858
3) 박기범. (2009). 이공계 박사인력 수급 환경의 변화. 〈STEPI Insight〉, (18), 1-20.

4) 박기범. (2015). 과학기술 인력 수급 전망의 성과와 한계. 〈STEPI Insight〉, (161), 1-25.
5) 위의 글.
6) 이성용. (2016). 맬서스이론과 그 파급효과-TR 맬서스 탄생 250주년. 〈지식의 지평〉, 20, 1-19.
7) Alberts, B., Kirschner, M. W., Tilghman, S., Varmus, H. (2014). Rescuing US Biomedical Research from its Systemic Flaws. *Proceedings of the National Academy of Sciences*, 111(16), 5773-5777.
8) Cyranoski, D., Gilbert, N., Ledford, H., Nayar, A., Yahia, M. (2011). Education: the PhD Factory. *Nature News*, 472(7343), 276-279.

22 보통 과학자를 위한 기초과학

1) 정권마다 과학기술 '大變革'…과연 다음은? 2019년 6월 24일. 〈대덕넷〉. http://hellodd.com/?md=news&mt=view&pid=31481
2) [김우재의 과학적 사회] 7. 해방공간의 진보적 과학지식인이 남긴 숙제. 2019년 9월 28일. 〈이로운넷〉. http://www.eroun.net/news/articleView.html?idxno=7813
3) 박범순, 우태민, 신유정. (2016).《사회 속의 기초과학》, 한울아카데미, 27.
4) 위의 책. 28.
5) 이용길, 강경희. (2018). 역대 정부별 과학기술행정체제 분석-권위주의 시기를 중심으로. 〈예술인문사회융합멀티미디어논문지〉, 8, 791-801.
6) 박범순, 우태민, 신유정. 앞의 책. 50.
7) 황혜란, 윤정로. (2002). 한국의 기초연구 능력 구축과정: 우수연구센터(ERC/SRC) 제도를 중심으로. 〈기술혁신학회지〉, 6(1), 1-19.
8) 과학계와 한국 사회의 노벨상 광풍은 여러 학술지에 실린 글에서도 등장한다. 대표적으로 아래의 글들을 참고하라. 최선록. (1998). 한국도 노벨상 한번 타봅시다. 〈과학과 기술〉, 31(11), 20-21; 김청완. (1990). 수필-노벨상은 요원한가?. 〈과학과 기술〉, 23(10), 46-47; 조무제. (1999). 학회순례-회원 4천여 명, 2000년대 노벨상 도전 "한국분자생물학회". 〈과학과 기술〉, 32(12), 28-29.
9) 장수명, 서혜애. (2005). 이공계 기피현상의 경제적 진단. 〈교육재정경제연구〉, 14, 25-52; 이은경. (2006). 이공계 기피 논의를 통해 본 한국 과학기술자 사회의 특성. 〈과학기술학연구〉, 6(2), 77-102; 장창원, 김승연. (2002). 구조적 측면에서 접근한 이공계 기피현상의 원인분석과 정책과제. 〈직업교육연구〉, 21(2), 115-140.

10) 문만용, 강미화. (2013). 박정희 시대 과학기술 '제도 구축자'. 〈한국과학사학회지〉, 35(1), 225-244.
11) 학파에 대한 설명은 다음 논문을 참고하라. 박범순. (2013). 기획: 인스티튜션 빌더-역사 속의 인스티튜션 빌더. 〈한국과학사학회지〉, 35(1), 105-129.

23 지속 가능한 연구실

1) https://www.reddit.com/r/MachineLearning/comments/vjkssf/comment/idnq1ww
2) Cook, I., Grange, S., Eyre-Walker, A. (2015). Research Groups: How Big Should They Be?. *PeerJ*, 3, e989.
3) https://www.ibiology.org/biomedical-workforce/malthusian-dilemma
4) https://www.index.go.kr/potal/main/EachDtlPageDetail.do?idx_cd=1550

24 금수저의 나쁜 논문

1) https://minvv23.notion.site/Research-1a29de36959241d78e28e32eeb-4fa936
2) 유나와 예지 이야기. 2022년 1월 3일. 〈셜록〉. https://www.neosherlock.com/archives/project/%ec%9c%a0%eb%82%98%ec%99%80-%ec%98%88%ec%a7%80-%ec%9d%b4%ec%95%bc%ea%b8%b0
3) 교육부, 셜록 '부정논문 공개' 부분인용.. "공익에 공감". 2022년 4월 13일. 〈셜록〉. https://www.neosherlock.com/archives/15497
4) https://minvv23.notion.site/Research-1a29de36959241d78e28e32eeb-4fa936, 정식 논문은 Kang, D., & Kang, T. (2024). Adaptation in action: The rise and fall of academic publications from Korean high schoolers, 2001-2021. *British Journal of Sociology of Education*, 45(5), 742-762.

25 한국 과학자 사회의 불평등에 대하여

1) Bol, T., de Vaan, M., van de Rijt, A. (2018). The Matthew Effect In Science Funding. Proceedings of the National Academy of Sciences, 115(19), 4887-4890.
2) Katz, Y., Matter, U. (2017). On the Biomedical Elite: Inequality and Stasis in Scientific Knowledge Production. Berkman Klein Center Research

Publication, (2017-5).
3) 김명심, 박희제. (2011). 한국 과학자의 경력초기 생산성과 인정의 결정요인들: 대학원 위신과 지도교수 후광효과의 영향을 중심으로. 〈한국 사회학〉, 45(5), 105-142.
4) 김명심. (2008). 한국 대학 과학자 사회의 계층화 요인 연구. 국내박사학위논문 경희대학교, 서울.

26 한국 과학자 사회의 비과학적 메커니즘

1) 김명심. (2008). 한국 대학 과학자 사회의 계층화 요인 연구. 국내박사학위논문 경희대학교, 서울.
2) Hargens, L. L., Hagstrom, W. O. (1967). Sponsored and Contest Mobility Of American Academic Scientists. *Sociology of Education*, 24-38.

27 우리에게 필요한 과학 리더

1) 박시훈, 정선양. (2019). 독일 공공연구기관의 성공 요인 분석: 막스플랑크연구회Max Planck Gesellschaft의 사례를 중심으로. 〈기술혁신학회지〉, 22(5), 749-779.

4부 가득 찬 과학 만들기

28 과학을 위한 과학, SOS

1) Zeng, A., Shen, Z., Zhou, J., Wu, J., Fan, Y., Wang, Y., Stanley, H. E. (2017). The Science Of Science: From the Perspective of Complex Systems. *Physics Reports*, 714, 1-73.
2) Wuchty, S., Jones, B. F., Uzzi, B. (2007). The Increasing Dominance of Teams in Production of Knowledge. *Science*, Vol. 316, 5827 (2007), 1036-103.
3) '과학을 위한 과학'을 다룬 종설논문은 상당히 많다. 다음 논문들은 SOS에 입문하려는 연구자들이 반드시 읽어야 하는 주요 논문들이다.
Lane, J. (2010). Let's Make Science Metrics More Scientific. *Nature*, 464(7288), 488489. https://doi.org/10.1038/464488a; Zeng, A., Shen, Z., Zhou, J., Wu, J., Fan, Y., Wang, Y., Stanley, H. E. (2017). The Science Of Science: From the Perspective of Complex Systems. *Physics Reports*,

714, 1-73; Santo Fortunato, Carl T. Bergstrom, Katy Börner, James A Evans, Dirk Helbing, Staša Milojević, Alexander M Petersen, Filippo Radicchi, Roberta Sinatra, Brian Uzzi, et al. (2018). Science of Science. *Science*, Vol. 359, 6379, eaao0185; Pierre Azoulay, Joshua Graff-Zivin, Brian Uzzi, Dashun Wang, Heidi Williams, James A. Evans, Ginger Zhe Jin, Susan Feng Lu, Benjamin F. Jones, Katy Börner, et al. (2018). Toward a More Scientific Science. *Science*, Vol. 361, 6408, 1194-1197.
4) 손화철. (2003). 사회구성주의와 기술의 민주화에 대한 비판적 고찰. 〈철학〉, 76, 263-288.

29 공동 연구는 과학을 혁신시킬까

1) Wu, L., Wang, D., Evans, J. A. (2019). Large Teams Develop and Small Teams Disrupt Science and Technology. *Nature*, 566(7744), 378-382.
2) 위의 글.
3) Azoulay, P. (2019). Small-Team Science is Beautiful. *Nature*, 566(7744), 330-332.
4) Kevles, D. J. (1997). Big Science and Big Politics in the United States: Reflections on the Death of the SSC and the Life of the Human Genome Project. *Historical Studies in the Physical and Biological Sciences*, 27(2), 269-297.
5) 2019년 네이처에 발표된 논문은, 연구 그룹 규모가 커질수록 논문의 인용도는 올라가지만, 해당 논문의 파괴적 척도, 즉 혁신성은 떨어짐을 보여준다. Wu, L., Wang, D., Evans, J. A. (2019). Large Teams Develop and Small Teams Disrupt Science and Technology. *Nature*, 566(7744), 378-382.
6) 연구 그룹의 규모가 큰 경우 해당 논문의 유명세는 더욱 크지만, 인용의 지속도는 더 빠르게 떨어지는 효과도 보인다. Wu, L., Wang, D., Evans, J. A. (2019). Large Teams Develop and Small Teams Disrupt Science and Technology. *Nature*, 566(7744), 378-382.의 Fig 3 참고.
7) Lyu, D., Gong, K., Ruan, X., Cheng, Y., Li, J. (2021). Does Research Collaboration Influence the Disruption of Articles? Evidence from Neurosciences. *Scientometrics*, 126(1), 287-303.
8) 미국처럼 중국의 과학 분야 연구 그룹도 빠르게 거대화되고 있다. Liu, L., Yu, J., Huang, J., Xia, F., Jia, T. (2021). The Dominance of Big Teams in China's Scientific Output. *Quantitative Science Studies*, 2(1), 350-362.

30 작은 과학이 아름답다

1) Alberts B. M. (1985). Limits To Growth: In Biology, Small Science is Good Science. *Cell*, 41: 337338
2) Wadman, M. (2010). Study Says Middle Sized Labs Do Best. *Nature*, 468, 356-357.
3) Woolston, C. (2017). Postdocs: Big Lab, Small Lab?. *Nature*, 549(7673), 553-555.
4) Fortin J. M., Currie D. J. (2013). Big Science Vs. Little Science: How Scientific Impact Scales With Funding. *PLoS One*, 8: e65263.
5) Cook, I., Grange, S., Eyre-Walker, A. (2015). Research Groups: How Big Should They Be?. *Peerj*, 3, e989.
6) 위의 글.
7) Woolston, C. (2015). Bigger Is Not Better When It Comes To Lab Size. *Nature*, 518: 141.
8) Alberts, B. M. (1985). Limits To Growth: In Biology, Small Science is Good Science. *Cell*, 41: 337338.
9) Lane, J. (2010). Let'S Make Science Metrics More Scientific. *Nature*, 464(7288), 488.

32 과학의 공유와 학문의 발전

1) 과학출판계 화두 '오픈 사이언스'. 2016년 4월 1일. 〈이코노미인사이트〉. http://www.economyinsight.co.kr/news/articleView.html?idxno=3101

33 알렉산드라 엘바키얀, 논문 해적 혹은 지식 공유의 화신

1) Bohannon, J. (2016). Who's Downloading Pirated Papers? Everyone. *Science*, Apr 29; 352(6285): 508-12.
2) https://engineuring.wordpress.com/2019/03/31/sci-hub-and-alexandra-basic-information
3) Lewis, D. W. (2019). Alexandra Elbakyan's Job to Be Done. https://scholarworks.iupui.edu/bitstream/handle/1805/19767/DLewis%20Alexandra%20Elbakyan%20Job%20to%20Be%20Done.pdf?sequence=1&isAllowed=y

34 때 이른 혁명: 프리프린트의 탄생과 좌절

1) http://libgallery.cshl.edu/archive/files/1539b09ef1f1623de2858425c-

da02583.jpg

2) https://www.editage.co.kr/insights/the-role-of-preprints-in-research-dissemination
3) Wykle, S. S. (2014). Enclaves of Anarchy: Preprint Sharing, 1940-1990. *Proceedings of the American Society for Information Science and Technology*, 51(1), 1-10.
4) 비슷한 시기에 미국심리학회에서도 프리프린트에 대한 논의가 있었다. 다음 논문들을 참고하라. Griffith, B. C. (1969). *Reports of the American Psychological Association's Project on Scientific Information Exchange in Psychology*, volume 3 (NSF Grant GN-547). Washington, D.C.: APA, NSF Office of Science Information Service; Griffith, B. & Miller, J. A. (1970). Networks of Informal Communication Among Scientifically Productive Scientists. *Communication Among Scientists and Engineers*. C. E. Nelson and D. K. Pollock (Eds.), Lexington, MA: Heath Lexington Books.
5) 이 장은 Cobb, M. (2017). The Prehistory of Biology Preprints: A Forgotten Experiment from the 1960s. *PLoS Biology*, 15(11)에서 큰 도움을 받았다. 이 논문과 함께 Confrey, E. A. (1996). The Information Exchange Groups Experiment. *Publishing Research Quarterly*, 12(3), 37-39는 잊힐 뻔한 IEG의 역사를 잘 조명한 글이다. 틸의 논문도 참고할 만하다. Till, J. E. (2001). Predecessors of Preprint Servers. *Learned Publishing*, 14(1), 7-13.
6) Green, D. E. (1965). Information Exchange Group No. 1. *Science*, 148(3677), 1543.
7) IEG6는 면역학 그룹이었고, 인터페론을 치료제로 개발하는 데 혁혁한 공을 세운다. 다음 책에 IEG6가 그 과정에 어떤 공헌을 했는지가 잘 나타나 있다. Pieters, T. (2005). *Interferon: The Science and Selling of a Miracle Drug* (Vol. 21). Routledge.
8) https://wellcomelibrary.org/item/b18188965
9) De Reuck A, Knight J. (1967). *Communication in Science: Documentation and Automation*. London: Churchill.
10) Dray S. (1966). Information Exchange Group No. 5. *Science*, 153:694695.
11) Anonymous. (1966). Unpublished Literature. *Nature*, 211:333334.

35 과학 출판의 풍경을 바꾼 사람들

1) Green, D. E. (1965). Information Exchange Group No. 1. Science, 148(3677), 1543.
2) Rosenfeld, A., Wakerling, R. K., Addis, L., Gex, R., Taylor, R. J.. (1970). Preprints in Particles and Fields. Lawrence Berkeley National Laboratory, LBNL Report #: UCRL-19324.
3) Ginsparg, P. (2011). arXiv at 20. Nature, 476:145-147.
4) Vosshall, L. B.. (2012). The Glacial Pace of Scientific Publishing: Why It Hurts Everyone and What We Can Do To Fix It. FASEB J, 26:35893593.
5) Beinert, H., Stumpf, P. K., Wakil, S. J. (2003). David Ezra Green. Biographical Memoirs, 84, 1-34.
6) Beinert, H., Stumpf, P. K., Wakil, S. J. (2003). David Ezra Green. Biographical Memoirs, 84, 1-34.
7) Green, D. E. (1964). An Experiment in Communication: The Information Exchange Group. Science, 143(3604), 308-309; Green, D. E. (1965). Information Exchange Group No. 1. Science, 148(3677), 1543-1543.
8) Green, D. E. (1965). Information Exchange Group No. 1. Science, 148(3677), 1543-1543.
9) Albritton, E. C. (1953). Standard Values in Blood: Being The First Fascicle of A Handbook of Biological Data, Calif Med. Mar;78(3):256. PMCID: PMC1521617; Albritton, E. C. (1949). Experiment Design and Judgment of Evidence.; Albritton, E. C. (Ed.). (1953). Handbook of Biological Data. Saunders.
10) https://www2.si.mahidol.ac.th/department/biochemistry/en/history
11) Cobb, M. (2017). The Prehistory of Biology Preprints: A Forgotten Experiment from the 1960s. PLoS biology, 15(11).

36 과학 출판의 새로운 미래

1) Stern, B. M., O'Shea, E. K. (2019). A Proposal for the Future of Scientific Publishing in the Life Sciences. PLoS biology, 17(2).
2) 다음의 글과 논문들을 참고하라. http://www.hani.co.kr/arti/opinion/column/854519; Curry S. Let's Move Beyond the Rhetoric: It's Time to Change How We Judge Research. Nature, 2018, Feb 8; 554(7691): 147; Neylon C, Wu S. Article-Level Metrics and the Evolution of Scientific Impact. PLoS Biol, 2009: 7(11); Lariviere, V., Kiermer, V. J., MacCallum,

C., McNutt, M., Patterson, M., Pulverer, B., Swaminathan, S., Taylor, S., Curry, S.. A Simple Proposal for the Publication of Journal Citation Distributions. Preprint. Available from: bioRxiv. 2016 Sept 11; Kravitz, D. Baker, C., (2011). Toward A New Model of Scientific Publishing: Discussion and A Proposal. *Front Comput Neurosci.* 2011 Dec 5.
3) Stern, B. M., O'Shea, E. K. (2019). A Proposal for the Future of Scientific Publishing in the Life Sciences. *PLoS Biology*, 17(2).
4) 다음 논문에서 많은 영감을 받았다. Stern, B. M., O'Shea, E. K. (2019). A Proposal for the Future of Scientific Publishing in the Life Sciences. *PLos Biology*, 17(2).
5) Kaiser, J. (2017). Biorxiv Preprint Server Gets Funding from Chan Zuckerberg Initiative. *Science*. 2017 April.
6) https://asapbio.org/eisen-appraise#more-1820
7) Ballabeni, A., Danovi, D. (2018). Advocating a Radical Change in Policies and New Models to Secure Freedom and Efficiency in Funding and Communication of Science. *The Freedom of Scientific Research: Bridging the Gap Between Science and Society.* Manchester University Press.
8) Curtin, P. A., Russial, J., Tefertiller, A. (2018). Reviewers' Perceptions of the Peer Review Process in Journalism and Mass Communication. *Journalism & Mass Communication Quarterly*, 95(1), 278-299.

37 커먼즈로서의 과학 지식

1) [클로즈업] 지식의 공유. 2010년 6월 10일. 전자신문. https://www.etnews.com/201006090285
2) 정영신. (2014). 공유의 이론과 현실, 그리고 가능성. ECO, 18(2), 205-214; 엘리너 오스트롬. 윤홍근, 안도경 옮김. (2010). 《공유의 비극을 넘어-공유자원 관리를 위한 제도의 진화》, 랜덤하우스; 엘리너 오스트롬, 샬럿 헤스. 김민주, 송희령 옮김. (2010). 《지식의 공유》, 타임북스; 이노우에 마코토. 최현, 정영신, 김자경 옮김. (2014). 《공동자원론의 도전》, 경인문화사.
3) 신은정, 안형준, 정일영, 우청원, 서현정, 신민수, 주동찬 외. (2019). 오픈사이언스를 통한 공공연구 효과성 제고 방안. 〈정책연구〉, 1-260; 신은정, 정원교. (2017). 오픈사이언스 정책의 확산과 시사점. 〈STEPI Insight〉, (216), 1-39.

4) 예를 들어 박근혜 정부 당시 미래창조과학부에서 발표한 다음과 같은 보고서가 대표적이다. 김환민. (2016). [국가R&D연구보고서] 오픈사이언스 시대의 과학기술정보 유통 체제를 위한 개선방향 수립. https://doi.org/10.23000/TRKO201700000480
5) 박찬웅. (2000). 사회적 자본, 신뢰, 시장. 《한국 사회학회 심포지엄 논문집》.

38 보통 과학자가 과학을 지탱한다

1) 김정효, 남궁영호. (2009). 엘리트스포츠에 대한 문화철학적 고찰. 움직임의 철학. 〈한국체육철학회지〉, 17(1), 83-100.
2) 김태호. (2013). 근대화의 꿈과 '과학 영웅'의 탄생: 과학기술자 위인전의 서사 분석. 〈역사학보〉, 218, 73-104.